Technologie der kryogenen Kühlschmierung beim Fräsen von TiAl6V4

Technology of Cryogenic Cooling and Lubrication in Milling of Ti6Al4V

Von der Fakultät für Maschinenwesen
der Rheinisch-Westfälischen Technischen Hochschule Aachen
zur Erlangung des akademischen Grades eines
Doktors der Ingenieurwissenschaften
genehmigte Dissertation

vorgelegt von

Norbert Matthias Koch

Berichter:

Univ.-Prof. Dr.-Ing. Thomas Bergs
Univ.-Prof. Dr.-Ing. Dr.-Ing. E. h. Dr. h. c. Dr. h. c. Fritz Klocke

Tag der mündlichen Prüfung: 23. Juli 2025

INNOVATIONS IN
MANUFACTURING TECHNOLOGY

Matthias Koch

Technologie der kryogenen Kühlschmierung beim Fräsen von TiAl6V4

Herausgeber:
Prof. Dr.-Ing. T. Bergs

Band 11/2025

MTI | RWTH AACHEN UNIVERSITY

Fraunhofer IPT

Bibliografische Information der Deutschen Nationalbibliothek
Die Deutsche Nationalbibliothek verzeichnet diese Publikation in der Deutschen Nationalbibliografie; detaillierte bibliografische Daten sind im Internet über https://portal.dnb.de abrufbar.

Matthias Koch:

Technologie der kryogenen Kühlschmierung beim Fräsen von TiAl6V4

1. Auflage, 2025

Gedruckt auf holz- und säurefreiem Papier, 100% chlorfrei gebleicht.

Wissenschaftsverlag des Instituts für Industriekommunikation und Fachmedien an der RWTH Aachen
Steinbachstr. 25, 52074 Aachen, Deutschland
Internet: www.apprimus-verlag.de, E-Mail: info@apprimus-verlag.de

Druck: CPI Druckdienstleistungen GmbH
Ferdinand-Jühlke-Straße 7 | 99095 Erfurt | Deutschland

ISBN 978-3-98555-317-4

Vorwort

Preface

Die vorliegende Arbeit entstand neben meiner Tätigkeit als wissenschaftlicher Mitarbeiter am Lehrstuhl für Technologie der Fertigungsverfahren des Werkzeugmaschinenlabors WZL der Rheinisch-Westfälischen Technischen Hochschule Aachen.

Herrn Univ.-Prof. Dr.-Ing. Thomas Bergs, Inhaber des Lehrstuhles für Technologie der Fertigungsverfahren und Institutsleiter des Manufacturing Technology Institutes MTI danke ich herzlichst für die kontinuierliche fachliche und persönliche Förderung sowie für die Betreuung der Promotion.

Herrn Univ.-Prof. Dr.-Ing. Dr.-Ing. E. h. Dr. h. c. Dr. h. c. Fritz Klocke, ehemaliger Inhaber des Lehrstuhls für Technologie der Fertigungsverfahren des Werkzeugmaschinenlabors WZL, danke ich ebenfalls herzlichst für die Übernahme des Korreferats, für die langjährige Unterstützung, die fachliche und persönliche Förderung sowie die Möglichkeit zur Promotion. An die fachlichen Gespräche zu meiner Dissertation werde ich mich sehr gerne zurückerinnern.

Darüber hinaus gilt mein Dank Herrn Univ.-Prof. Dr.-Ing. Dipl.-Wirt.-Ing. Johannes Henrich Schleifenbaum für die Übernahme des Prüfungsvorsitzes und Herrn Univ.-Prof. Dr.-Ing. Stefan Pischinger für den Beisitz in der Prüfungskommission.

Den ehemaligen und aktiven Kolleginnen und Kollegen sowie meinen Freunden vom WZL bzw. MTI und Fraunhofer IPT, insbesondere der Abteilung Zerspantechnologie danke ich für die überaus lehrreiche und unvergessliche Zeit. Ich habe die Zusammenarbeit und die privaten Aktivitäten immer sehr genossen. Namentlich möchte ich mich bedanken bei: Dr.-Ing. Mustapha Abouridouane, Dr.-Ing. Thorsten Augspurger, Stefan Baier, Andrea de Bartolomeis, Ph.D., Pascal Behrens genannt Wäcken, Kilian Brans, Dr.-Ing. Marc Busch, Dr.-Ing. Tolga Cayli, Markus Diegel, Thomas Fischer, Fabio Filimbeni, Nicklas Gerhard, Dr. Damir Grguraš, Dr.-Ing. Marvin Hardt, Jannis Jacob, Sascha Kamps, Anna Kibireva, Bernd Krüger, Dr.-Ing. Tobias Kelliger, Dr. rer. nat. Marina Kemperle, Max Kirchhoff, Dr.-Ing. Thomas Lakner, Hui Liu, Dr.-Ing. Sven Lung, Christian Matheis, Jan Mielke, Rainer Ohler, Dr.-Ing. Michael Ottersbach, Dr.-Ing. Thomas Pullen, Prof. Dr. Franci Pušavec, Adrian Rüppel, Roman Schmidt, Dr.-Ing. Max Schwenzer, Dr.-Ing. Tobias Seelbach, Robert Seidner, Dr.-Ing. Martin Seimann, Thobias Smigielski, Dr.-Ing. Antonia Splettstößer, Dr.-Ing. Guido Wirtz, Christoph Zachert. Einen großen Dank für die fachliche und persönliche Förderung richte ich an meine Oberingenieure Dr.-Ing. Benjamin Döbbeler, Dr.-Ing. Daniel Schraknepper und Dr.-Ing. Markus Meurer.

Ein besonderer Dank gilt meinen studentischen Hilfskräften und Abschlussarbeitern für die zahlreichen Experimente, Auswertungen und Recherchen, mit denen sie Ihren Anteil zu dieser Arbeit beigetragen haben. Ich bedanke mich bei: Linus Kuhlmann, Ines

Wilck, Maike Schäfer, Lukas Apel, Jonathan Rauch-Zumbrägel, Benjamin Frank, Laurenz Lambers, Maurice Echterhoff, Jonas Regente und Helena Breitegger.

Mein größter und innigster Dank gilt meiner Familie. Insbesondere danke ich meinen Eltern Petra Koch und Dr.-Ing. Norbert Koch dafür, dass sie mir mit ihrer Liebe und ihrer immerwährenden Unterstützung den eingeschlagenen Weg ermöglichten. Ebenso Danke ich meiner Schwester Jasmin und meinem Bruder Robert. Von ganzem Herzen danke ich meiner lieben Partnerin Antonia für die erfolgreiche gemeinsame Bewältigung dieser intensiven Zeit.

Mannheim, im Herbst 2025

Matthias Koch

Zusammenfassung

Häufig ist es durch die kryogene Kühlschmierung möglich, Zerspanprozesse technologisch, ökonomisch und ökologisch zu verbessern. Im Vergleich zur konventionellen Kühlung und Schmierung ist oftmals eine Steigerung der Produktivität, ein reduzierter Werkzeugverschleiß, kühlschmierstoffbezogene Kosteneinsparungen, eine verbesserte Bauteilqualität sowie eine reduzierte Umweltbelastung und Gefährdung der Mitarbeiter durch KSS-Kontakt realisierbar. Ungeachtet dieser Potenziale wird die kryogene Kühlschmierung bisher industriell nur selten eingesetzt. Ungeklärte technologische, wissenschaftliche als auch wirtschaftliche Fragestellungen wurden hierfür als eine Ursache identifiziert. Zielsetzung dieser Arbeit war es, wissenschaftliche Erkenntnisse über die Ursache-Wirkungszusammenhänge der kryogenen Kühlschmierung beim Fräsen der Titanlegierung TiAl6V4 zu erarbeiten und die Technologie im Vergleich zu konventionellen Kühlschmierstrategien ökonomisch und ökologisch zu bewerten. Ausgangspunkt hierfür stellte die Modifikation eines Bearbeitungszentrums zur inneren Zufuhr der Kühlschmiermedien durch die Spindel und das Werkzeug dar. Bei kleinen Werkzeugdurchmessern z. B. $D \leq 12$ mm ist es nicht immer möglich, die erforderliche Anzahl an Kanälen für die unterschiedlichen Kühlschmiermedien vorzusehen, da die Werkzeuge durch die Belastung im Zerspanprozess aufgrund der reduzierten Querschnittsfläche brechen können. Ein Ansatz ist daher das kryogene Medium mit dem Schmiermedium zu vermischen. Mit dieser einkanaligen kryogenen Kühlschmierung konnte im Vergleich zur konventionellen Überflutungskühlung eine Vervierfachung des Standweges erzielt werden. Weiterhin erfolgte die Analyse von Ursache-Wirkungszusammenhängen. Es wurden Wechselwirkungen zwischen CO_2 und MMS-Ölen erforscht. Schwerpunkte bildeten die Zufuhr der Medien sowie die Löslichkeit von MMS-Ölen in CO_2. Zur Untersuchung des Einflusses verschiedener Kühlschmierstrategien auf das thermomechanische Belastungskollektiv wurden Werkzeughalter mit integrierter Sensorik zur Temperaturmessung in der Schneide entwickelt und eingesetzt. Darüber hinaus erfolgten Messungen der Zerspankraft. Aus den Erkenntnissen wurde ein empirisch begründetes regelbasiertes Anwendungsmodell abgeleitet, anhand dessen eine vereinfachte Darstellung, Zusammenfassung, Bewertung und Erklärung der Ursache-Wirkungszusammenhänge zwischen den Stell, Stör- und Zielgrößen erfolgte. Den Abschluss der Arbeit bildete die ökonomische und ökologische Bewertung.

Abstract

Cryogenic cooling and lubrication often improve machining processes technologically, economically and ecologically. Compared to conventional cooling and lubrication, it is often possible to achieve an increased productivity, reduced tool wear, cooling and lubrication related cost savings, improved component quality and a reduced environmental impact and risk to employees because of cutting fluid contact. Despite this potential, cryogenic cooling and lubrication have only rarely been used industrially to date. Unresolved technological, scientific and economic issues have been identified as a main reason for this. The objective of this work was to develop scientific findings on the cause-effect relationships of cryogenic cooling and lubrication when milling the titanium alloy Ti6Al4V and to evaluate the technology economically and ecologically in comparison to conventional cooling and lubrication strategies. The starting point was the modification of a machining center for the internal supply of cooling and lubrication media through the spindle and the tool. With small tool diameters, e.g. $D \leq 12$ mm, it is not always possible to provide the required number of channels for the cooling and lubrication media, as the tools can break due to the load in the machining process and the reduced cross-sectional area. One approach is therefore to mix the cryogenic medium with the lubrication medium. With this single-channel cryogenic cooling and lubrication, it was possible to quadruple the tool life compared to conventional flood cooling. Furthermore, cause-effect relationships were analyzed. Interactions between CO_2 and MQL oils were investigated. The focus was on the supply of the media and the solubility of MQL oils in CO_2. To investigate the influence of different cooling and lubrication strategies on the thermomechanical load collective, tool holders with integrated sensors for temperature measurement in the cutting insert were developed and used. Measurements of the cutting force were also carried out. An empirical rule-based application model was derived from the findings, which was used to simplify, summarize, evaluate and explain the cause-effect relationships between the parameters, disturbance variables and the target variables. The work was concluded with an economic and ecological evaluation.

Inhaltsverzeichnis

Content

Formelzeichen und Abkürzungsverzeichnis

Formula Symbols and Abbreviations

Großbuchstaben

Symbol	Einheit	Bezeichnung
$A_{zentral}$	mm^2	Querschnitt zentraler CO_2-Kanal
$A_{Schneide}$	mm^2	Querschnitt CO_2-Austritt
A_{sp}	mm^2	Spanungsquerschnitt
A_{α}	mm^2	Freifläche
A_{γ}	mm^2	Spanfläche
D	mm	Werkzeugdurchmesser
D_{CO2}	mm	Durchmesser CO_2-Leitung
D_e	mm	Schaftdurchmesser
$D_{Schneide}$	mm	Durchmesser CO_2-Austritt
$D_{zentral}$	mm	Durchmesser zentraler CO_2-Kanal
$D_{Öl}$	mm	Durchmesser Ölleitung
E	J	Energie
E_c	J	Schnittenergie
E_e	J	Wirkenergie
E_f	J	Vorschubenergie
E_F	-	Expansionsfaktor LN_2
F	N	Zerspankraft
F_a	N	Aktivkraft
F_c	N	Schnittkraft
F_{cN}	N	Schnittnormalkraft
F_e	N	Wirkkraft
F_{eN}	N	Wirknormalkraft
F_f	N	Vorschubkraft
F_{fN}	N	Vorschubnormalkraft
F_p	N	Passivkraft
K	-	Formfaktor K
K_A	€	kalkulatorische Abschreibung

K_E	€	Energiekosten
K_F	€	Fertigungskosten
K_I	€	Instandhaltungskosten
K_L	€	Lohnkosten
K_M	€	Maschinenkosten
K_R	€	Raumkosten
K_W	€	Werkzeugkosten
K_X	€	Restfertigungsgemeinkosten
K_Z	€	kalkulatorische Zinsen
K_{AW}	€	Anschaffungswert
K_{MH}	€/h	Maschinenstundensatz
K_{VE}	€	Verkaufserlös
K_{IC}	$MPa \cdot m^{1/2}$	kritischer Spannungsintensitätsfaktor
L	mm	Werkzeuglänge
L_L	h	Lagerlebensdauer
L_e	mm	Schaftlänge
L_f	m	Standweg
L_s	mm	Schneidenlänge
M	Nm	Drehmoment
P	W	Leistung
P_e	W	Wirkleistung
P_c	W	Schnittleistung
P_f	W	Vorschubleistung
Q	mm^3/min	Zeitspanvolumen
$Q_{Öl}$	ml/h	Ölvolumenstrom
$\dot{Q}_{WS}$	W	Wärmestrom in das Werkstück
$\dot{Q}_{WZ}$	W	Wärmestrom in das Werkzeug
$\dot{Q}_A$	W	Wärmestrom in das Umgebungsmedium
$\dot{Q}_{sp}$	W	Wärmestrom in den Span
R_w	mm	Werkzeugradius

R	-	Oberflächengüte
Ra	µm	arithmetischer Mittenrauwert
Rz	µm	gemittelte Rautiefe
SF_A	mm/s	Stoßfaktor beim Schneidenaustritt
SF_E	mm/s	Stoßfaktor beim Schneideneintritt
S_α	µm	Freiflächenabschnitt
S_γ	µm	Spanflächenabschnitt
T	°C / K	Temperatur
T	min	Standzeit
T_N	h	Nutzungsdauer
T_R	°C	Raumtemperatur
T_r	min	Rüstzeit pro Schicht
T_s	min	Schichtdauer
U_t	mm	Schneidenteilung
VB	µm	Verschleißmarkenbreite
VB_{max}	µm	maximale Verschleißmarkenbreite
W_A	J	Arbeit
W	µm	Verschleiß
W_e	J	Wirkarbeit
W_c	J	Schnittarbeit
W_f	J	Vorschubarbeit

Kleinbuchstaben

Symbol	**Einheit**	**Bezeichnung**
$(1\text{-}m_i)$	-	Anstiegswert der Zerspankraftkomponente mit i = c, cN und p (c: Schnittkraft, cN: Schnittnormkraft, p: Passivkraft)
a_e	mm	Eingriffsbreite
a_p	mm	Schnitttiefe
d_1	mm	Nenngröße HSK-Aufnahme
d_6	mm	Spanndurchmesser HSK-Aufnahme
d_s	mm	Schichtdicke

f	mm	Vorschub
f_s	Hz	Schaltfrequenz des Ölventils
f_z	mm	Vorschub pro Zahn
f_Φ	mm	Vorschub in Abhängigkeit vom Werkzeugdrehwinkel
h'	µm	Spandicke
h_{sp}	µm	Spanungsdicke
$h_{sp,max}$	µm	maximale Spanungsdicke
h_{wirk}	µm	Wirkspanungsdicke
i	%	Zinssatz
k	-	Anzahl der Versuche
k_i	N/mm²	spezifische Zerspankraftkomponente mit i = c, cN und p (c: Schnittkraft, cN: Schnittnormkraft, p: Passivkraft)
l	mm	Weg
l_c	mm	Schnittbogenlänge
l_e	mm	Wirkweg
l_f	mm	Vorschubweg
l_k	mm	Abstand des Kühlkanalaustritts von der Werkzeugstirn
l_s	mm	Schneidenlänge im Eingriff
m	-	Anzahl Werkstücke pro Schicht
$\dot{m}_{CO2}$	g/min	CO_2-Massenstrom
n	min^{-1}	Drehzahl
p	bar	Druck
$p_{Behälter}$	bar	Behälterdruck
$p_{Düse}$	bar	Düsendruck
p_U	bar	Umgebungsdruck
p_{CO2}	bar	CO_2-Druck
p_{KSS}	bar	Kühlschmierstoffdruck
r_β	µm	Schneidkantenradius
s	-	Werkzeugweg
t	s	Umlaufdauer
t_{ab}	a	Abschreibungsdauer

t_{aus}	s	Schließdauer des Schaltventils
t_{ein}	s	Schließdauer des Schaltventils
t_{bM}	min	Maschinenbelegungszeit je Bauteil
t_r	min	Rüstzeit pro Werkstück
t_v	µm	Tiefe der verformten Randzone
t_{Sein}	s	Zeit der Schneide im Eingriff
t_{Saus}	s	Zeit der Schneide nicht im Eingriff
t_{WST}	min	Werkstückwechselzeit
t_{WZ}	min	Werkzeugwechselzeit
t_{wzw}	min	Werkzeugwechselzeit pro Werkstück
t_z	min	Zerspanzeit pro Werkstück
v_c	m/min	Schnittgeschwindigkeit
v_f	m/min	Vorschubgeschwindigkeit
v_k	ml	Kammervolumen
v_{rel}	m/min	Relativgeschwindigkeit
v_{sp}	m/min	Spanablaufgeschwindigkeit
w	-	Anzahl Werkzeugwechsel pro Schicht
z	-	Anzahl der Schneiden
z_{Bahn}	%	Zuschlagsfaktor Bahnplanung
$z_{Verteil}$	%	Zuschlagsfaktor Verteilzeit

Griechische Buchstaben

Symbol	Einheit	Bezeichnung
Φ	°	Werkzeugdrehwinkel
Φ_c	°	Umschlingungswinkel
Φ_S	°	Scherwinkel
Φ_{st}	°	Werkzeugeintrittswinkel
Φ_{ex}	°	Werkzeugeintrittswinkel
$\Phi_{hsp,max}$	°	Werkzeugdrehwinkel bei dem die maximale Spanungsdicke erreicht wird
φ	°	Winkel Eigenspannungsmessung
Ψ	°	Steigungswinkel

α	°	Freiwinkel
α_{axial}	°	axialer Freiwinkel
α_{radial}	°	radialer Freiwinkel
β	°	Keilwinkel
β_T	°C	β -Transustemperatur
δ	-	Partialladung
Δm	kg	Massenabnahme
Δr	µm	Profilabflachung
$\Delta \tau$	°	Teilungswinkel
λ	°	Drallwinkel
γ	°	Spanwinkel
γ_{axial}	°	axialer Spanwinkel
γ_{radial}	°	radialer Spanwinkel
σ	N/mm^2	Eigenspannung Randzone
σ_N	N/mm^2	Normalspannung
τ_S	N/mm^2	Schubspannung
η	°	Wirkrichtungswinkel
η_{kin}	mm^2/s	kinematische Viskosität
ξ	°	Scheitelwinkel
κ	$W/(m \cdot K)$	Wärmeleitfähigkeit
ϑ	N/mm^2	Festigkeit

Abkürzungen

Symbol	Einheit	Bezeichnung
AGW		Arbeitsplatzgrenzwert
AlCrN		Aluminiumchromnitrid
ZrN		Zirkonnitrid
Co		Kobalt
CO_2		Kohlenstoffdioxid
CVD		chemische Gasphasenabscheidung
ED		Einschaltdauer
HD-KSS-Zufuhr		Hochdruckkühlschmierstoffzufuhr

hdp	hexagonal dichtest gepackt
HSK	Kegel-Hohlschaft mit Plananlage
KW	Kurzzeitwert
krz	kubisch raumzentriert
KSS	Kühlschmierstoff
KÜK	konventionelle Überflutungskühlung
PVD	physikalische Gasphasenabscheidung
LE	Legierungselement
LN_2	flüssiger Stickstoff
N_2	Stickstoff
MMS	Minimalmengenschmierung
MQL	Minimum Quantity Lubrication
TP	Tripelpunkt
K	kritischer Punkt
TiAlN	Titanaluminiumnitrid
TRGS	technische Regeln für Gefahrstoffe
WC	Wolframkarbid

1 Einleitung

Die Generalversammlung der Vereinten Nationen hat 2015 eine Agenda verabschiedet, welche einen Handlungsplan zur nachhaltigen Veränderung der Welt bis 2030 festlegt [UNGA15]. Diesem Plan folgend ist von der Europäischen Kommission unter dem Titel „European Green Deal“ ein ehrgeiziges Klimaprogramm vorgestellt worden. Dieses hat nicht nur zum Ziel Europa bis 2050 in den ersten klimaneutralen Kontinent zu verwandeln, sondern soll darüber hinaus die europäische Wirtschaft im globalen Wettbewerb zu einer Vorreiterrolle für die Nachhaltigkeit führen [EUKO19a; EUKO19b; DUBO21, S. 20]. Das Thema Nachhaltigkeit gewinnt daher in den verschiedensten Bereichen zunehmend an Bedeutung und resultiert in einem wirtschaftlichen Umdenken. *„Das mit den vergangen industriellen Revolutionen eng verknüpfte kapital- und ressourcenintensive Produktivitätsdenken differenziert sich zunehmend vom Zukunftsbild einer ökologisch bewussten denkenden Gesellschaft“* [BERG21, S. 122]. *„Die Welt befindet sich an einem Wendepunkt hin zu einer ressourcenschonenden Wirtschaft“*, [DUBO21, S. 20]. Vor diesem Hintergrund gilt es im Bereich der Fertigungsverfahren, zukünftig den steigenden ökologischen, sozialen und ökonomischen Anforderungen gerecht zu werden.

Betrachtet man den Bereich der Zerspantechnologie, stellt man fest: Bedeutende Nachhaltigkeitsprobleme sind die unbedachte und ausgiebige Verwendung von Kühlschmierstoffen (KSS) sowie die damit verbundenen Kosten und Energiebedarfe [JAWA16, S. 714]. KSS stellen eine Gefährdung für die damit umgehenden Menschen und die Umwelt dar [KLOC18, S. 262; KLOC08, S. 249; DGUV11, S. 7]. Der intensive Kontakt der Produktionsmitarbeiter mit KSS kann unter anderem zu Haut-, Atemwegs- und Krebserkrankungen führen [BYRN93, S. 473]. Die umfangreiche Verwendung von KSS führt zu beträchtlichen Abfallmengen und, um die Verschmutzung von Gewässern zu vermeiden, ist ein verantwortungsvoller Umgang mit gebrauchten Flüssigkeiten erforderlich [ADLE06, S. 25]. Darüber hinaus sind spanende Werkzeugmaschinen für 1 bis 3 % (200 – 700 TWh) des globalen elektrischen Energiebedarfs verantwortlich [DENK20, S. 646]. Ein entscheidender Anteil des Energiebedarfs spanender Werkzeugmaschinen von durchschnittlich ca. 30 % muss für die KSS-Zufuhr aufgewendet werden [DENK20, S. 650]. Trotzdem ist der Einsatz von wassermischbaren und nicht wassermischbaren KSS bis heute die gängige industrielle Praxis in vielen Zerspanprozessen. Dies ist darauf zurückzuführen, dass für eine produktive, prozesssichere und international wettbewerbsfähige Zerspanung eine effiziente Kühlung, Schmierung und ein sicherer Spanabtransport unumgänglich sind. Im Besonderen besitzt diese Aussage bei der Zerspanung von hochlegierten Stählen, Nickelbasis- und Titanlegierungen Gültigkeit. Bei der Zerspanung dieser schwer zerspanbaren Werkstoffe tritt eine hohe thermo-mechanische Werkzeugbelastung auf. Diese resultiert in starkem Werkzeugverschleiß sowie geringen anwendbaren Schnitt- und Vorschubgeschwindigkeiten. Vor dem Hintergrund stetig zunehmender Anforderungen an die Nachhaltigkeit von Produktionsprozessen muss zukünftig die Verwendung alternativer Kühlschmierstrategien stärker in Betracht gezogen werden.

Eine Kühlschmierstrategie ohne bzw. mit deutlich reduziertem Einsatz konventioneller Kühlschmierstoffe ist die kryogene Kühlung bzw. die kryogene Kühlschmierung. Bei der kryogenen Kühlung wird nur ein kryogenes Kühlmedium zugeführt, während bei der kryogenen Kühlschmierung ein kryogenes Kühlmedium und ein Schmiermedium zugeführt werden. Insbesondere für Werkstoffe, wie z. B. Titanlegierungen, bei deren Zerspanung aufgrund ihrer geringen Wärmeleitfähigkeit thermisch bedingte Verschleißmechanismen eine dominantere Rolle spielen als die mechanischen, stellt die kryogene Kühlung einer Alternative dar, um die in der Zerspanzone generierte Wärme abzuführen [MSAO15, S. 569]. Bei der kryogenen Kühlung bzw. kryogenen Kühlschmierung werden verflüssigte Gase wahlweise in Kombination mit einer Minimalmengenschmierung (MMS) für die Kühlung und Schmierung eingesetzt. Die aufgrund ihrer guten Verfügbarkeit und verhältnismäßig sicheren Handhabung am häufigsten verwendeten tiefkalten Medien für die kryogene Kühlschmierung sind Kohlenstoffdioxid (CO_2) und Stickstoff (N_2) [KLOC18, S. 277; KRAE15, S. 1; MSAO15, S. 569]. In den vergangenen 70 Jahren wurden die Potenziale kryogener Kühlschmierstrategien im Vergleich zu konventionellen Kühlschmierstrategien erarbeitet. Zu den wichtigsten gehören eine Steigerung der Produktivität, kühlschmierstoffbezogene Kosteneinsparungen, eine verbesserte Bauteilqualität sowie eine reduzierte Umweltbelastung und verringerte Gefährdung der Mitarbeiter durch die Vermeidung des Kontaktes mit KSS [KRAE15, S. 1; PUSA10a, S. 26]. Trotz dieser umfangreichen Untersuchungen und vielversprechender Potenziale ist eine weitreichende industrielle Anwendung der Technologie der kryogenen Kühlschmierung bisher nicht festzustellen. Dies ist sowohl auf ungeklärte technologische, wissenschaftliche als auch auf wirtschaftliche Fragestellungen zurückzuführen. Vor allem beim Fräsen schwer zerspanbarer Werkstoffe sind die Mechanismen, welche den mit dem Einsatz der kryogenen Kühlschmierung vielfach verbundenen Leistungssteigerungen zugrunde liegen, nicht vollständig geklärt. Grundlegende Kenntnisse über die Wirkmechanismen sind jedoch zwingend notwendig, um verstehen zu können, warum, bei welchen Bearbeitungsaufgaben und unter welchen Bedingungen die Technologie der kryogenen Kühlschmierung zu technologischen, ökonomischen und ökologischen Vorteilen im Vergleich zur konventionellen Kühlschmierung führt.

Um einen wesentlichen Beitrag zur Beantwortung der genannten Frage- und Problemstellungen zu leisten, ist es die Zielsetzung dieser Arbeit, wissenschaftliche Erkenntnisse über die Wirkmechanismen sowie Ursache-Wirkungs-Zusammenhänge der kryogenen Kühlschmierung beim Fräsen zu erarbeiten und die Technologie im Vergleich zu konventionellen Kühlschmierstrategien ökonomisch und ökologisch zu bewerten.

Introduction

In 2015, the United Nations General Assembly adopted an agenda that defines a plan of action for sustainable development of our world by 2030 [UNGA15]. Following this plan, an ambitious climate program has been introduced by the European Commission under the title "European Green Deal". This program has not only the objective to turn Europe into the first climate-neutral continent by 2050, but also intends the European economy to become a lead role regarding sustainability in global competition [EUKO19a; EUKO19b; DUBO21, p. 20]. The topic of sustainability is increasing in importance in a wide variety of areas and is leading to a change in economic thinking. The capital- and resource-intensive productivity thinking closely linked to the past industrial revolutions is increasingly differentiating itself from the future image of an ecologically conscious thinking society [BERG21, p. 122]. The world is at a turning point towards a resource-efficient economy [DUBO21, p. 20]. Against this background, it is essential in the area of manufacturing processes to meet the increasing ecological, social and economic requirements in the future.

Considering the area of machining technology, it becomes apparent that: *"The indiscriminate and abundant use of cutting fluids in manufacturing processes and the associated costs and energy consumption has been a major sustainability concern"*, [JAWA16, p. 714]. Furthermore, cutting fluid (CF) represents a not inconsiderable hazard for the people handling it and for the environment [KLOC18, p. 262; KLOC08, p. 249; DGUV11, p. 7]. *"The intensive contact of the production worker to cutting fluid can lead to skin and respiratory diseases and there is increased danger of cancer"*, [BYRN93, p. 473]. *"Extensive use of cutting fluids in machining operations leads to a sizeable waste stream. Responsible handling of used/waste fluid is needed to avoid the contamination of lakes, rivers and groundwater"*, [ADLE06, p. 25]. Furthermore, machine tools are responsible for 1 to 3% (200 to 700 TWh) of the global electrical energy demand [DENK20, p. 646]. A decisive share of the energy demand of a machine tool of approximately 30% on average must be spent on cutting fluid supply [DENK20, p. 650]. Nevertheless, the use of water miscible and non-water-miscible cutting fluids is still common industrial practice in many machining processes. This is attributable to the fact that efficient cooling and lubrication are essential to achieve productive and internationally competitive processes. This applies in particular to the machining of high-alloyed steel, titanium alloys and nickel-based alloys. During machining of these materials a high thermomechanical tool load occurs which results in high tool wear as well as in low applicable cutting speed and feed rate. Regarding continuously increasing sustainability requirements of manufacturing processes, an ecological use of CF will become a rising influence on the economy of the cutting processes.

An alternative cooling and lubrication strategy without or with only little use of conventional CF is represented by a combined cryogenic cooling and lubrication. Especially for materials such as titanium alloys, where thermal wear mechanisms play a more dominant role than mechanical ones due to their low thermal conductivity, cryogenic cooling is an alternative to dissipate the heat generated in the cutting zone

[MSAO15, p. 569]. In this strategy, liquefied gases optionally in combination with minimum quantity lubrication (MQL) are used for cooling and lubrication. Because of their good availability and relatively simple handling, the most used liquefied gases for cryogenic cooling and lubrication are carbon dioxide (CO_2) and nitrogen (N_2) [KLOC18, p. 277; KRAE15, p. 1; MSAO15, p. 469]. Over the past 70 years the potential of cryogenic cooling and lubrication strategies compared to conventional cooling and lubrication strategies have been evaluated. The most important of these are an increase in productivity, CF related cost savings, improved component quality, as well as reduced environmental impact and reduced risk to employees by avoiding contact with CF [KRAE15, p. 1; PUSA10a, p. 26]. Despite the extensive investigations and promising potentials, a widespread industrial application of the technology of cryogenic cooling and lubrication has not yet been established. This is due to technological, scientific as well as economic issues. Especially in case of milling of difficult-to-machine materials the mechanisms underlying the performance increases often associated with the use of cryogenic cooling and lubrication are not completely understood. However, this fundamental knowledge is necessary to understand why, for which machining tasks and under which conditions the technology of cryogenic cooling and lubrication leads to technological, economic and ecological advantages compared to conventional cooling and lubrication.

To provide a major contribution to answering the above-mentioned questions and problems, the objective and motivation of this work was to gain fundamental scientific knowledge of combined cryogenic cooling and lubrication in milling and to evaluate the technology economically and ecologically in comparison to conventional cooling and lubrication strategies.

2 Stand der Erkenntnisse

State of the Art

Die Analyse der Technologie der kryogenen Kühlschmierung beim Fräsen setzt eine umfassende Kenntnis der vorliegenden tribologischen Zusammenhänge und insbesondere des thermo-mechanische Belastungskollektivs voraus. Dieses ist maßgeblich abhängig von der Kinematik des Fräsprozesses und den Kontaktbedingungen zwischen Werkzeug, Span und Werkstück. Den ersten Teil dieses Kapitels stellt daher die Diskussion grundlegender tribologischer Zusammenhänge beim Fräsen dar. Insbesondere die Kinematik des Fräsprozesses und das hieraus resultierende thermomechanische Belastungskollektiv bilden hierbei die Schwerpunkte der Erläuterungen. Die tribologischen Kontaktbedingungen werden außerdem entscheidend durch die angewendete Kühlschmierstrategie beeinflusst. Die Technologie der kryogenen Kühlschmierung wird daher im zweiten Teil in zerspantechnologisch relevante Kühlschmierstrategien eingeordnet. Der dritte Teil vermittelt einen Überblick über den bisherigen Einsatz der kryogenen Kühlschmierung in der Zerspanung. Es werden sowohl die forschungsseitigen als auch die industrieseitigen Arbeiten thematisiert. Abschließend werden auf Grundlage eines Zwischenfazits Forschungs- und Entwicklungsbedarfe abgeleitet.

2.1 Tribologisches System des Fräsprozesses

Tribological System of the Milling Process

Die Standzeit von Zerspanwerkzeugen wird durch die Reibung und den daraus resultierenden Werkzeugverschleiß bestimmt. Die Kenntnis der in der Zerspanzone ablaufenden Reibungs- und Verschleißvorgänge ist daher sowohl von technologischem als auch von wirtschaftlichem Interesse [WEIN99, S. 9]. Die wissenschaftliche Untersuchung der der Reibung und dem Verschleiß zugrundeliegenden Mechanismen ist dem Fachgebiet der Tribologie zuzuordnen, das folgendermaßen definiert ist:

„*Tribologie ist die Wissenschaft und Technik von aufeinander einwirkenden Oberflächen in Relativbewegung. Sie umfasst das Gesamtgebiet von Reibung und Verschleiß, einschließlich Schmierung, und schließt entsprechende Grenzflächenwechselwirkungen sowohl zwischen Festkörpern als auch zwischen Festkörpern und Flüssigkeiten oder Gasen ein.*“ [DETE02, S. 3].

Reibung und Verschleiß sind daher Systemeigenschaften zu deren Untersuchung die Analyse und Betrachtung der gesamten Einflussgrößen des tribologischen Systems erforderlich ist [CZIC10, S. 8]. Ein tribologisches System besteht aus vier Elementen: Dem Grundkörper, der das verschleißende Element darstellt, dem Gegenkörper, dem Zwischenstoff, der sich zwischen Grund- und Gegenkörper befindet und dem Umgebungsmedium, welches Grund- und Gegenkörper umgibt, siehe Bild 2.1 [DETE02, S. 6-8; WEIN99, S. 10-12].

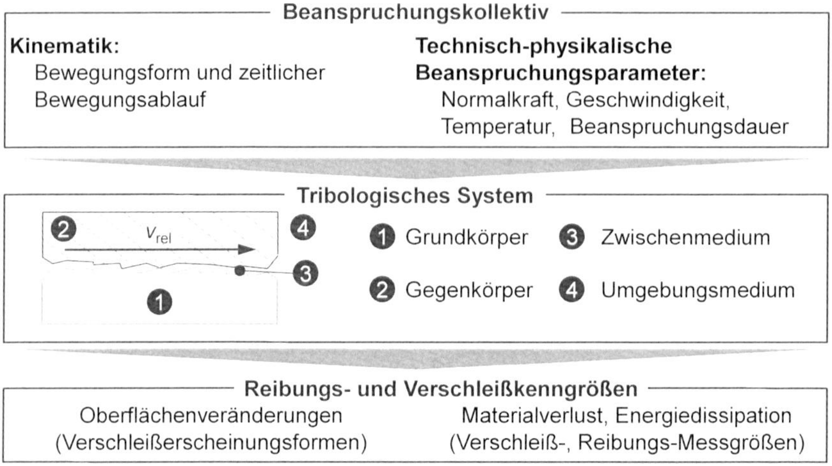

Bild 2.1: Schematische Darstellung eines tribologischen Systems nach GFT [DETE02, S. 6 ff.]
Schematic representation of a tribological system according to GFT [DETE02, p. 6 ff.]

Die Relativbewegung zwischen den in Kontakt stehenden Oberflächen sowie physikalische und chemische Wechselwirkungen unter dem Einfluss von Kräften führen zur tribologischen Beanspruchung des Systems [BOBZ13, S. 28; DETE02, S. 4-5]. Diese wird durch die Gesamtheit der von außen auf die Elemente einwirkenden Beanspruchungsgrößen, dem Beanspruchungskollektiv, dargestellt [DETE02, S. 4-5]. Das Beanspruchungskollektiv ist charakterisiert durch die Bewegungsform (kontinuierlich, oszillierend, intermittierend), den Verlauf und die Dauer von Belastung, Geschwindigkeit und Temperatur sowie durch die Bewegungsart (Gleiten, Wälzen, Stoßen, Strömen oder die Überlagerung) [BOBZ13, S. 30; DETE02, S. 6]. Aus der Relativbewegung zwischen Grund- und Gegenkörper folgt Reibung, die zu Verschleiß führt.

„Reibung ist eine Wechselwirkung zwischen sich berührenden Stoffbereichen von Körpern.“ [DETE02, S. 29]. Sie äußert sich als Widerstandskraft gegen die Einleitung oder Aufrechterhaltung einer Bewegung [CZIC10, S. 81]. Es wird zwischen innerer und äußerer Reibung unterschieden [DETE02, S. 30]. Äußere Reibung tritt zwischen sich berührenden Oberflächen verschiedener Körper auf. Innere Reibung findet zwischen Oberflächen statt, die ein und demselben Körper zugehörig sind. Es wird zwischen den Reibzuständen Festkörperreibung, Grenzschichtreibung, Flüssigkeitsreibung, Gasreibung und Mischreibung unterschieden [CZIC10, S. 81]. Je nach Art der Bewegungsform der Reibpartner erfolgt eine Unterscheidung in die Reibungsarten Gleitreibung, Rollreibung, Wälzreibung, Bohrreibung und Stoßreibung [CZIC10, S. 81]. Die Kenngrößen, die zu Charakterisierung der Reibung herangezogen werden sind unter anderen die Reibungskraft, das Reibungsmoment, die Reibungsarbeit und die Reibungsleistung [DETE02, S. 30ff]. Jeder Reibungsvorgang benötigt einen Energieaufwand. Die zugehörige Energiebilanz wird in drei Phasen eingeteilt [CZIC10, S. 85]. Durch das vorliegende tribologische Belastungskollektiv erfolgt in der ersten Phase die Energieeinleitung. Die Reibungsmechanismen, unter denen man die im Kontaktbereich des

tribologischen System auftretenden bewegungshemmenden, energiedissipierenden Elementarprozesse der Reibung versteht, verursachen in der zweiten Phase die Energieumsetzung. In der dritten Phase erfolgt die Energiedissipation bzw. die Energieemission. Es entsteht Reibungswärme.

Definitionsgemäß versteht man unter Verschleiß den *„...fortschreitenden Materialverlust aus der Oberfläche eines festen Körpers, hervorgerufen durch mechanische Ursachen, d. h. Kontakt und Relativbewegung eines festen, flüssigen oder gasförmigen Gegenkörpers."* [DETE02, S. 5]. Zu den Verschleißerscheinungen gehören die sich durch den Verschleiß ergebenden Oberflächenveränderungen. Diese werden durch die Verschleißmessgrößen beschrieben [CZIC10, S. 115]. Die direkten Verschleißmessgrößen werden je nach Dimension durch Messung der Verschleißlängen, Verschleißflächen oder Verschleißvolumina angegeben. Die bezogenen Verschleißmessgrößen, wie die Verschleißgeschwindigkeit oder das Verschleiß-Weg-Verhältnis, werden durch Bezugsgrößen ermittelt. Indirekte Verschleißmessgrößen werden durch Messung der Zeit oder des Durchsatzes ermittelt, bis das tribologische System aufgrund von Verschleiß seine Funktion verliert.

Tribologische Systeme erfüllen stets einen Zweck. Das bedeutet, sie haben verschiedene technische Aufgaben zu erfüllen, zu denen die Übertragung von Arbeit, Material oder Informationen gehören [BIND17, S. 5; DETE02, S. 7; ZUMG87, S. 81]. Weiterhin werden offene und geschlossene tribologische Systeme unterschieden. Während offene Systeme dadurch gekennzeichnet sind, dass ein oder mehrere tribologische Elemente das System durchlaufen und nicht immer im tribologischen Kontakt stehen, sind geschlossene tribologische Systeme dadurch charakterisiert, dass ihre Elemente über die Beanspruchungsdauer feste Bestandteile des Systems sind und an den tribologischen Prozessen partizipieren [BOBZ13, S. 25].

Beim Fräsen handelt es sich um ein trennendes Fertigungsverfahren, das der Gruppe *„Spanen mit geometrisch bestimmten Schneiden"* zugeordnet ist [DIN03a, S. 10; DIN20, S. 7]. Das Spanen ist definiert als *„Trennen, bei dem durch Schneiden eines Werkzeuges von einem Werkstück Werkstoffschichten in Form von Spänen auf mechanischem Wege abgetrennt werden"* [DIN03b, S. 4]. Der Begriff *„Trennen"* beschreibt, das *„Fertigen durch Aufheben des Zusammenhaltens von Körpern [...], wobei der Zusammenhalt teilweise oder im Ganzen vermindert wird"* [DIN03a, S. 4]. Die Definition des Fräsens lautet *„Spanen mit kreisförmiger, einem meist mehrzahnigen Werkzeug zugeordneter Schnittbewegung und mit senkrecht oder auch schräg zur Drehachse des Werkzeuges verlaufender Vorschubbewegung zur Erzeugung beliebiger Werkstückoberflächen"*, [DIN03c, S. 3]. Da es sich beim Fräsen um ein spanendens Fertigungsverfahren mit geometrisch bestimmter Schneide handelt, ist das tribologische System des Fräsprozesses vom tribologischen System der Zerspanung mit geometrisch bestimmter Schneide abzuleiten. In Bild 2.2 ist das tribologische System des Fräsprozesses dargestellt. Dieses stellt ein offenes stoffdeterministisches System dar, in dem das Zerspanwerkzeug den Grundkörper und das Werkstück bzw. der Span den Gegenkörper repräsentieren [BIND17, S. 6; BOBZ13, S. 24; CZIC10, S. 565; MURR10, S. 26; WEIN99, S. 10]. Es ist als stoffumsetzendes System einzustufen, da das Ziel des Zerspanprozesses die Stofftrennung darstellt und nicht die Kraft-, Energie- oder Signalübertragung [BIND17, S. 6; BOBZ13, S. 12; CZIC10, S. 9]. In Abhängigkeit von der eingesetzten Kühlschmierstrategie werden unterschiedliche Medien als Zwischenstoff eingesetzt. Hierzu gehören nichtwassermischbare Kühlschmierstoffe basierend auf Mineralölen und Additiven, wassermischbare Kühlschmierstoffe in Form von Kühlschmierstoffemulsionen und -lösungen, Luft und kryogene Medien, wie CO_2 oder N_2.

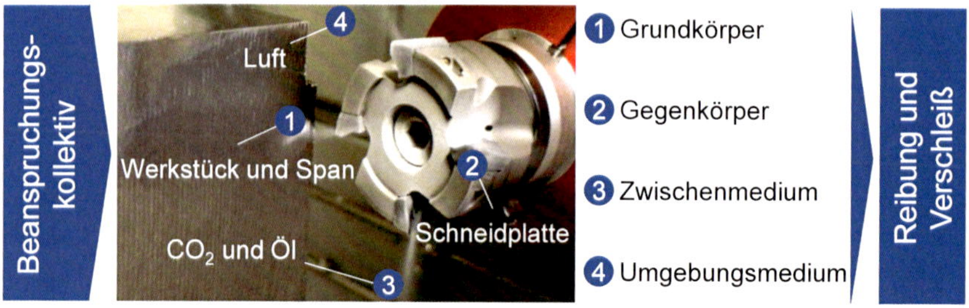

Bild 2.2: Tribologisches System des Fräsprozesses
Tribological system of the milling process

Darüber hinaus gehören auch die Reaktionsprodukte, die sich in der Zerspanzone bilden zum Zwischenmedium [WEIN99, S. 13]. Das Umgebungsmedium ist meistens Luft. Auf das Beanspruchungskollektiv sowie auf Reibung und Verschleiß beim Fräsen wird in den folgenden beiden Abschnitten eingegangen.

2.1.1 Beanspruchungskollektiv beim Fräsen

Load Collective in Milling

Zum Verständnis des Belastungskollektives beim Fräsen ist es zunächst erforderlich, die bei der Spanbildung grundsätzlich ablaufenden Vorgänge zu erläutern. Anschließend wird detailliert auf verfahrensspezifische Besonderheiten des Fräsprozesses eingegangen. Die grundsätzlichen Erläuterungen erfolgen anhand des freien orthogonalen Zerspanvorganges für die Fließspanbildung, Bild 2.3. Bei der definierten Zerspanung *„dringt ein in seiner Geometrie definierter Schneidkeil infolge der Relativbewegung zwischen Werkzeug und Werkstück in die Randschicht des Werkstückes ein und verdrängt den in Schnittrichtung vor ihm liegenden Werkstoff“* [WARN74, S. 2]. Die Geometrie des Schneidkeils ist durch den Freiwinkel α, den Keilwinkel β, den Spanwinkel γ und den Schneidkantenradius r_β definiert. Beim Zerspanvorgang *„ist das Werkzeug und das Werkstück in bestimmten Zonen höchsten Belastungen ausgesetzt“*, [WARN74, S. 2]. WARNECKE teilt diese Bereiche in die fünf Wirkzonen der Spanentstehung ein [WARN74, S. 2]. Die erste Zone wird als primäre Scherzone bezeichnet. Hier findet die hauptsächliche plastische Verformung durch Scherung statt, [DENK11a, S. 24]. Sobald die werkstoffabhängige maximale Schubspannung erreicht wird, fängt der Werkstoff an zu fließen und es bildet sich ein Span aus, welcher mit der Spanablaufgeschwindigkeit v_{sp} über die Werkzeugspanfläche abläuft [KLOC18, S. 56]. Der Span wird bei der Zerspanung gestaucht. Die Spanstauchung ist festgelegt durch das Verhältnis aus verformter Spandicke h' und unverformter Spanungsdicke h [ESSI10, S. 8]. Aufgrund von Reibungsvorgängen auf der Spanfläche, der Freifläche und im Bereich des Schneidkantenradius r_β wird der Werkstoff in Zone 2, Zone 3 und Zone 4 weiter plastisch verformt [DENK11a, S. 24; WARN74, S. 2]. Zone 2 und 4 werden als sekundäre Scherzonen bezeichnet. Zone 3 ist die Stau- und Trennzone, in der ein allseitiger Druck vorliegt und der Werkstoff getrennt wird [DENK11a, S. 24]. In der Verformungsvorlaufzone – Zone 5 treten geringe, aber bleibende Verformungen bis zu einer Verformungstiefe t_v auf, welche die Tiefe der Randzonenbeeinflussung darstellt [DENK11a, S. 24].

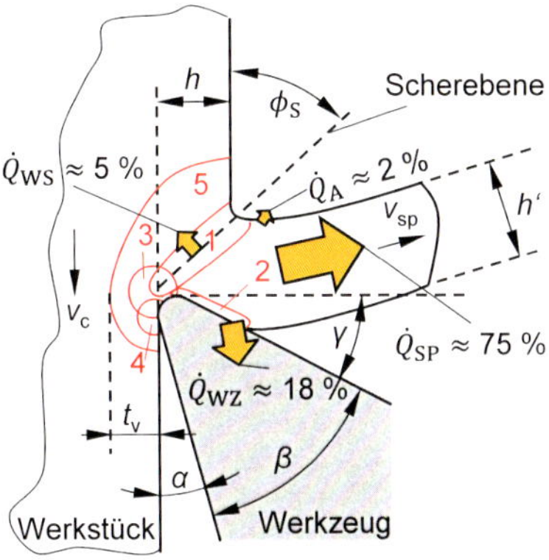

α, β, γ : Freiwinkel, Keilwinkel, Spanwinkel
ϕ_S: Scherwinkel
h, h': : Spanungsdicke, Spandicke
r_β: Schneidkantenradius
t_v: Verformungstiefe
v_c: Schnittgeschwindigkeit
v_{sp}: Fließgeschwindigkeit des Spanes
$\dot{Q}_{WS}$: Wärmestrom in das Werkstück
$\dot{Q}_{WZ}$: Wärmestrom in das Werkzeug
$\dot{Q}_A$: Wärmestrom in das Umgebungsmedium
$\dot{Q}_{SP}$: Wärmestrom in den Span
1: Primäre Scherzone
2: Sekundäre Scherzone (Spanfläche)
3: Stau- und Trennzone
4: Sekundäre Scherzone (Freifläche)
5: Verformungsvorlaufzone

Bild 2.3: Spanbildung mit den Verformungszonen und der Wärmeverteilung nach [KRON54, S. 18 u. 45-49; LAKN21b, S. 4; VIER59, S. 26; WARN74, S. 2]
Chip formation with deformation zones and heat distribution according to [KRON54, p. 18 u. 45-49; LAKN21b, p. 4; VIER59, p. 26; WARN74, p. 2]

In den fünf Wirkzonen nach WARNECKE finden infolge des Verformungs- und Trennungsvorgangs zahlreiche physikalische und chemische Vorgänge statt, zu denen Gefügeveränderungen, Verfestigungen, Reibungsvorgänge, Verschweißungen, Adhäsions- und Diffusionsvorgänge sowie chemische Reaktionen gehören [WARN74, S. 2]. Durch die in den Verformungszonen ablaufenden Vorgänge erfährt der Schneidkeil eine mechanische und eine thermische Belastung, die zusammen genommen das thermomechanische Belastungskollektiv darstellen. Der mechanische Teil des auf den Schneidkeil wirkenden Belastungskollektives kann durch die lokal an der Schneide vorliegenden Spannungen beschrieben werden. Basierend auf Spanwurzeluntersuchungen entwarf ZOREW ein Modell, welches die Verteilung der Kontaktspannungen auf der Spanfläche von Zerspanwerkzeugen beschreibt, Bild 2.4 [ZORE67, S. 345]. Mit zunehmendem Abstand von der Schneidkante fällt die Normalspannung ab. Der Kontaktbereich zwischen Span und Spanfläche ist in eine plastische und eine elastische Zone zu unterteilen [BIND17, S. 8]. Im plastischen Bereich ($0 \leq x \leq S$) liegen sehr große Normalspannungen vor [TREN88, S. 32]. Die Schubspannungen werden durch die Schubfließspannungen des Werkstoffes begrenzt [ZORE67, S. 345]. Im elastischen Bereich (S < x ≤ B) liegen die Schubspannung unterhalb der Schubfließgrenze, sodass der Span über die Spanfläche abgleitet. Bei x = *B* verliert der Span den Kontakt zur Spanfläche, sodass die Kontaktspannungen einen Wert von Null annehmen [TREN88, S. 32].

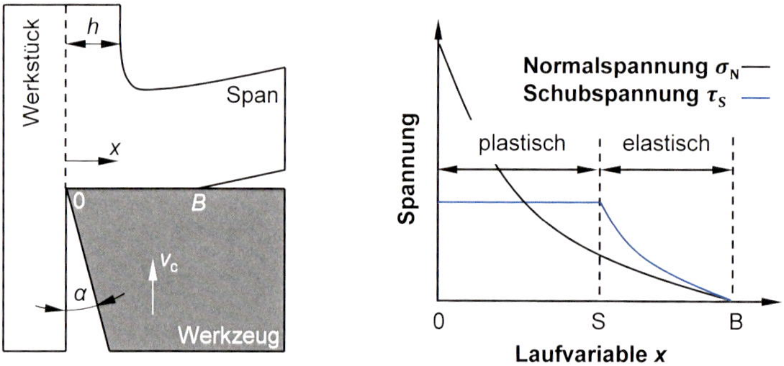

Bild 2.4: Schematische Darstellung der Verteilung der Kontaktspannungen auf der Spanfläche nach [BIND17, S. 8; ZORE67, S. 345]
Schematic representation of the distribution of contact stress at the rake face according to [BIND17, p. 8, ZORE67, p. 345]

Da die Kontaktfläche zwischen Werkzeug und Span nur schwer berechnet werden kann und es ebenso schwierig ist, diese akkurat zu messen, ist eine experimentelle Ermittlung der lokal am Schneidkeil vorliegenden Spannungen nicht präzise möglich [BIND17, S. 7; TREN88, S. 31]. Über eine Abschätzung der Kontaktfläche können zwar Spannungsmittelwerte angegeben werden, jedoch ist bekannt, dass die Spannungen in der Kontaktzone auf der Spanfläche nicht gleichmäßig verteilt sind [BIND17, S. 8; TREN88, S. 31]. Es ist möglich Spannungen und Temperaturen im Schneidkeil sowie das Reibungsverhalten beim Zerspanen mit Hilfe von Hochgeschwindigkeitsvideoaufnahmen und digitaler Bildkorrelation bei orthogonalen Zerspanversuchen zu modellieren [DENK23; DENK21].

Bei vielen Fragestellungen ist es jedoch bereits zielführend, die integrale Kraft mit piezoelektrischen Sensoren zu bestimmen und als Bewertungsgrundlage zu verwenden. Dies ist in den meisten Zerspanprozessen möglich [BIND17, S. 7; TREN88, S. 31]. Die beim Zerspanvorgang vom Schneidkeil auf das Werkzeug wirkende Gesamtkraft wird als Zerspankraft *F* bezeichnet [DIN82, S. 1]. Zu ihrer Bestimmung werden piezoelektrisch die Komponenten der Zerspankraft *F*, die in verschiedenen Koordinatenrichtungen wirken, gemessen und die resultierende Kraft bestimmt. Die in der Arbeitsebene, in der Wirk-, Schnitt- und Vorschubrichtung wirkenden Komponenten der Zerspankraft, welche sich durch rechtwinklige Zerlegung ermitteln lassen, sind für die Auslegung, Bewertung und Analyse von Zerspanprozessen von besonderer Bedeutung [DIN82, S. 1]. Die in der Arbeitsebene wirkende Kraftkomponente wird als Aktivkraft F_a bezeichnet, da ihre Komponenten die Leistungen beim Zerspanen erzeugen [DIN82, S. 4]. Die Komponente senkrecht zur Arbeitsebene ist die Passivkraft F_p. Sie ist an den Leistungen beim Zerpanen nicht beteiligt [DIN82, S. 4]. Die Aktivkraft kann weiterhin in die in Wirkrichtung und senkrecht zur Wirkrichtung wirkenden Komponenten, die Wirkkraft F_e und die Wirknormalkraft F_{eN}, zerlegt werden [DIN82, S. 4]. Die Wirkrichtung zeigt in Richtung der erzeugten Werkstückoberfläche und ist definiert als Richtung der aus Vorschub- und Schnittgeschwindigkeit resultierenden Wirkgeschwindigkeit [MEIN09, S. 26]. Die Wirkkraft erzeugt die gesamte Leistung, während die Wirknormalkraft keine Leistung erzeugt [DIN82, S. 2]. Eine weitere Zerlegung der Aktivkraft stellt die Zerlegung in die Schnittkraft F_c und die Schnittnormalkraft F_{cN}, dar. Die Zerspankraft kann weiterhin in die Vorschubkraft und die Vorschubnormalkraft F_{fN} zerlegt werden [DIN82, S. 2]. Für den Fall, dass der Wirkrichtungswinkel η = 0 ist, entspricht die Schnittkraft der Wirkkraft und die Schnittnormalkraft der Wirknormalkraft [DIN82, S. 2]. Die erforderliche Energie E zum bzw. die Arbeit W beim Zerspanen ist nach DIN 6584 das Produkt aus den zurückzulegenden bzw. zurückgelegten Wegen und den in ihrer Richtung wirkenden Komponenten der Zerspankraft, [DIN82, S. 8]. Die Leistungen beim Zerspanen berechnen sich als Produkt aus den Geschwindigkeitskomponenten und den in ihrer Richtung wirkenden Komponenten der Zerspankraft, [DIN82, S. 8]. Eine Übersicht über die Energien, die Arbeiten und die Leistungen bei der Zerspanung ist in Tabelle 2-1 dargestellt.

Tabelle 2-1: Energien, Arbeiten und Leistungen beim Zerspanen [DIN82, S. 8]
Energy, work and power in cutting [DIN82, p. 8]

	Energie *E* bzw. Arbeit *W*	**Leistung *P***
Wirkrichtung	Wirkenergie bzw. Wirkarbeit $E_e = W_e = l_e \cdot F_e$ $E_e = W_e = E_c + E_f = W_c + W_f$	Wirkleistung $P_e = v_e \cdot F_e$ $P_e = P_c + P_f$
Schnittrichtung	Schnittenergie bzw. Schnittarbeit $E_c = W_c = l_c \cdot F_c$	Schnittleistung $P_c = v_c \cdot F_c$
Vorschubrichtung	Vorschubenergie bzw. Vorschubarbeit $E_f = W_f = l_f \cdot F_f$	Vorschubleistung $P_f = v_f \cdot F_f$

Die Wirkenergie bzw. die Wirkarbeit entsprechen der Summe aus Schnittenergie bzw. Schnittarbeit und Vorschubenergie bzw. Vorschubarbeit. Analog ist die Wirkleistung die Summe aus Schnittleistung und Vorschubleistung. Bei in der Praxis angewendeten Prozessparametern sind die Vorschubgeschwindigkeiten häufig sehr viel kleiner als die Schnittgeschwindkeiten, sodass oftmals näherungsweise ein Wirkrichtungswinkel von $\eta \approx 0$ angenommen werden kann. In diesem Falle gilt ebenfalls näherungsweise, dass die Wirkleistung der Schnittleistung und die Wirkenergie bzw. Wirkarbeit der Schnittenergie bzw. Schnittarbeit entspricht. Die Vorschubleistung und die Vorschubenergie bzw. die Vorschubarbeit sind im Vergleich zur Schnittleistung und Schnittenergie bzw. Schnittarbeit vernachlässigbar klein, Gleichung (2-1).

$$E_e \approx E_c,\ W_e \approx W_c,\ P_e \approx P_c \text{ mit } v_c >> v_f \quad (2\text{-}1)$$

Die Wirkarbeit, welche für die Zerspanung aufgewendet werden muss, wird nahezu vollständig in Wärme umgewandelt [KLOC18, S. 73]. Hinsichtlich der thermischen Belastung lassen sich vier Hauptwärmequellen bei der Zerspanung identifizieren

[BOLJ10, S. 290; LAKN21b, S. 5]. In der primären Scherzone entsteht Wärme durch die plastische Verformung des Werkstoffes. An den sekundären Scherzonen an der Span- und Freifläche wird Wärme durch Reibung und Scherung erzeugt. Weiterhin entsteht Wärme im Bereich der elastischen Verformung unterhalb der Scherzone. Wie sich die Wärmeströme verteilen, hängt unter anderem vom Typ des Zerspanprozesses, der Schnittgeschwindigkeit, den Wärmeleitfähigkeiten von Werkstoff und Werkzeug sowie von den Abmessungen des Werkstückes und des Werkzeuges ab. In der Literatur finden sich geringfügig voneinander abweichende Werte für die prozentuale Verteilung der Wärmeströme [AUGS18, S. 45; BOLJ10, S. 290; KLOC18, S. 74; LAKN21b, S. 5; VIER59, S. 42]. Die nachfolgenden Werte können als Referenz bei der Zerspanung von Stahl dienen [LAKN21b, S. 5]. 75 % der Wärme werden durch den Span, 18 % durch das Werkzeug, 5 % durch das Werkstück und 2 % durch das Umgebungsmedium abgeführt, siehe Bild 2.3.

Beim Fräsen tritt verfahrenskinematisch ein unterbrochener Schnitt auf. Die Werkzeugschneiden treten zyklisch in den Werkstoff ein und wieder aus. Es wirkt eine thermomechanische Wechselbelastung. Zur Analyse der Beanspruchungskollektivs beim Fräsen sind daher verfahrensspezifische Besonderheiten zu berücksichtigen. Die Größen, welche das Beanspruchungskollektiv beim Fräsen beeinflussen und in Reibung und Verschleiß resultieren, sind den Kategorien Kinematik, Schnittparameter, Werkzeug, Werkstück und KSS-Strategie zuzuordnen. Die Zuordnung der Einflussgrößen zu den Kategorien ist in Bild 2.5 für das lineare Schaftfräsen dargestellt.

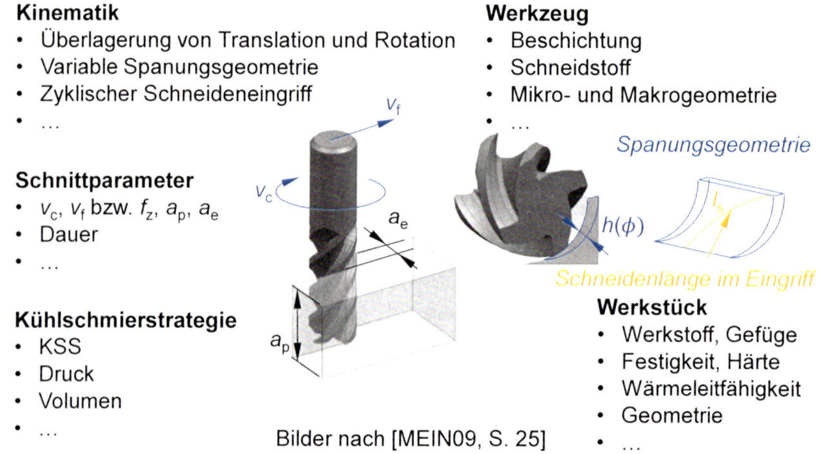

Bild 2.5: Einflussgrößen auf das Beanspruchungskollektiv beim Fräsen
Influencing parameters on the load collective in milling

Eine vergleichbare Zuordnung findet sich in [MURR10, S. 26, Abb. 2.9]. Die nachfolgenden Kapitel 2.1.2-2.1.4 erläutern jeweils den Einfluss des Werkzeugs, der Kinematik und Schnittparameter sowie der Kühlschmierstrategie auf das Beanspruchungskollektiv beim Fräsen. Die mechanischen, physikalischen, chemischen Eigenschaften des Werkstoffes und die geometrischen Eigenschaften des Werkstückes haben einen wesentlichen Einfluss auf die Zerspanbarkeitskriterien Zerspankraft, Zerspantemperatur, Spanbildung und Werkzeugverschleiß und resultieren in einem werkstoffspezifischen Belastungskollektiv. Die Charakterisierung des in dieser Dissertation zerspanten Werkstoffes erfolgt in Kapitel 4. Daher erfolgt in diesem Kapitel keine weitere Thematisierung des Einflusses des Werkstücks auf das Beanspruchungskollektiv.

2.1.2 Werkzeug

Tool

Das Fräswerkzeug stellt im tribologischen System des Fräsprozesses den Gegenkörper dar, sodass die Werkzeugkenngrößen Geometrie, Schneidstoff und Beschichtung das System in entscheidendem Maße beeinflussen. Es wird zwischen Mikro- und Makrogeometrie unterschieden. Prozess- und werkstoffbedingt müssen die Mikro- und -makrogeometrie angepasst werden, um je nach Zielsetzung die Werkzeugstandzeiten bzw. die Schnittparameter zu erhöhen, um die Wirtschaftlichkeit der Zerspanungsaufgabe zu steigern [KALV05, S. 7]. Während die Makrogeometrie die räumliche Form und Größe des Zerspanwerkzeugs beschreibt, definiert die Mikrogeometrie die geometrischen Details der Form der Schneidkante im Bereich des Überganges zwischen Spanfläche A_γ und Freifläche A_α, Bild 2.6 [DENK14, S. 632].

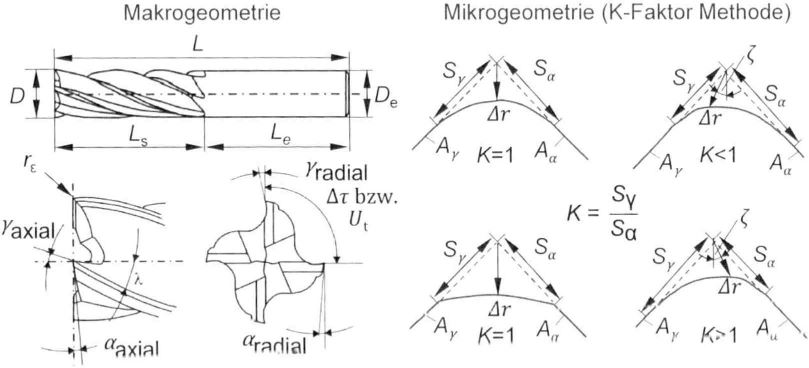

Bild 2.6: Mikro- und Makrogeometrie eines Schaftfräsers nach [DIN23, S. 5-6; DIN02, S. 2; DIN89, S. 1; MEIN09, S. 21; DENK14, S. 633, DENK05, S. 491]

Micro- and macrogeometry of a solid end mill according to [DIN23, pp. 5-6; DIN02, p. 2; DIN89, p. 1; MEIN09, p. 21; DENK14, p. 633, DENK05, p. 491]

Die Makrogeometrie eines Fräsers wird unter anderem durch die Anzahl der Schneiden z, den Eckenradius r_ε, die Gesamtlänge L, die Schneidenlänge L_s, die Schaftlänge L_e, den Schneidendurchmesser D, den Schaftdurchmesser D_e, den Drallwinkel λ, den axialen und radialen Spanwinkel γ_{axial} und γ_{radial} sowie den axialen und radialen Freiwinkel α_{axial} und α_{radial} definiert [DIN02, S. 2; DIN18, S. 4-5; MEIN09, S. 21]. Weitere Größen sind der Schneidenteilungswinkel $\Delta\tau$ und die Schneidenteilung U_t, Gleichungen (2-2) und (2-3) [MEIN09, S. 21].

$$\Delta\tau = \frac{360°}{z} \quad (2\text{-}2) \qquad\qquad U_t = \frac{\pi \cdot D}{z} \quad (2\text{-}3)$$

Von den Größen, welche die Makrogeometrie definieren, haben Span-, Keil-, und Freiwinkel einen wesentlichen Einfluss auf die Belastung der Schneidkante [KLOC18, S. 82 ff.]. Daher müssen insbesondere die Winkel des Schneidkeils an den jeweiligen Einsatzfall angepasst werden [DENK11a, S. 106]. Negative Spanwinkel erhöhen die Stabilität der Schneidkante, jedoch wird der ablaufende Span stärker verformt, sodass mit verkleinerten Spanwinkeln höhere Schnittkräfte und erhöhte Zerspantemperaturen auftreten [KLOC18, S. 83]. In der Folge können stärkerer Verschleiß und kürzere Standzeiten auftreten. Mit einem kleineren Freiwinkel treten stärkere Reibungskräfte zwischen Werkstück und Freifläche auf, die in höheren Werkzeugtemperaturen und stärkerem Freiflächenverschleiß resultieren [DENK11a, S. 106]. Große Span- und Freiwinkel verringern den Keilwinkel. Dies führt zu einer geringeren Stabilität der Schneide, da die Ausbruchgefahr der Schneidkante ansteigt [KLOC18, S. 82].

Zwar wirkt sich die Zähnezahl z auf die Vorschubgeschwindigkeit v_f aus, da in der Regel die Vorschubgeschwindigkeit v_f deutlich kleiner ist als die Schnittgeschwindigkeit v_c, ist der Einfluss auf die Spanungsgeometrie und somit auf die lokale Schneidenbelastung zu vernachlässigen. Mit steigender Zähnezahl z steigt bei konstantem Vorschub pro Zahn f_z und konstanten Drehzahlen n jedoch das mit dem Fräswerkzeug zerspante Zeitspanvolumen Q an, da mehr Schneiden an der Zerspanung beteiligt sind. Bei Werkzeugen mit Drallwinkel λ tritt bei entsprechenden Prozessparametern ein mehrschneidiger Eingriff auf, siehe S. 20. Eine höhere Anzahl an Schneiden führt somit grundsätzlich zu einer höheren thermischen und mechanischen globalen Werkzeugbelastung.

Die Schneidenlänge L_s definiert die maximale Schnitttiefe a_p. Bei ungedrallten Werkzeugen entspricht die Schnitttiefe a_p der im Eingriff befindlichen Schneidenlänge l_s. Diese beeinflusst die globale Werkzeugbelastung, da mit steigender Schnitttiefe a_p die Schnittkraft zunimmt. Bei Werkzeugen mit Drallwinkel wird die im Eingriff befindliche Schneidenlänge durch die Schnitttiefe a_p, die Eingriffsbreite a_e und den Drallwinkel λ sowie den Werkzeugdurchmesser D beeinflusst. Auch hier nimmt die thermomechanische globale Werkzeugbelastung mit der im Eingriff befindlichen Schneidenlänge grundsätzlich zu. Da auch der zeitliche Verlauf des Spanungsquerschnittes über dem Schneideneingriff von den genannten Parametern abhängt, wirken diese sich auch auf die lokale Werkzeugbelastung aus. Eine detaillierte Betrachtung der Zusammenhänge erfolgt im folgenden Abschnitt „Kinematik und Schnittparameter".

Der Werkzeugdurchmesser D wirkt sich zusammen mit den Prozessparametern auf die Spanungsgeometrie und somit auf das lokal an der Schneidkante wirkende thermomechanischen Belastungskollektiv aus. Die Zusammenhänge werden ebenfalls detailliert im nachfolgenden Abschnitt „Kinematik und Schnittparameter" diskutiert. Zudem hat ein größerer Werkzeugdurchmesser D Einfluss auf die globale thermische Werkzeugbelastung, da bei einem größeren Werkzeugdurchmesser insgesamt mehr Schneidstoff zur Verfügung steht, um die entstehende Wärme aufzunehmen.

Im Hinblick auf die Schneidenteilung U_t bzw. den Teilungswinkel $\Delta\tau$ sind gleichgeteilte und ungleichgeteilte Werkzeuge zu unterscheiden. Während bei gleichgeteilten Werkzeugen der Teilungswinkel $\Delta\tau$ zwischen allen Schneiden gleich ist, wird dieser bei ungleichgeteilten Werkzeugen zwischen aufeinanderfolgenden Schneiden leicht variiert. Dies führt zwar dazu, dass die Schneide, welche nach einem größeren Teilungswinkel auf den Werkstoff trifft höhere Spanungsdicken und somit höhere lokale thermische, mechanische Belastungen und stärkeren Verschleiß erfährt. Jedoch kann durch die leicht veränderten Zahneingriffsfrequenzen eine verbesserte Prozessstabilität erzielt und Rattern gegebenenfalls vermieden werden.

In der Vergangenheit wurde oftmals nur der Schneidkantenradius r_β zur Charakterisierung der Mikrogeometrie verwendet [DENK05, S. 491]. Einerseits weichen Mikrogeometrien verrundeter Schneidkanten oftmals erheblich von einer Kreisform ab. Andererseits wurde festgestellt, dass angepasste asymmetrische Schneidkantenmikrogeometrien Vorteile hinsichtlich der thermischen und mechanischen Schneidenbelastung, dem Werkzeugverschleißverhalten, der Spanbildung und der Schneidenstabilität im Vergleich zu unpräparierten Werkzeugen ermöglichen [DENK17, S. 483-484; DENK14, S. 651; DENK05, S. 493; HECK10, S. 25]. Aus diesen Gründen wurden Schneidkantenpräparationsverfahren und Charakterisierungsmethoden entwickelt, die es ermöglichen, die Mikrogeometrie gezielt einzustellen und zu beschreiben. Eine anerkannte und empfohlene Charakterisierungsmethode ist die K-Faktor Methode [DENK14, S. 650]. Bei dieser werden die Länge von Spanflächenabschnitt S_γ und Freiflächenabschnitt S_α ermittelt, welche sich aus der Abweichung der verrundeten und der scharfen Schneidkante ergeben [DENK14, S. 633]. Der K-Faktor stellt das Verhältnis aus Spanflächenabschnitt S_γ und Freiflächenabschnitt S_α dar, Gleichung (2-4) [HECK10, S. 25-26].

$$K = \frac{S_\gamma}{S_\alpha} \tag{2-4}$$

Wenn der K-Faktor kleiner als eins ist, ist die Schneidkante zur Freifläche A_α geneigt [DENK11b, S. 73]. Ist der K-Faktor größer als eins, ist die Schneidkante zur Spanfläche A_γ geneigt. Ein K-Faktor gleich eins beschreibt eine symmetrische Schneidkante. Die Profilabflachung Δr gibt den kürzesten Abstand zwischen dem höchsten Punkt des verrundeten Profils und der Spitze der ideal scharfen Schneidkante an. Zusammen mit dem Scheitelwinkel ζ, welcher die Verschiebung zwischen ideal scharfer und verrundeter Schneidkante beschreibt, wird die Schärfe der Schneide charakterisiert [DENK14, S. 633].

Verschiedene Arbeiten untersuchten die Effekte der Schneidkantenmikrogeometrie auf das thermomechanische Belastungskollektiv [DENK17; DENK14; DENK11b; DENK05]. Eine größere Mikrogeometrie führt im Hinblick auf das thermomechanische Belastungskollektiv zu zwei entgegengesetzten Effekten [DENK14, S. 643]. Zum einen treten höhere thermische Belastungen des Schneidkeils auf, die auf einen erhöhten Reibungsanteil auf der Freifläche und verstärkte plastische Verformungen in der sekundären Scherzone aufgrund des größeren effektiven Spanwinkels γ_{eff}

zurückzuführen sind. Zum anderen nimmt die Kontaktfläche zwischen Span und Werkzeug zu, über welche die entstehende Wärme abgeführt werden kann. Weiterhin führt eine größere Mikrogeometrie zu einer stabileren Schneidkante, da die Spannungen und Spannungskonzentrationen in der Werkzeugspitze verringert werden [DENK14, S. 643].

Mit Hilfe unsymmetrisch verrundeter Schneidkanten wurden die Einflüsse des Freiflächenabschnittes S_α und des Spanflächenabschnittes S_γ auf die thermomechanische Schneidenbelastung untersucht. Ein größerer Freiflächenabschnitt resultiert aufgrund einer größeren Kontaktfläche und stärkeren Reibung zwischen Span und Spanfläche in einer Steigerung der Temperatur und der Zerspankraft [DENK11b, S. 76]. Ebenso nimmt der Freiflächenverschleiß wegen der verstärkten Reibung mit der Länge des Freiflächenabschnittes S_α zu [DENK14, S. 651]. Eine Steigerung des Spanflächenabschnittes führt zu keiner wesentlichen Steigerung der Kräfte [DENK14, S. 651].

Zur Minimierung der thermomechanischen Belastung und der damit verbundenen Maximierung der Werkzeugstandzeit ist eine werkstoff- und prozessabhängige Mikrogeometrie erforderlich [DENK14. S. 643]. Da der Verschleißzustand der Schneidkante die Mikrogeometrie stark verändern kann, hat dieser ebenfalls einen wesentlichen Einfluss auf das tribologische System des Fräsprozesses und das wirkende Belastungskollektiv. Da insbesondere die auftretenden Verschleißmechanismen werkstoff- und prozessabhängig sind, muss die Schneidkantenmikrogeometrie entsprechend eingestellt werden, um die Potenziale vollumfänglich ausnutzen zu können [DENK17, S. 483; DENK14, S. 643].

Auch die Schneidstoffauswahl muss angepasst an den zu zerspanenden Werkstoff und den Prozess erfolgen, da sich die Schneidstoffeigenschaften über den Verschleiß auf Werkzeugwechselzeiten und somit folglich auch auf Fertigungszeiten und Werkzeug-, Maschinen- und Lohnkosten auswirken [KLOC18, S114]. Zu den Schneidstoffen für die Zerspanung mit geometrisch bestimmter Schneide gehören Werkzeugstähle, Hartmetalle, Schneidkeramiken sowie hochharte Schneidstoffe [KLOC18, S. 115]. Die Werkzeugstähle werden weiter untergliedert in Kaltarbeit- und Schnellarbeitsstähle sowie in kohlenstofffreie Werkzeugstähle [KLOC18, S. 115]. Zu den Hartmetallen gehören die Untergruppen der Hartmetalle auf Wolframkarbidbasis und die Cermets auf Basis von Titankarbonitrid, während der Begriff Schneidkeramik die Schneidstoffe Oxid-, Mischoxid und Nichtoxidkeramiken zusammenfasst [KLOC18, S. 116]. Zu den hochharten Werkstoffen gehören Diamant und Bornitrid [KLOC18, S. 115.]. Auf eine vertiefende Darstellung der unterschiedlichen Schneidstoffe wird an dieser Stelle verzichtet. Eine Übersicht hierzu findet sich in [KLOC18, S. 114 ff.].

Bei Schnellarbeitsstählen und Hartmetallen stellen Verschleißschutzschichten den Stand der Technik dar, so werden ca. 95 % der Drehwerkzeuge und ca. 6 % der Fräswerkzeuge aus Hartmetall mit hochverschleißfesten Hartstoffschichten ausgestattet, deren primäre Aufgabe es ist, den direkten Kontakt zwischen Werkstoff und Werkzeug zu unterbinden und somit den durch Adhäsions-, Abrasions-, Diffusions- und Oxidationsvorgänge bedingen Werkzeugverschleiß zu reduzieren [KLOC18, S. 147-148]. Zur

Beschichtung der Werkzeuge werden die chemische (CVD) und physikalische Gasphasenabscheidung (PVD) eingesetzt. Die Schnellarbeitsstähle spielen bei der Bearbeitung schwer zerspanbarer Werkstoffe außer beim Räumen inzwischen eine im Vergleich zu den Hartmetallen untergeordnete Rolle. Bei Werkzeugen, die in Zerspanverfahren mit unterbrochenem Schnitt eingesetzt werden, haben die Zähigkeitseigenschaften des zu beschichteten Substratwerkstoffes eine entscheidende Bedeutung, da aufgrund der mechanischen und thermischen Wechselbelastung die Zähigkeit der Schneide in stärkerem Maße auf die Schneidhaltigkeit wirkt als der Verschleißwiderstand [KLOC18, S. 148]. Das beschichtete Hartmetall muss im unterbrochenen Schnitt zunächst einen ausreichenden Widerstand gegen Rissbildung, Bröckelung und Bruch aufweisen [KLOC18, S.148]. Dies ist die Voraussetzung dafür, dass analog zum kontinuierlichen Schnitt die Verschleißmechanismen Adhäsion, Abrasion, Oxidation und Diffusion wirkungsvoll unterdrückt werden können [KLOC18, S. 148-149].

2.1.3 Kinematik und Schnittparameter

Kinematics and Cutting Parameters

Die Kinematik beim Fräsen setzt sich aus der Überlagerung einer translatorischen Vorschubbewegung und einer rotatorischen Schnittbewegung zusammen. Die einzelnen Schneiden treffen dabei zyklisch auf das Werkstück und zerspanen den Werkstoff. Die Bewegungen werden mit den Schnittparametern Schnittgeschwindigkeit v_c und Vorschubgeschwindigkeit v_f bzw. dem Zahnvorschub f_z beschrieben. Die Schnittgeschwindigkeit v_c wird als Umfangsgeschwindigkeit des Werkzeuges in Abhängigkeit vom Werkzeugdurchmesser D und der Drehzahl n berechnet, während die Vorschubgeschwindigkeit v_f das Produkt aus Zahnvorschub f_z, Zähnezahl z und Drehzahl n darstellt, Gleichungen (2-5) und (2-6).

$$v_c = \pi \cdot D \cdot n \qquad (2\text{-}5) \qquad\qquad v_f = f_z \cdot z \cdot n \qquad (2\text{-}6)$$

Je nachdem in welche Richtung die Vektoren der Vorschubgeschwindigkeit und die Schnittgeschwindigkeit zeigen, werden grundsätzlich die zwei Verfahrensvarianten Gleich- und Gegenlauffräsen unterschieden, Bild 2.7.

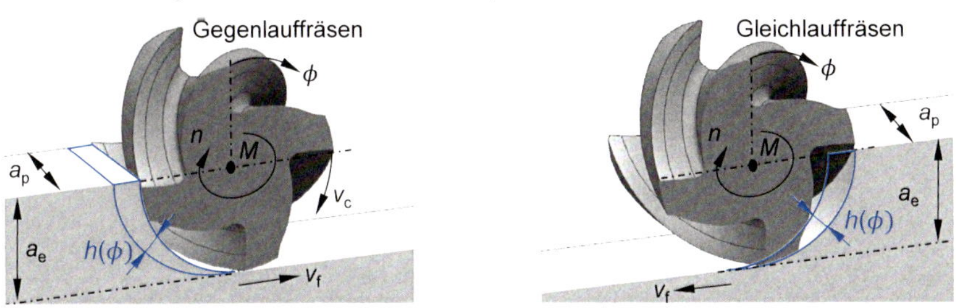

Bild 2.7: Unterscheidung Gleich- und Gegenlauffräsen nach [KLOC18, S. 538; MEIN09, S. 24]
Up milling versus down milling according to [KLOC18, p. 538; MEIN09, p. 24]

Beim Fräsen schwer zerspanbarer Werkstoffe sollte grundsätzlich das Gleichlauffräsen dem Gegenlauffräsen bevorzugt werden [KLOC18, S. 358]. Aus diesem Grund wird nachfolgend das Gleichlauffräsen betrachtet. Die Schneiden können mathematisch durch Schraubenlinien mit dem Steigungswinkel ψ = 90°-λ und dem Werkzeugdurchmesser D beschrieben werden. Der Winkel λ wird zerspantechnologisch als Neigungswinkel (Drallwinkel) der Hauptschneide bezeichnet [DIN18, S. 5].

Aufgrund der Kinematik beim Fräsen ist die Interaktion zwischen Werkzeug und Werkstück ein instationärer Vorgang, der zu veränderlichen geometrischen Kontaktbedingungen und Belastungen einzelner Schneidenelemente führt [MEIN09, S. 21-22]. Zum Verständnis des Belastungskollektives ist die Kenntnis der geometrischen Kontaktbedingungen erforderlich. Wegen der Überlagerung von translatorischer Vorschubbewegung und rotatorischer Schnittbewegung weichen die Bahnkurven der einzelnen Schneiden von einer Kreisbahn ab. Die Schneiden legen die Bahnkurven verlängerter Zykloiden zurück [KRON69, S. 15]. Das durch die Bahnkurven zweier aufeinander folgender Schneiden und der Eingriffsweite a_e sowie der Schnitttiefe a_p eingeschlossene Volumen wird durch die Spanungsgeometrie beschrieben. In Abhängigkeit vom charakteristischen Verlauf der Spanungsdicke $h(\Phi)$ über dem Werkzeugdrehwinkel Φ, der nachfolgend detailliert erläutert wird (siehe S. 21 ff), und dem Werkzeugdrallwinkel λ liegen unterschiedlichen Kontaktbedingungen zwischen der Spanungsgeometrie und den Schneiden vor. Diese sind in Bild 2.8 anhand einer abgewickelten Darstellung der Spanungsgeometrie und des Spanungsquerschnittes A_{sp} für das Schaftfräsen dargestellt.

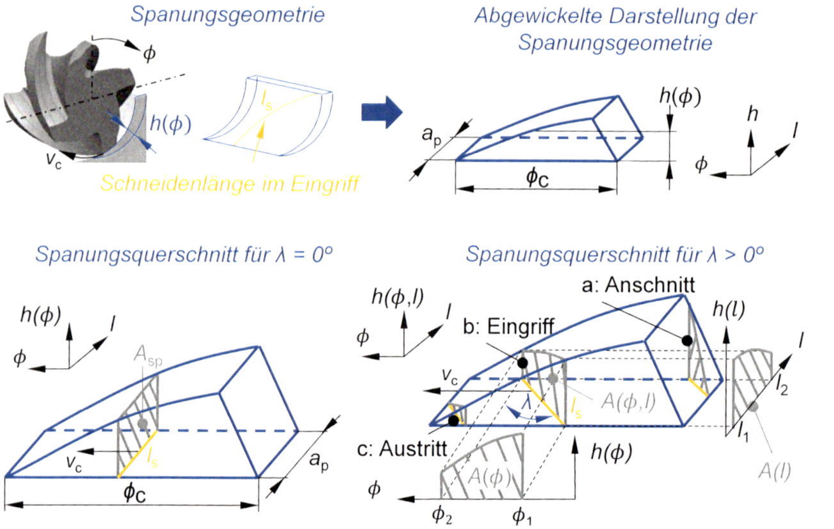

Bild 2.8: Spanungsgeometrie und Spanungsquerschnitt beim Schaftfräsen
Geometry and cross section of undeformed chip for end milling

Der Spanungsquerschnitt A_{sp} ist definitionsgemäß die Querschnittsfläche eines abzunehmenden Spanes, gemessen senkrecht zur Schnittrichtung [DIN85, S. 10]. Bei ungedrallten Werkzeugen (λ = 0°) entspricht die Länge der Schneide l_s, die sich im Eingriff befindet, der Schnitttiefe a_p. Die Spanungsdicke $h(\Phi)$ ist entlang der im Eingriff befindlichen Schneide konstant, jedoch variiert die Spanungsdicke über dem

Werkzeugdrehwinkel Φ. Für diesen Fall wird der Spanungsquerschnitt A_{sp} nach Gleichung (2-7) berechnet.

$$A_{sp} = h(\Phi) \cdot a_p \quad (2\text{-}7)$$

Bei Werkzeugen mit Drallwinkel ($\lambda > 0$) durchlaufen die Schneiden die Spanungsgeometrie diagonal. Daher ist für die Zerspanung mit gedrallten Werkzeugen eine variable Spanungsdicke über dem Werkzeugdrehwinkel und entlang der im Eingriff befindlichen Schneide charakteristisch. Da der Spanungsquerschnitt definitionsgemäß die Querschnittsfläche eines abzunehmenden Spanes senkrecht zur Schnittgeschwindigkeit darstellt, wird sie bei gedrallten Werkzeugen nach Gleichung (2-8) bestimmt. Als weitere Kenngrößen können die Querschnitte des Spanes $A(\Phi)$ und $A(\Phi,l)$ dienen, Bild 2.8, Gleichungen 2.7 und 2.8.

$$A(l) = \int_{l_1}^{l_2} h(l)dl \quad (2\text{-}8)$$

$$A(\phi) = \int_{\phi_1}^{\phi_2} h(\phi)d\phi \quad (2\text{-}9)$$

$$A(\phi, l) = \int_{l_{s1}}^{l_{s2}} h(\phi, l)\, dls \quad (2\text{-}10)$$

Je nachdem, wie sich der Drallwinkel λ, die Schnitttiefe a_p und die Schnittbreite a_e zueinander verhalten, sind beim Fräsen mit gedrallten Werkzeugen zwei charakteristische Fälle zu unterscheiden [PIEK57, S. 383-384; MEIN09, S. 31-32]. Die zwei Fälle sind in Bild 2.9 anhand der abgewickelten Darstellung der Spanungsgeometrie dargestellt.

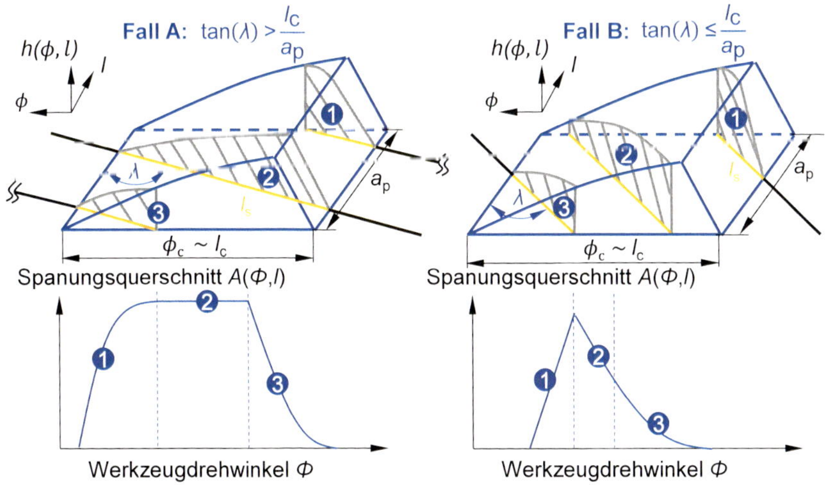

Bild 2.9: Spanungsgeometrie bei Werkzeugen mit Drallwinkel – Fallunterscheidung nach [PIEK57, S. 383; MEIN09, S. 32]

Geometry of undeformed chip for tools with helix angle – case distinction according to [PIEK57, p. 383; MEIN09, p. 32]

Wenn Gleichung (2-11) erfüllt ist, liegt Fall A vor. Die Schneide tritt im Bereich 1 in den Werkstoff ein. Der Spanungsquerschnitt $A(\Phi,l)$ und die Schneidenlänge im Eingriff l_s nehmen zu. Bevor die Schneide vollständig im Eingriff ist tritt ein Teil der Schneide wieder aus dem Werkstoff aus. In diesem zweiten Bereich bleiben die Schneidenlänge im Eingriff l_s und der Spanungsquerschnitt $A(\Phi,l)$ konstant. Die nutzbare Schneidenlänge l_{sn} ist nie vollständig im Eingriff, jedoch wird jeder Teil der nutzbaren Schneide über dem Zahneingriff eingesetzt. Im Bereich 3 tritt die Schneide langsam wieder aus dem Werkstoff aus. Die Länge der Schneide im Eingriff l_s und der Spanungsquerschnitt $A(\Phi,l)$ nehmen ab.

Für den Fall, dass Gleichung (2-12) erfüllt ist, tritt Fall B ein. Im Bereich 1 tritt die Schneide in den Werkstoff ein. Im Bereich 2 ist die gesamte Schneidenlänge l_s im Eingriff. Sie entspricht der nutzbaren Schneidenlänge l_{sn}. Der Spanungsquerschnitt und die Schneidenlänge nehmen zu bis der Maximalwert erreicht ist. Anschließend tritt die Schneide im Bereich 3 wieder aus dem Werkstoff aus.

$$\tan(\lambda) > \frac{l_c}{a_p} \qquad (2\text{-}11) \qquad\qquad \tan(\lambda) \leq \frac{l_c}{a_p} \qquad (2\text{-}12)$$

Die Berechnung der Länge der im Eingriff befindlichen Schneide erfolgt mit Gleichung (2-13), [MEIN09, S. 31].

$$l_s = \frac{R \cdot (\phi_2 - \phi_1)}{\sin \lambda} \qquad (2\text{-}13)$$

Bei Werkzeugen mit mehreren Schneiden kann erzielt werden, dass mehrere Schneiden gleichzeitig im Eingriff sind. Die Summe der einzelnen Spanungsquerschnitte an den Schneiden ergibt den Gesamtspanungsquerschnitt. Durch eine gezielte Anpassung der Schnitttiefe a_p, des Drallwinkels λ, des Werkzeugdurchmesser D oder der Zähnezahl z kann eine Variation des Gesamtspanungsquerschnitts minimiert werden. Dies wird als „gleichförmiges Fräsen" bezeichnet. Die Bedingung hierfür stellt Gleichung (2-14) dar [MEIN09, S.32].

$$\tan(\lambda) = n\frac{U_t}{a_p} \ mit \ n \in \{1, 2, 3, \dots\} \qquad (2\text{-}14)$$

Die lokalen Kontaktbedingungen an der Schneide können durch die Gleichförmigkeit nicht beeinflusst werden. Allerdings wirkt sich die Gleichförmigkeit positiv auf die Dynamik der globalen Werkzeugbelastung und somit auf die Prozessstabilität aus.

Wie die Betrachtungen zur Spanungsgeometrie zeigen, sind die Spanungsquerschnitte maßgeblich vom charakteristischen Verlauf der Spanungsdicke über dem Werkzeugdrehwinkel abgängig. Zur mathematischen Beschreibung des Verlaufes der Spanungsdicke über dem Werzeugdrehwinkel sind zunächst die Wirkspanungsdicke h_{wirk} und die Normalspanungsdicke h_{sp} zu unterscheiden. Die Wirkspanungsdicke ist orthogonal zur Wirkrichtung und somit zur entstehenden Werkstückoberfläche, während die Normalspanungsdicke in Richtung des Werkzeugradius gemessen wird [MEIN09, S. 28]. Der Winkel zwischen Wirkgeschwindigkeit und Schnittgeschwindigkeit bzw. zwischen Oberflächennormale und Werkzeugradius wird als

Wirkrichtungswinkel η bezeichnet [MEIN09, S. 26]. Da die Schnittgeschwindigkeit meistens deutlich größer ist als die Vorschubgeschwindigkeit ist es häufig ausreichend, die Schneidenbahnen durch Kreise anzunähern. In diesem Falle entspricht die Schnittgeschwindigkeit der Wirkgeschwindigkeit und die Normalspanungsdicke der Wirkspanungsdicke, da der Wirkrichtungswinkel null beträgt.

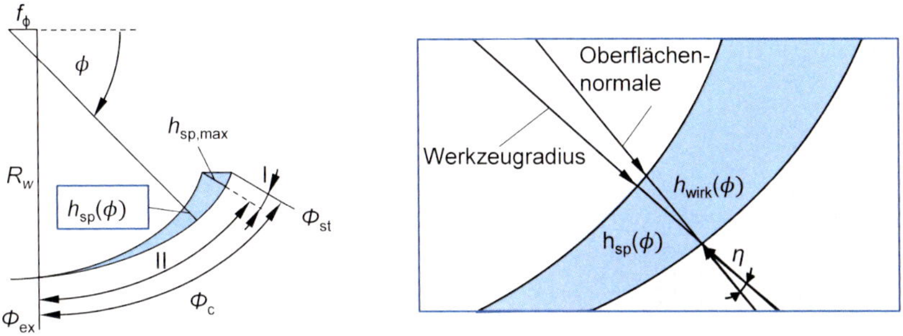

Bild 2.10: Spanungsdicke beim Gleichlauffräsen nach [MEIN09, S. 28]
Uncut chip thickness for down milling according to [MEIN09, p. 28]

Die Schneide tritt unter dem Werkzeugeintrittswinkel Φ_{st} in das Werkstück ein. Im Bereich I ($\Phi_{st} < \Phi < \Phi_{hsp,max}$) steigt die Spanungsdicke h_{sp} zunächst bis zum Erreichen des Maximalwertes $h_{sp,max}$ an. Im Bereich II ($\Phi_{hsp,max} < \Phi < \Phi_{ex}$) nimmt die Spanungsdicke h_{sp} wieder ab bis die Schneide unter dem Werkzeugaustrittsewinkel Φ_{ex} wieder aus dem Werkstück austritt. Die Differenz aus Werkzeugeintritts- und Werkzeugaustrittswinkel wird als Umschlingungswinkel Φ_c bezeichnet, Gleichung (2-15). Der Umschlingungswinkel ist abhängig von der Eingriffsbreite a_e und dem Werkzeugdurchmesser D, Gleichung (2-15) [BUSC14, S. 19]. Oftmals wird statt des Umschlingungswinkels die Schnittbogenlänge l_c angegeben, Gleichung (2-16) [MEIN09, S. 23].

$$\phi_c = \phi_{ex} - \phi_{st} = \arccos\left[1 - \left(2\frac{a_e}{D}\right)\right] \tag{2-15}$$

$$l_c = \frac{D}{2} \cdot \phi_c = \frac{\pi \cdot D}{360} \cdot \phi_c \tag{2-16}$$

Zur mathematischen Beschreibung der Wirkspanungsdicke für den Bereich I gibt MEINECKE eine exakte Gleichung an, welche die translatorische und rotatorische Schneidenbewegung berücksichtigt, Gleichung (2-17) [MEIN09, S. 29]. Er gibt zudem eine vereinfachte Näherungslösung an, welche die zykloidenförmige Werkzeugbahn vernachlässigt, Gleichung (2-18), [MEIN09, S. 29].

$$h_{wirk,I}(\phi) = R_w \cdot \sqrt{1 - 2\frac{v_f}{v_c} \cdot \cos(\pi - \phi) + \left(\frac{v_f}{v_c}\right)^2} \cdot \frac{\cos(\pi - \phi) - \cos(\pi - \phi_{st})}{\cos(\pi - \phi) - \frac{v_f}{v_c}} \tag{2-17}$$

$$h_{wirk,I}(\phi) \approx h_{sp,I}(\phi) \approx R_w \cdot \left[1 - \frac{cos(\pi - \phi_{st})}{\cos(\pi - \phi)}\right] \tag{2-18}$$

Eine mathematische Funktion zur Berechnung des Spanungsdickenverlaufs im Bereich II unter Vernachlässigung der Zykloidenform der Schneidenbahnkurve wurde erstmals von MARTELLOTTI angegeben, Gleichung (2-19) [MEIN09, S. 28; MART41, S. 691]. MEINECKE gib für technologisch relevante Prozessparameter beim linearen Schaftfräsen (D = 10 mm und f_z < 0,1 mm) aufgrund der Vernachlässigung der Zykloidenform einen relativen Fehler von F_{rel} < 2 % an und der absolute Fehler F_{abs} liegt im Submikrometerbereich [MEIN09, S. 29]. Der Fehler wird von Meinecke als vernachlässigbar bewertet, sodass die Näherungslösung für das lineare Schaftfräsen verwendet werden kann [MEIN09, S. 29]

$$h_{sp,II}(\phi) = R_w + f_z \cdot \sin(\pi - \phi) - \sqrt{R_w^2 - [f_z \cdot \cos(\pi - \phi)]^2} \tag{2-19}$$

Für die Auslegung von Fräsprozessen wird oftmals auf den Maximalwert der Spanungsdicke zurückgegriffen. Während MARTELLOTTI hierbei die Zykloidenform berücksichtigt, Gleichung (2-20), wird sie von KRONENBERG vernachlässigt, Gleichung (2-21) [MEIN09, S. 29; MART45, S. 239; KRON69, S. 74].

$$h_{wirk,max} \approx h_{wirk,max,Martelotti} = f_z \sqrt{\frac{a_e \cdot (D - a_e)}{\left(\frac{D}{2} - \frac{f_z \cdot z}{2\pi}\right)^2 + a_e \cdot \frac{f_z \cdot z}{\pi}}} \tag{2-20}$$

$$h_{wirk,max} \approx h_{sp,max} \approx h_{sp,max,Kronenberg} = f_z \cdot \sin(\pi - \phi_{st}) \tag{2-21}$$

Wie anhand der Gleichungen zur mathematischen Beschreibung des Spanungsdickenverlaufs zu erkennen ist, haben die Schnittparameter Vorschubgeschwindigkeit v_f bzw. der Zahnvorschub f_z, die Eingriffsbreite a_e und der Werkzeugdurchmesser D einen wesentlichen Einfluss auf den Verlauf der Spanungsdicke. Anhand von Diagrammen sind diese Einflüsse in Bild 2.11 verdeutlicht.

Eine Vergrößerung der Vorschubgeschwindigkeit v_f und somit des Zahnvorschubes f_z resultiert insbesondere in einer Steigerung der Spanungsdicke h_{sp}. Die Spanungsdicke h_{sp} und die maximale Spanungsdicke $h_{sp,max}$ nehmen ebenfalls mit der Eingriffsbreite a_e zu. Der Umschlingungswinkel Φ_c ändert sich durch eine Steigerung des Zahnvorschubes nicht. Eine Steigerung der Eingriffsbreite a_e führt zu einem geringeren Werkzeugdrehwinkel beim Schneideneintritt Φ_{st}, sodass der Umschlingungswinkel Φ_c und die Schnittbogenlänge l_c größer werden. Steigert man den Werkzeugdurchmesser D bei gleichbleibender Eingriffsbreite a_e, tritt die Schneide erst bei einem größeren Eintrittswinkel Φ_{st} in das Werkstück ein, die Spanungsdicke $h_{sp,II}$ und der Umschlingungswinkel Φ_c nehmen ab und die Schnittbogenlänge l_c nimmt zu. Hält man das Verhältnis aus Eingriffsbreite a_e und Werkzeugdurchmesser D konstant, d. h. vergrößert man die Eingriffsbreite a_e gleichzeitig mit dem Werkzeugdurchmesser D, bleiben der Schneideneintrittswinkel Φ_{st}, der Umschlingungswinkel Φ_c sowie der Verlauf der Spanungsdicke h_{sp} über dem Werkzeugdrehwinkel Φ konstant und die Schnittbogenlänge l_c nimmt zu.

Eine durch eine größere Eingriffsbreite a_e bzw. durch einen größeren Werkzeugdurchmesser gesteigerte Schnittbogenlänge l_c resultiert in einer Zunahme der Dauer der Reibbelastung zwischen Werkzeugschneide und Span, sodass mit einer höheren Temperatur in der Zerspanzone zu rechnen ist [BUSC14, S. 49]. Auch eine aufgrund des Vorschubes f_z bzw. der Eingriffsbreite a_e gesteigerte Spanungsdicke h_{sp} resultiert in einer höheren thermischen Schneidenbelastung. Im Vergleich zur Änderung durch die Eingriffsbreite a_e ist jedoch von einem geringeren Einfluss des Zahnvorschubes f_z auszugehen [BUSC14, S. 49]. Dies ist zum einen mit dem mit der Steigerung des Vorschubes ebenfalls steigenden Spanmassenstrom verbunden, der die Wärmeabfuhr über den Span beeinflusst, und zum anderen ändert sich durch einen größeren Vorschub die Spanungsgeometriekontaktfläche zwischen Span und Werkzeugspanfläche, die eine maßgebliche Bedeutung für Reibungs- und Übergangsphänomene zwischen Span und Werkstück hat, kaum [BUSC14, S. 49].

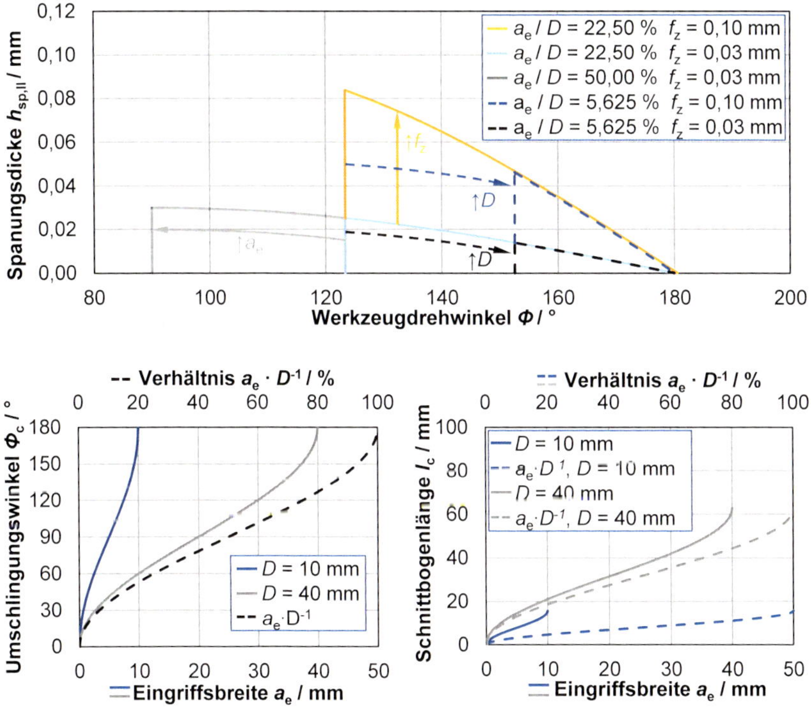

Bild 2.11: Einfluss des Zahnvorschubes, der Eingriffsbreite und des Werkzeugdurchmesser *D* auf den Verlauf der Spanungsdicke, a) nach [BUSC14, S. 49]

Influence of the feed per tooth, radial depth of cut and tool diameter on the characteristic of the uncut chip thickness according to [BUSC14, p. 49]

Grundsätzlich ist es möglich die Schnittgeschwindigkeit und die Vorschubgeschwindigkeit beim Fräsen unabhängig voneinander zu wählen. In der Anwendung ist es üblich, eine mathematische Kopplung von Vorschub- und Schnittgeschwindigkeit über die Drehzahl zu berücksichtigen, siehe Gleichungen (2-5) und (2-6). Hierdurch verändert sich die Spanungsgeometrie durch eine Steigerung der Schnittgeschwindigkeit beim Fräsen nicht. Eine höhere Schnittgeschwindigkeit führt jedoch zu einer höheren Schnitt- und damit Wirkleistung bei der Zerspanung, siehe Gleichung (2-1) und Tabelle 2-1. Da diese beim Zerspanen durch die Reibung und Scherung größtenteils in Wärme umgewandelt wird, steigen die Temperaturen im Span, Werkstück und Werkzeug mit der Zunahme der Schnittgeschwindigkeit grundsätzlich an [VIER59, S. 35; KLOC18, S. 75]. Für die Wärmeabfuhr steht bei höheren Schnittgeschwindigkeiten weniger Zeit zur Verfügung, sodass sich die Reibpartner stärker aufheizen [KLOC18, S. 74].

Anhand verschiedener Modelle zur Bestimmung der Zerspankraft wurde gezeigt, dass die Spanungsdicke h_{sp} einen großen Einfluss auf die mechanische Schneidenbelastung hat [KIEN52, S. 300; ALTI00, S. 16; MERC45a; MERC45b; KLOC18, S. 106]. Grundsätzlich treten höhere Zerspankraftkomponenten mit größeren Spanungsdicken auf. Zu den bekanntesten empirischen Zerspankraftmodellen gehört das KIENZLE-Modell, welches auf einer Potenzfunktion basiert, Gleichung (2-22) [KIEN52, S. 300].

$$F_i = k_{i1.1} \cdot b \cdot h^{(1-m_i)} \tag{2-22}$$

Der Hauptschnittwert der Zerspankraftkomponente bzw. die spezifische Kraft bezogen auf eine Spanungsbreite und -dicke von eins $k_{i1.1}$ und der Exponent $(1\text{-}m_i)$ werden durch Zerspanversuche mit konstanter Schnittgeschwindigkeit, Schnitttiefe und Werkzeuggeometrie ermittelt [KLOC18, S. 72; BUSC14, S. 23]. Für verschiedene Werkstoffe, Schneidstoffe und Werkzeuggeometrien existieren umfangreiche Tabellen, denen die Werte entnommen werden können [KOEN82]. Da beim Fräsen die Spanungsdicke über einem Schneideneingriff in einem großen Bereich variiert, gilt das KIENZLE-Modell nur bereichsweise, Gleichung (2-23) [KLOC18, S. 542].

$$\left|\vec{F_i}\right| = k_i \cdot b \cdot \left|\vec{h}\right|^{(1-m_i)}; \ |k_i| = \begin{cases} k_{i1.0,01} \cdot \left|\vec{h}\right|^{-m_{i0,01}} für\ 0{,}001 < h < 0{,}01\ mm \\ k_{i1.0,1} \cdot \left|\vec{h}\right|^{-m_{i0,1}} für\ 0{,}01 < h < 0{,}1\ mm \\ k_{i1.1} \cdot \left|\vec{h}\right|^{-m_i} für\ 0{,}1 < h < 1{,}0\ mm \end{cases} \tag{2-23}$$

$$i = c, cN\ und\ p$$

Prozessparameterseitig haben der Vorschub pro Zahn f_z, die Eingriffsbreite a_e und der Werkzeugdurchmesser D einen Einfluss auf den Verlauf der Spanungsdicke $h(\Phi)$, vergl. Bild 2.11, und somit auf die Komponenten der Zerspankraft. Den stärksten Einfluss hat der Zahnvorschub f_z. Er bestimmt fast ausschließlich die maximale Spanungsdicke [BUSC14, S. 49]. Die Eingriffsbreite a_e beeinflusst den Schneideneintrittswinkel Φ_{st} und somit auch den Verlauf der Spanungsdicke $h(\Phi)$. Eine größere Eingriffsbreite a_e führt somit zu einer größeren maximalen Spanungsdicke $h_{sp,max}$ und zu einer Vergrößerung der Zerspankraftkomponenten, während ein größer Werkzeugdurchmesser D zu einer Verringerung der maximalen Spanungsdicke $h_{sp,max}$ und der Zerspankraftkomponenten führt. Bei ungedrallten Werkzeugen entspricht die Schnitttiefe a_p der Spanungsbreite b, vergl. Bild 2.8. Nach Gleichung (2-23) wirkt sich die Schnitttiefe a_p daher linear auf die Komponenten der Zerspankraft aus. Bei

Werkzeugen mit einem Drallwinkel muss die eingeführte Fallunterscheidung berücksichtigt werden, vergl. Bild 2.9. Im Fall A wirkt sich die Schnitttiefe a_p nicht auf die Länge der im Eingriff befindlichen Schneide l_s aus, sodass die Zerspankraftkomponenten bezogen auf eine Schneide nicht durch die Schnitttiefe a_p beeinflusst werden. Für Fall B nimmt die Länge der im Eingriff befindlichen Schneide und somit die Komponenten der Zerspankraft mit der Schnitttiefe a_p zu. Da insgesamt durch eine größere Schnitttiefe a_p mehrere Schneiden in den Eingriff kommen können, nimmt die insgesamt auf das Werkzeug wirkende Gesamtkraft zu.

Die Schnittgeschwindigkeit v_c hat aufgrund der Kopplung an die Vorschubgeschwindigkeit v_f und der im Vergleich zur Schnittgeschwindigkeit v_c viel kleineren Vorschubgeschwindigkeit v_f ($v_c >> v_f$) nur einen vernachlässigbaren Einfluss auf den theoretischen Verlauf der Spanungsdicke. Durch die aus höheren Schnittgeschwindigkeiten resultierenden höheren Zerspantemperaturen kann jedoch je nach Werkstoff eine temperaturbedingte Erweichung auftreten, die in verringerten Zerspankraftkompenten resultiert.

Neben der thermomechanischen Belastung der Werkzeugschneide während eines Zahneingriffs spielt beim Fräsen die Wechselbelastung der Schneide durch den zyklischen Schneideneingriff eine wesentliche Rolle. Eine Werkzeugschneide durchläuft bei jeder Werkzeugumdrehung, sobald sie im Eingriff ist eine Aufheizphase und sobald sie aus dem Werkstück austritt eine Abkühlphase. Die Summe aus Aufheiz- und Abkühldauer ergibt die Umlaufdauer t, Gleichung (2-24). Mit dem Umschlingungswinkel können die Zeitanteile bestimmt werden, in denen die Werkzeugschneide im Eingriff (t_{Sein}) bzw. nicht im Eingriff (t_{Saus}) ist, Gleichungen (2-25) und (2-26).

$$t = \frac{1}{n} \tag{2-24}$$

$$t_{Sein} = \frac{\phi_c}{\omega} = \frac{\arccos\left[1-\left(2\frac{a_e}{D}\right)\right]}{2 \cdot \pi \cdot n} = \frac{\arccos\left[1-\left(2\frac{a_e}{D}\right)\right]}{2 \cdot \frac{v_c}{D}} \quad \text{mit} \quad n = \frac{v_c}{\pi \cdot D} \tag{2-25}$$

$$t_{Saus} = t - t_{Sein} \tag{2-26}$$

Die Umlaufdauer t ist antiproportional zur Drehzahl n, Gleichung (2-24). Der Zeitanteil t_{Sein}, während dessen eine einzelne Schneide im Eingriff ist, kann aus dem Quotienten aus Umschlingungswinkel Φ_c und Winkelgeschwindigkeit ω berechnet werden, Gleichung (2-25). Nach Gleichung (2-15) ist der Umschlingungswinkel Φ_c abhängig von dem Verhältnis aus Eingriffsbreite a_e und dem Werkzeugdurchmesser D. Die Drehzahl n wird in Gleichung (2-25) durch Umstellung von Gleichung (2-5) in Abhängigkeit von der Schnittgeschwindigkeit v_c dargestellt. Der Zeitanteil t_{Saus}, während dessen eine einzelne Schneide nicht im Eingriff ist, wird aus der Differenz aus Umlaufdauer t und dem Zeitanteil t_{Sein} bestimmt, Gleichung (2-26). Die Zeitanteile t_{Sein} und t_{Saus} werden daher hauptsächlich durch das Verhältnis aus Eingriffsbreite a_e und Werkzeugdurchmesser D sowie durch die Schnittgeschwindigkeit v_c beeinflusst.

Für die Werkzeugdurchmesser D = 10 mm und D = 40 mm sind die Einflüsse des Verhältnisses $a_e \cdot D^{-1}$ und der Schnittgeschwindigkeit v_c auf die Umlaufdauer t und die Zeitanteile t_{Sein} und t_{Saus} in Bild 2.12 dargestellt.

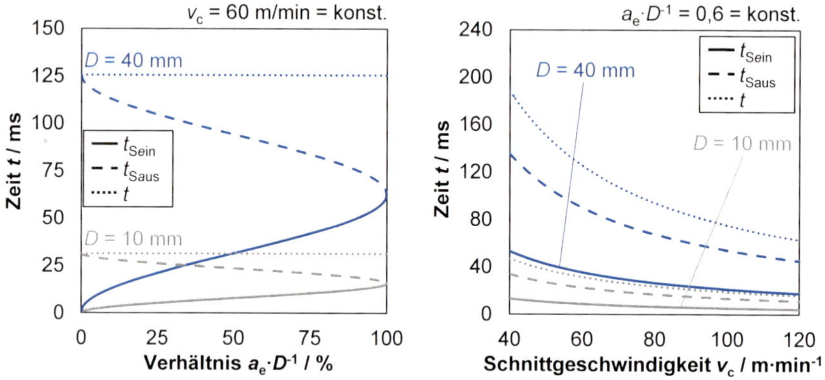

Bild 2.12: Einfluss des Verhältnisses $a_e \cdot D^{-1}$ und der Schnittgeschwindigkeit v_c auf die Umlaufdauer t und die Zeitanteile in denen die Schneide im Eingriff t_{Sein} bzw. nicht im Eingriff ist t_{Saus}

Influence of the ratio $a_e \cdot D^{-1}$ and the cutting speed on the duration of circulation t and the time fractions during which the cutting edge is engaged t_{Sein} or not engaged t_{Saus}

Der Zeitanteil t_{Sein} der Schneide im Eingriff wird mit steigender Eingriffsbreite a_e, also mit steigendem Verhältnis $a_e \cdot D^{-1}$, größer. Der Zeitanteil t_{Saus} nimmt um den gleichen Betrag ab. Bei einem Verhältnis von $a_e \cdot D^{-1}$= 100 % liegt ein Vollnutschnitt vor, sodass der Umschlingungswinkel Φ_c = 180° beträgt. In diesem Punkt sind die Zeitanteile t_{Sein} und t_{Saus} gleich groß. Auf Seite 23 wurde bereits beschrieben, dass sich die Spanungsgeometrie in Abhängigkeit vom Werkzeugdurchmesser D bzw. vom Verhältnis $a_e \cdot D^{-1}$ ändert. Mit steigendem a_e nehmen der Umschlingungswinkel Φ_c und somit die Schnittbogenlänge l_c zu, sodass die Schneide länger im Eingriff ist. Die Dauer der Reibbelastung zwischen Werkzeugschneide und Span nimmt zu, sodass mit einer höheren Temperatur in der Zerspanzone zu rechnen ist [BUSC14, S. 49]. Aus Bild 2.12 ist zu entnehmen, dass eine Vergrößerung der Eingriffsbreite a_e darüber hinaus in einem kürzeren Zeitanteil t_{Saus} resultiert. Der Zeitraum zwischen zwei Schneideneingriffen, indem die Werkzeugschneide abkühlen kann, ist kürzer. Aufgrund dieses Effektes ist ebenfalls mit höheren Zerspantemperaturen zu rechnen.

Bei einem größeren Werkzeugdurchmesser D bei gleichbleibendem Verhältnis $a_e \cdot D^{-1}$ nimmt der Zeitanteil t_{Sein} in Vergleich zu einem kleineren Werkzeugdurchmesser D zu, Bild 2.12. Dies ist auf die vergrößerte Schnittbogenlänge l_c zurückzuführen, Bild 2.11. Die Dauer der Reibbelastung zwischen Werkzeugschneide und Span ist länger, sodass mit einer größeren thermischen Belastung der Schneide zu rechnen ist. Da die Werkzeugschneide bei größeren Werkzeugdurchmessern pro Umdrehung einen größeren Weg zurücklegen muss als bei kleineren Werkzeugdurchmessern, ist die Umlaufdauer größer. Folglich ist auch der Zeitanteil der Schneide, während dem die

Schneide nicht im Eingriff ist, bei größeren Werkzeugdurchmessern länger als bei kleineren, Bild 2.12.

Weiterhin erfahren die Schneiden beim Eintritt und Austritt Stoßbelastungen, die mittels der zeitlichen Gradienten des Spanungsquerschnittes quantifiziert werden können. Diese werden als Stoßfaktoren bezeichnet [BUSC14, S. 48; ARNT13, S. 54-55]. ARNTZ gibt für den Stoßfaktor beim Eintritt SF_E und den Stoßfaktor beim Austritt SF_A die nachfolgenden Gleichungen (2-27) und (2-28) an [ARNT13, S. 55].

$$SF_E = h_{sp,max} \cdot \frac{v_c}{R_w\left[\phi\left(A_{spmax}\right) - \phi_{st}\right]} \tag{2-27}$$

$$SF_A = h_{sp,max} \cdot \frac{v_c}{R_w\left[\phi_{ex} - \phi_{(A_{spmax})}\right]} \tag{2-28}$$

Bei ansonsten gleichbleibenden Schnittparametern und konstantem Werkzeugdurchmesser D sind diese proportional zur Schnittgeschwindigkeit v_c. Da sich die Spanungsgeometrie, wie bereits beschrieben, in Abhängigkeit von Zahnvorschub f_z, Eingriffsbreite a_e Werkzeugdurchmesser D verändert, sind die Stoßfaktoren von diesen Größen abhängig.

2.1.4 Strategien zur Kühlung und Schmierung von Zerspanprozessen

Cooling and Lubrication Strategies in Cutting Processes

Zu den drei Hauptaufgaben der Kühlschmierstrategie gehören das Abführen der Prozesswärme, die Verringerung der Reibung zwischen Werkzeug, Span und Werkstück und die Spanabfuhr [KLOC18, S. 252]. Weitere Aufgaben von Kühlschmierstrategien sind die Temperierung von Werkstück, Maschine und Werkzeug zur Einschränkung der Wärmedehnung von Bauteilen, um Maßungenauigkeiten zu vermeiden sowie der Schutz der Werkstücke, Werkzeuge und Anlagenteile vor Korrosion [GFT03, S. 4-5]. Aufgrund unterschiedlicher Eigenschaften der Kühlschmiermedien, Volumenströme, Zufuhrdrücke und Orientierungen von Kühlschmierstoffdüsen kann die Kühl- und Schmierwirkung sowie der Erfüllungsgrad der genannten Aufgaben je nach Kühlschmierstrategie stark variieren. Die Auswahl einer an die Bearbeitungsaufgabe angepassten Kühlschmierstrategie ermöglicht es, das thermomechanische Belastungskollektiv des tribologischen Systems der Fräsbearbeitung positiv zu beeinflussen und das Verschleißverhalten der Werkzeuge zu verbessern. Oftmals können so Werkzeugkosten reduziert und die Produktivität gesteigert werden. Kapitel 2.1.4 gibt einen Überblick über die bei der Zerspanung mit geometrisch bestimmter Schneide häufig eingesetzten Kühlschmierstrategien.

Die bei der Zerspanung mit geometrisch bestimmter Schneide eingesetzten Kühlschmierstrategien können nach den eingesetzten Medien in die Kategorien Trockenbearbeitung, Minimalmengenschmierung, Kühlschmierung mit konventionellen KSS (wassermischbar und nicht wassermischbare KSS) und die kryogene Kühlschmierung kategorisiert werden. Die Kühlschmierstrategien mit konventionellen KSS werden häufig abhängig vom Zufuhrdruck in die konventionelle Überflutungskühlung und die

Hochdruck-Kühlschmierstoffzufuhr untergliedert. In den nachfolgenden Abschnitten werden die verschiedenen Kühlschmierstrategien detaillierter vorgestellt. Hierzu wird jeweils auf die chemischen und physikalischen Eigenschaften der zugeführten Medien und kühlschmierstrategiespezifische Besonderheiten eingegangen.

Konventionelle Überflutungskühlung und Hochdruck-Kühlschmierstoffzufuhr

Bei der konventionellen Überflutungskühlung (KÜK) wird das Werkzeug bzw. das Werkstück mit großen Mengen KSS überflutet. Die Zufuhr erfolgt über externe KSS-Austritte bzw. -Düsen, welche nur grob auf die Zerspanstelle ausgerichtet werden. Aufgrund der nicht zielgerichteten Zufuhr und der großen zugeführten Volumenströme ist die Effektivität dieser Kühlschmierstrategie gering [KLOC18, S. 269]. Sie ist jedoch sehr flexibel einsetzbar und ermöglicht für viele Werkstoffe auf einer Vielzahl von Werkzeugmaschinen wirtschaftliche Zerspanprozesse [KRAE15, S. 11], sodass die KÜK die gängigste Kühlschmierstrategie in der industriellen Praxis darstellt [KLOC18, S. 269]. Die bei der KÜK eingesetzten KSS werden eingeteilt in wassermischbare und nichtwassermischbare KSS [DIN13, S. 4]. Die wassermischbaren KSS werden weiter untergliedert in emulgierbare Kühlschmierstoffe, die bei Mischung mit Wasser eine Öl-in-Wasser-Emulsion bilden und in wasserlösliche KSS, die mit Wasser eine kolloidale oder echte Lösung bilden [DIN13, S. 4; KLOC18, S. 251]. Die nicht wassermischbare KSS bestehen aus Mineralölen, natürlichen und synthetischen Esterölen, synthetischen Kohlenwasserstoffen und Polyglykolen [VDI20, S. 5]. Aufgrund der geringen Beschaffungskosten liegt der Anteil der Mineröle bei ca. 90 % [KLOC18, S. 254]. Weitere Inhaltsstoffe, sogenannte Additive, dienen zur Reibungsverminderung, zum Korrosionsschutz und zur Verbesserung des Schaumverhaltens [VDI20, S. 5]. Die nicht wassermischbaren KSS zeigen eine gute Schmierwirkung und im Vergleich zu den wassermischbaren KSS eine geringe Kühlwirkung [KLOC18, S. 261]. Der Wasseranteil der wassermischbaren KSS beträgt bis zu 99 % [KLOC18, S. 254]. Als Basisöl werden z. B. Mineralöle, natürliche und synthetische Esteröle und Polyglykole verwendet [VDI20, S. 6]. Weitere mögliche Inhaltsstoffe sind Emulgatoren, Korrosionsinhibitoren, schmierfilmbildende Wirkstoffe, Schauminhibitoren, Lösungsvermittler, Biozide und pH-Stabilisatoren [VDI20, S. 6]. Die wassermischbaren Kühlschmierstoffe zeichnen sich durch eine gute Kühl- und Spülwirkung sowie einen geringen Reinigungsaufwand der Werkstücke, Späne und Werkzeuge aus [KLOC18, S. 260]. Aufgrund des hohen Wasseranteils werden sie häufig durch Mikroorganismen befallen. Hierdurch können sich die Eigenschaften der KSS so stark verändern, dass sie ausgetauscht werden müssen. Im Vergleich zu den nicht wassermischbaren KSS haben sie daher einen erhöhten Pflegeaufwand und eine geringere Haltbarkeit. Bei anspruchsvollen Zerspanaufgaben ist eine wirtschaftliche Bearbeitung mit der KÜK aufgrund einer nicht ausreichenden Kühlung und Schmierung oftmals nicht mehr realisierbar. Insbesondere bei der Bearbeitung schwer zerspanbarer Werkstoffe, zu denen beispielsweise Nickelbasislegierungen, Titanlegierungen und hochlegierte Stähle gehören, tritt eine hohe thermomechanische Werkzeugbelastung auf, die zu hohem Werkzeugverschleiß und geringer Bauteilqualität führt. Um auch diese Werkstoffe wirtschaftlich bearbeiten zu können, ist es erforderlich, den KSS-Einsatz effizienter zu gestalten [SANG13, S. 14]. Mit der Hochdruck-Kühlschmierstoffzufuhr (HD-KSS-Zufuhr) können im Vergleich zur KÜK die Produktivität und Prozesssicherheit gesteigert werden [SANG13, S. 14].

SANGERMANN definiert die HD-KSS-Zufuhr wie folgt. „Bei der HD-KSS-Zufuhr wird der Kühlschmierstoff der Zerspanstelle in Form eines oder mehrerer fokussierter und hochenergetischer KSS-Freistrahlen zugeführt“, [SANG13, S. 14] „Im Gegensatz zur konventionellen Überflutungskühlung wird auch von der gerichteten KSS-Zufuhr unter hohem Druck oder umgangssprachlich „Hochdruckkühlung“ gesprochen“, [SANG13, S. 14]. Ab welchem Zufuhrdruck von Hochdruck zu sprechen ist, ist bis heute nicht klar definiert [SANG13, S. 15]. Eine mögliche Grenze stellt der Druck von p = 80 bar dar [CALY17, S. 14 u. S.147]. Bei der HD-KSS-Zufuhr werden die freiflächenseitige [DINI10, S. 1127; PIGO52, S. 552], die spanflächenseitige [SANG13, S. 81ff, CAYL17, S. 52ff], die kombinierte span- und freiflächenseitige [SHAR08, S. 655; SORB06, S. 1623] und die KSS-Zufuhr durch die Schneidplatte [WERT92, S. 102; SHAR71, S. 441-443] unterschieden. Die spanflächenseitige KSS-Zufuhr stellt die am meisten verbreitete Zufuhrvariante dar [SANG13, S. 16]. Der Hochdruck-Kühlschmierstoffzufuhr werden bei der Zerspanung schwer zerspanbarer Werkstoffe, vor allem bei Zerspanverfahren mit kontinuierlichem Schnitt wie dem Drehen, die folgenden Potenziale zugeordnet, welche in einer Produktivitätssteigerung sowie einer verbesserten Prozesssicherheit resultieren [SANG13, S. 15; CAYL17, S. 14]. Durch eine verbesserte Kühlung und Schmierung wird die Zerspantemperatur reduziert [KLOC11, S. 60]. Die Werkzeugstandzeit wird durch ein verbessertes Verschleißverhalten gesteigert, da die Verschleißmechanismen positiv beeinflusst werden [KLOC11, S. 60]. Dies ermöglicht eine Steigerung der Schnittgeschwindigkeit [SORB06, S. 1621] und somit des Zeitspanvolumens. Die Automatisierbarkeit ist in Folge von reproduzierbaren Werkzeugstandzeiten [SANG13, S. 15] durch definierten Spanbruch und sicheren Spanabtransport verbessert [SANG12, S. 36]. Die kurzgebrochenen Späne durch die HD-KSS-Zufuhr ermöglichen einen sicheren Späneabtransport und vermeiden, dass ungebrochenen Späne in Form von Spannestern die Zugänglichkeit der Zerspanzone für KSS erschweren [SORB06, S. 1622]. Die Späne werden jedoch durch den auftreffenden KSS-Strahl beschleunigt. Wenn die Späne mit hoher Geschwindigkeit mit der Werkstückoberfläche kollidieren, besteht die Gefahr, dass die Oberflächen beschädigt werden. Mit Hilfe einer Anpassung der Strahlkraft, der geometrischen Strahlausrichtung und des Kraftangriffspunktes der Strahlkraft kann dieser Effekt beeinflusst werden, [SANG13, S. 20; CRAF99; KAMI00]. Da die Oberflächenschädigungen durch die auftreffenden Späne die Lebensdauer der Bauteile verkürzen kann, wird die HD-KSS-Zufuhr bisher vorwiegend in Schruppprozessen von schwer zerspanbaren Werkstoffen eingesetzt [CAYL17, S. 147]. Das Potenzial der HD-KSS-Zufuhr bei der Schlichtbearbeitung bleibt weitestgehend noch ungenutzt [CAYL17, S. 147]. Einen bisher noch wenig untersuchten Ansatz zur Vermeidung der Oberflächenschädigung stellt die pulsierende HD-KSS-Zufuhr dar. Die zugrundeliegende Idee ist es, den KSS-

Volumenstrom bzw. den KSS-Druck kurzeitig zu erhöhen, um den Span zu brechen. Mittels der Länge des Zeitintervalls mit hohem Volumenstrom bzw. Druck wird die Spanlänge gezielt eingestellt, sodass sich der Schwerpunkt des Spanes nicht mehr im KSS-Strahl befindet, wenn er bricht. Folglich wird der Span nicht in Richtung der Werkstückoberfläche beschleunigt. Erste Untersuchungen zeigen, dass es sich bei der pulsierenden HD-KSS-Zufuhr um eine potentialträchtige Technologie handelt, die es erlaubt, Oberflächenschäden zu vermeiden und die Vorteile der HD-KSS-Technologie im Vergleich zur KÜK beim Schlichtdrehen schwer zerspanbarer Werkstoffe nutzbar zu machen [CAYL17, S. 138 ff; BERG19b, S. 3205]. Die Zufuhr von Kühlschmierstoffen unter pulsierenden KSS-Drücken ist beim Drehen Gegenstand aktueller Forschung und wird eingesetzt, um die Länge der entstehenden Späne zielgerichtet einzustellen und in der Folge Oberflächenschäden durch Spanbeschuss zu vermeiden [SPLE21]. Auch beim Fräsen lassen sich durch die Hochdruck-Kühlschmierstoffzufuhr technologische, wirtschaftliche und ökologischen Vorteile erreichen, auch wenn sich diese aufgrund der Unterschiede bzgl. der Verfahrenskinematik nicht direkt vom Drehen auf das Fräsen übertragen lassen [LAKN21b, S. 138]. So ermöglicht eine systematische Auslegung der KSS-Zufuhrdüsen für die HD-KSS-Zufuhr beim Fräsen eine Verkleinerung der Späne und somit der Spankammern, wodurch die Zähnezahl im Vergleich zu einem Standardwerkzeug gesteigert werden kann [LAKN21b, S. 140]. Auf dieser Basis ist es möglich, Produktivitätssteigerungen um 50 % und Kosteneinsparungen um bis zu 30 % zu realisieren [LAKN21b, S. 140].

Trockenbearbeitung und Minimalmengenschmierung

Die Verwendung konventioneller KSS in der Zerspanung ist mit hohen Kosten für die Beschaffung von KSS und KSS-Anlagen, die Wartung der KSS-Anlagen, die Pflege der KSS und deren Entsorgung verbunden. Weiterhin müssen die gefertigten Bauteile, Späne und Maschineninnenräume gereinigt werden. Bei der Fertigung von z. B. Implantaten ist eine Anwendung von KSS aufgrund der Verunreinigungen der Bauteile oftmals gar nicht möglich. Der Anteil der KSS-bezogenen Kosten an den Fertigungskosten beträgt nach Berechnungen von Anwendern zwischen 4 - 16 % [BYRN93; KLOC98]. Weiterhin stellen KSS aufgrund ihrer Inhaltsstoffe, Reaktionsprodukte und Fremdstoffe oftmals ein Gesundheits- und Umweltrisiko dar. Für die Anwendung von KSS existieren daher zahlreiche Gesetze, Verordnungen und Regeln [KLOC18, S. 262; DGUV11; VDI20; VDMA16], deren Einhaltung mit finanziellen Belastungen der Unternehmen einhergeht. Ein zunehmendes Bewusstsein für eine nachhaltige Produktion führt dazu, dass neben der Ökonomie Fertigungsprozesse zunehmend auch hinsichtlich ihrer Ökologie und unter sozialen Gesichtspunkten bewertet werden müssen. Ein Ansatz, die mit der KSS-Anwendung verbundenen Probleme, Kosten und Nachteile zu vermeiden, ist die Trockenbearbeitung, bei der vollständig auf KSS verzichtet wird.

Bei der Mehrzahl der Verfahren der spanenden Fertigung ist jedoch eine Anwendung von KSS erforderlich [GFT03, S. 1]. Insbesondere bei der Bearbeitung von schwer zerspanbaren Werkstoffen, wie Nickelbasis-, Titanlegierungen und hochlegierten

Stählen treten hohe thermische und mechanische Werkzeugbelastungen auf. Aufgrund der negativen Umwelteinflüsse muss hier die Zielstellung sein, die KSS-Menge auf das technische erforderliche Minimum zu reduzieren [GFT03, S. 1]. Dieser Ansatz wird als Minimalmengenschmierung MMS bezeichnet. Die MMS wird häufig auch als Minimalschmiertechnik (MST), Minimalmengenschmierung (MMKS), Micro Lubrication (ML) oder Minimum Quantity Lubrication (MQL) bezeichnet [GFT03, S. 15]. Im Folgenden wird der Begriff MMS verwendet. Von MMS wird gesprochen, wenn der Volumenstrom des MMS-Mediums durchschnittlich nicht mehr als Q_{MMS} = 50 ml/h beträgt [GFT03, S. 15]. Kurzzeitig können dabei Volumenströme von Q_{MMS} = 150 ml/h erreicht werden [GFT03, S. 15]. Das MMS-Medium wird an der Zerspanstelle fast vollständig verbraucht, sodass es sich bei der MMS um eine Verlustschmierung handelt [WEIN99, S. 43]. Aufgrund der geringen Volumenströme kann die MMS die Aufgaben von Kühlschmierstoffen häufig nur teilweise erfüllen [GFT03, S. 5]. Insbesondere hinsichtlich des Spanabtransportes, der Vermeidung von Wärmedehnungen und somit Maßungenauigkeiten und dem Korrosionsschutz von Bauteilen, Maschinenkomponenten und Werkzeugen ist die Anwendung der MMS oftmals problematisch.

Kryogene Kühlung und kryogene Kühlschmierung

Die Bezeichnung „kryo“ leitet sich vom altgriechischen Wort κρύος [kryos] ab [KRAE15, S. 7; LIND18, S. 4]. Übersetzt bedeutet es „kalt“ oder „kühl“ [PONS20]. Nach dem Duden ist die Bedeutung des Wortes „Kryogenik“ der „Forschungszweig, der sich mit den physikalischen Erscheinungen im Bereich tiefer Temperaturen befasst“ [DUDE20; KRAE15, S. 7]. Es existiert keine einheitliche Definition, ab welcher Temperatur der Begriff „kryogen“ zu verwenden ist [JAWA16, S. 713]. Bereits ab einer Temperatur von T = -100 °C wird vereinzelt von kryogenen Temperaturen gesprochen [LINDE18, S. 4]. Die Definition des International Dictionary of Refrigeration für „cryogenics“ lautet: *„All scientific and technological disciplines dealing with cryogenic temperatures i.e. temperatures below 120 K“ (-153,15 °C)"* [IDOR20]. Diese Temperaturdefinition verwenden die meisten Forschungs- und Standardisierungseinrichtungen und sie wird in vielen wissenschaftlichen Veröffentlichungen genannt, so zum Beispiel auch bei PUŠAVEC, JAWAHIR ET AL. und TAPOGLOU ET AL. [CSOA20; PUSA09, S. 153; PUSA10a, S. 23; JAWA16, S. 713; TAPO17, S. 745]. Diese Grenze wurde gewählt, da unterhalb einer Temperatur von 120 K die Normalsiedepunkte der Hauptbestandteile der Atmosphäre (Stickstoff, Sauerstoff und Argon) sowie von Methan als Hauptkomponente von Erdgas, liegen [KRAE15, S. 7; LEBR07, S. 1]. Aufgrund der vorgestellten Definitionen gehören Methan, Sauerstoff, Argon, Stickstoff, Neon, Wasserstoff und Helium zu den kryogenen Medien. Für die Kühlung von Zerspanprozessen werden in Verbindung mit dem Begriff der Kryogenik häufig die Medien N_2 sowie CO_2 eingesetzt. Dies liegt an der guten Verfügbarkeit und der verhältnismäßig sichereren Handhabung [KLOC18, S. 277]. Flüssiges CO_2 gehört mit einem Normalsiedepunkt von T_s = -78,48 °C (194,67 K) [PANG15, S. 2] nach den oben genannten Definitionen nicht zu den kryogenen Medien. Es wird aber aufgrund seiner für ein Kühlmedium in der Zerspanung ungewöhnlich geringen Temperatur unterhalb von 0 °C häufig im Zusammenhang mit dem Begriff der Kryogenik erwähnt [KRAE15, S. 11]. KRÄMER definiert deshalb die kryogene Prozesskühlung folgendermaßen: „Kühlung eines Zerspanprozesses durch Aufnahme der latenten Wärme eines Mediums, welches den Phasenwechsel unterhalb von 0 °C vollzieht und anschließend rückstandsfrei verdampft" [KRAE15, S. 11]. Darüber hinaus verwendeten weitere Forscher den Begriff Kryogenik bei Temperaturen unterhalb von T = 0 °C und bezogen hierbei insbesondere auch Anwendungen mit CO_2 ein [JAWA16, S. 714], siehe z.B. [ABEL08, S. 1; MACH11, S. 1175]. Um über die Kühlwirkung der kryogenen Medien hinaus eine Schmierwirkung des Zerspanprozesses zu erzielen, kann eine Kombination mit einer Minimalmengenschmierung erfolgen. Zur Unterscheidung wird im Folgenden zwischen kryogener Kühlung und kryogener Kühlschmierung unterschieden. Der krogenen Kühlung bzw. Kühlschmierung von Zerspanprozessen werden im Vergleich zu konventionellen Kühlschmierstrategien mit wassermischbaren und nicht wassermischbaren Kühlschmierstoffen viele Potenziale zugeordnet. Zu den wichtigsten gehören die Steigerung der Produktivität, kühlschmierstoffbezogene Kosteneinsparungen, eine verbesserte Bauteilqualität sowie eine reduzierte Umweltbelastung und Gefährdung der Mitarbeiter durch die Vermeidung des Kontaktes mit Kühlschmierstoffen [KRAE15, S. 1; PUSA10a, p. 26; PUSA09, p. 154 u. p. 156]. Die Potenziale der kryogenen Kühlung bzw. Kühlschmierung wurden in zahlreichen wissenschaftlichen und industriellen Untersuchungen erarbeitet. Diese werden in nachfolgenden Kapitel 2.3 vorgestellt.

2.2 Anwendung der kryogenen Kühlschmierung in der Zerspanung

Application of Cryogenic Cooling and Lubrication in Cutting

Aufgrund der vielversprechenden Potenziale besteht weltweit großes Interesse an der Technologie der kryogenen Kühlung bzw. der kryogenen Kühlschmierung. Daher existieren zahlreiche wissenschaftliche und industrielle Veröffentlichungen. Da CO_2 und N_2 zu den am häufigsten verwendeten kryogenen Medien in der Zerspantechnologie gehören, werden nachfolgend ausgewählte Fachbeiträge zur Verwendung dieser Medien beim Zerspanen dargestellt.

Bereits 1953 veröffentlichte Bartle erste Untersuchungsergebnisse zum Einsatz von CO_2, das als Trockeneis gelagert und erst unmittelbar vor der Verwendung verflüssigt wurde [BART53]. Bei weiteren Untersuchungen in den 50er Jahren wurde verflüssigtes CO_2 bereits aus Gasflaschen entnommen und vergleichbar zu heutigen Anwendungen in der Nähe der Zerspanstelle zugeführt [ANON53]. Erste Arbeiten zu Verwendung von flüssigem N_2 wurden ab Mitte der 1960er Jahre durchgeführt [ANON65; UEHA69; UEHA70; DEFI71]. Während bei heutigen Ansätzen in der Regel das Werkzeug im Zerspanprozess gekühlt wird, um der hohen thermischen Werkzeugbelastung entgegenzuwirken, verfolgten die damaligen Arbeiten das Ziel, das Werkstück vor oder während der Zerspanung herunterzukühlen [KRAE15, S. 14]. In den 70er und 80er Jahren sind deutlich reduzierte Aktivitäten zum Thema der Zerspanung mit kryogenen Medien festzustellen [KRAE15, S.14]. Mit Beginn der 90er Jahre stieg die Anzahl der Veröffentlichungen hinsichtlich der kryogenen Prozesskühlung jedoch wieder stark an [DILL90; DING95; DING98; HONG99a; HONG00; HONG01a-HONG1e; DHAR02a-DHAR02d; DHAR06]. Krämer begründet dies mit dem Ende der 80er Jahre aufkommenden Nachhaltigkeitsdiskussion, welche die kryogene Prozesskühlung als umweltfreundliche und leistungsfähige Alternative im Vergleich zu konventionellen Kühlschmierstrategien in den Fokus rückte und auch in den Bereichen der Trockenbearbeitung und der Minimalmengenschmierung in verstärkten Forschungsaktivitäten resultierte [KRAE15, S. 14]. Schwerpunkt stellte in den 90er Jahren hauptsächlich der Einsatz von flüssigem Stickstoff dar. Seit 2003 ist erneut ein verstärktes Interesse an CO_2 als Kühlmedium in der Zerspanung festzustellen, wie die nachfolgend genannten Veröffentlichungen zeigen [WEIN03; WEIN05; BIER08; ABEL08; ABEL11; MACH12a; MACH12b]. In den letzten Jahren stieg die Anzahl der Veröffentlichungen zum Thema kryogene Zerspanung zunehmend an. So finden sich allein in den CIRP-Annals - Manufacturing Technologie seit 2014 elf Beiträge zu diesem Thema [STER21; PUSA20; PUSA19; LEQU18; KIRS18; UMBR18; JAWA16; AURI14; MSAO15; ROTE14; DIX14].

Deutschlandweit forschen verschiedene Universitäten und Hochschulen an der kryogene Kühlschmierung in der Zerspanung. Am Institut für spanende Fertigung der TU Dortmund befasste man sich seit 2003 mit dem Drehen hochlegierter Stähle unter Verwendung von CO_2 [WEIN03; WEIN05; HEST05]. Bei diesen Untersuchungen erfolgte die Zufuhr von CO_2 von außen über externe Düsen. Durch die Anwendung von CO_2 konnte die thermische und die mechanische Werkzeugbelastung reduziert werden, sodass geringerer Verschleiß auftrat und sich die Standzeiten verlängerten. Weitere Arbeiten analysierten den Einsatz von CO_2 bei der Drehbearbeitung von Titan- und Nickelbasislegierungen sowie schwefelarmen Vergütungsstählen [BECK13; BIER08]. Auch das Bohren mit wendeschneidplattenbestückten Bohrern (d = 25 mm) in Vergütungsstahl wurde untersucht [FRIC11; BIER13]. Darüber hinaus wurden umfangreiche Ergebnisse bei der Zerspanung von β-Titanlegierungen mit CO_2-Kühlung erarbeitet [MACH11a; MACH11b; MACH12a; MACH12b]. Die genannten Arbeiten zeigen auf, dass durch die CO_2-Kühlung die Leistungsfähigkeit von Zerspanprozessen u. a. im Hinblick auf das Verschleiß- und Einsatzverhalten der Werkzeuge sowie die Produktivität im Vergleich zu konventionellen Kühlschmierstrategien verbessert werden kann Die Bewertung des Werkzeugverschleißes, der Bohrungsqualität und der Spanform beim Bohren eines Duplex-Stahles mit kombinierter innerer CO_2-Zufuhr und äußerer MMS bestätigen, dass im Vergleich zu konventionellen Kühlschmierstrategien mindestens vergleichbare bzw. bessere Ergebnisse erzielt werden konnten [BIER07]. Jüngste Veröffentlichungen adressieren das Wendeltieflochbohren kleinster Durchmesser (d = 1,4 mm) in schwer zerspanbare Werkstoffe mit kryogener Minimalmengenschmierung [BIER18; JEAG21; SICK23]. Als kryogene Minimalmengenschmierung wird hierbei die Lösung von Schmierstoff in flüssigem CO_2 verstanden, welche durch einen Kanal durch die Werkzeugmaschinenspindel und die Werkzeuge zugeführt wird. Der Durchmesser der Kühlkanäle in den Werkzeugen betrug d_k = 0,22 mm [JAEG21, S. 44]. Durch diese hybride Kühlschmierung ist eine *„signifikante Überschreitung der bisherigen Prozessgrenzen, die bei der Anwendung konventioneller MMS-Systeme bestehen"*, möglich [JAEG21, S. 157]. In den Untersuchungen konnte nachgewiesen werden, dass die Löslichkeit in CO_2 und die Zusammensetzung der Schmierstoffe erheblichen Einfluss auf das Prozessergebnis hat. Bei Verwendung nicht bzw. schlecht löslicher Schmiermedien versagten die Bohrer nach wenigen Bohrungen [JAEG21, S. 158]. Weiterhin wurde eine schmierstoffabhänge Leistungsfähigkeit der Zerspanprozesse festgestellt, welche u. a. auf die temperaturbereichsabhängige Aktivierung von Schmierstoffadditiven zurückgeführt wurde [JAEG21, S. 158].

An der TU Darmstadt wird am Institut für Produktionsmanagement, Technologie und Werkzeugmaschinen bereits seit Jahren die Zerspanung mit flüssigem CO_2 insbesondere beim Drehen von Vermikularguss untersucht [ABEL14]. Mit Hilfe einer CO_2-Kühlung erzielte man beim Drehen von GJV-500 mit polykristallinem Diamant eine im Vergleich zum Schneidstoff Hartmetall bei der Trockenbearbeitung mehr als verdoppelte Schnittgeschwindigkeit [SCHR09]. Eine zusätzliche Anwendung einer MMS führte zu keinen weiteren Vorteilen [ABEL09]. Bei vergleichbaren Kosten konnte die Produktivität verdoppelt werden [ABEL08; SCHR09]. Dies wurde auf eine deutliche Reduzierung der Zerspantemperatur durch die CO_2-Kühlung zurückgeführt [PFEI14]. Die Verwendung von CO_2 resultierte beim Drehen von GJV in wesentlichen erhöhten Standzeiten [PFEI14]. Darüber hinaus zeigen weitere Arbeiten, dass beim Drehen der Titanlegierung TiAl6V4 und beim Fräsen von Dentalimplantaten aus Reintitan im Vergleich zur Nass- und MMS-Bearbeitung längere Standzeiten erzielt werden konnten [ABEL11; ABEL12; SIEB13]. 2018 veröffentlichten PREATZAS et al. ein Paper zum Vergleich unterschiedlicher Kühlschmierstrategien im Hinblick auf die Werkstückkerntemperatur und der Aktivkraft beim Schaftfräsen der Titanlegierung TiAl6V4 [PRAE18]. Als Werkzeuge wurden vierschneidige beschichtete Schaftfräser mit einem Substrat mit 10 m.-% Kobalt und einer mittleren Wolframkarbidkorngröße von 0,8 µm eingesetzt. Der Werkzeugdurchmesser betrug d = 10 mm.

VOLZ entwickelte 2020 am Institut für Produktionsmanagement, Technologie und Werkzeugmaschinen (PTW) der Technischen Universität Darmstadt ein Spannfutter für die kryogene Prozesskühlung durch das Werkzeug, welches die Funktion einer Drehdurchführung integriert und somit das Potenzial bietet, die Umrüstung der Werkzeugmaschine und Nutzung der Technologie erheblich zu vereinfachen [VOLZ20].

Am Lehrstuhl für Fertigungstechnik und Betriebsorganisation FBK der Rheinland-Pfälzischen Technischen Universität Kaiserslautern konnte durch die Verwendung von CO_2 beim Drehen von metastabilem austenitischen Stahl bereits 2014 eine verformungsinduzierte Oberflächenverfestigung durch Phasenumwandlung in Martensit erzielt werden [AURI14]. Weitere Arbeiten zu diesem Thema wurden in der jüngeren Vergangenheit veröffentlicht [HOTZ21; HOTZ18; GUTZ21]. HOTZ analysierte die Wirkungszusammenhänge zwischen Einstellgrößen, Prozessgrößen und Oberflächenmorphologie beim kryogenen Drehen metastabiler austenitischer Stähle [HOTZ21; HOTZ18]. Er stellte fest, dass das kryogene Drehen eine in die spanende Bearbeitung integrierte Randschichtverfestigung ermöglicht, sodass je nach Anforderungen an die Bauteiloberfläche auf nachgelagerte Verfestigungsprozesse verzichtet werden kann [HOTZ21, S. 109]. Die Verfestigung der Randzone wurde mit Kaltverfestigungsmechanismen sowie verformungsinduzierter Martensitbildung begründet [HOTZ21, S. 109].

GUTZEIT et al. untersuchten den Einfluss einer kryogenen CO_2-Kühlung auf die Prozesstemperaturen, Zerspankräfte und die Oberflächenqualität beim Fräsen von additiv gefertigten AISI 316L [GUTZ21]. Es wurden werkstückseitige Temperaturmessungen durchgeführt. Sie stellten fest, dass im Vergleich zur Trockenbearbeitung reduzierte Zerspantemperaturen und erhöhte Zerspankräfte auftraten. Darüber kam es bei Anwendung der CO_2-Kühlung zu einer Aufhärtung der Werkstückrandzone, welche auf das im Vergleich zu Trockenbearbeitung veränderte Belastungskollektiv zurückgeführt wurde. Die Zufuhr des CO_2 erfolgte über externe Düsen. Eine gleichzeitige Zufuhr einer Minimalmengenschmierung wurde nicht angewendet. In weiteren Arbeiten wurde die Anwendung von Tieftemperaturkühlschmierstoffen beim Fräsen der Titanlegierung TiAl6V4 analysiert [GUTZ23a; GUTZ23b]. Im Vergleich zur CO_2-Kühlung wurde geschlussfolgert, dass mit den Tieftemperaturkühlschmierstoffen eine bessere Schmierwirkung erzielt werden kann, die in einer reduzierten thermischen Belastung resultiert. Durch die Verwendung der Tieftemperaturkühlschmierstoffe wurden ein geringerer Werkzeugverschleiß und bessere Oberflächenqualitäten erreicht. Die Zufuhr der Medien erfolgte über externe Düsen. Eine kombinierte Zufuhr aus CO_2 und Minimalmengenschmierung wurde nicht durchgeführt.

Auf einem Tribometer charakterisierten GUTZEIT et al. das tribologische Verhalten von AISI 347 unter CO_2-Kühlung und der Kombination aus CO_2-Kühlung und Minimalmengenschmierung [GUTZ24]. Hierzu wurde bei verschiedenen Versuchsbedingungen eine Hartmetallkugel mit einer definierten Normalkraft auf eine rotierende Werkstoffwelle gedrückt und die Reibungskraft gemessen. Die Temperaturmessungen erfolgten mit einem Thermoelement in der Hartmetallkugel. Für die verschiedenen Versuchsbedingungen wurde jeweils der Reibungskoeffizient berechnet. Die Ergebnisse zeigten, dass durch die Kombination aus CO_2-Kühlung und Minimalmengenschmierung die Vorteile beider Kühlschmierstrategien genutzt werden konnten.

Am Fraunhofer-Institut für Werkzeugmaschinen und Umformtechnik (IWU) erfolgten umfassende Untersuchungen zum Bohren mit CO_2 und flüssigem Stickstoff [NEUG12; DIX13; DIX14]. Bei der Bohrbearbeitung von Grauguss GJL-250 mit Bohrungsdurchmessern von $d = 7$ mm waren die Standwege stark werkzeugabhängig. Die Medien wurden durch die Werkzeuge in die Zerspanzone zugeführt. Bei der CO_2-Zufuhr konnten mit einem Bohrer für die Minimalmengenschmierung ein vergleichbarer Standwege erzielt werden, wie mit einem Universalbohrer bei Emulsionskühlung [DIX13, S. 103].

DIX modellierte den Bohrprozess mit kryogener Stickstoffkühlung mittels FEM und führte eine experimentelle Verifikation durch [DIX13; DIX14; BLAU15]. Zielsetzung der Modellierung war es, die Temperaturverteilung in der Prozesszone während der Bohrbearbeitung bei kryogener Kühlung zu bestimmen [DIX13, S. 128]. Für die Verifikation wurde ein Versuchsaufbau mit stehendem Werkzeug und rotierendem Werkstück gewählt [DIX13, S. 133]. Die Zufuhr des flüssigen Stickstoffs erfolgte durch das Werkzeug. Mit Hilfe von Thermoelementen wurden die Temperaturen im Werkzeug und Werkstück gemessen. Der Bohrungsdurchmesser betrug $d = 7$ mm und es wurde der Werkstoff 42CrMo4 im vergüteten Zustand zerspant. Wie die berechneten Werte zeigten, resultierte die kryogene Kühlung im Vergleich zur Trockenbearbeitung in einer deutlichen Reduktion der Zerspantemperaturen [DIX13, S. 135]. Für die kryogene Kühlung werden allerdings speziell angepasste Werkzeuggeometrien benötigt [DIX13, S. 102]. Neben der Gestaltung der Schneidenecken hat die Ausrichtung der der Kühlkanäle eine besondere Bedeutung, um mit hohen Standwegen bei großen Zeitspanvolumina eine hohe ökologische und ökonomische Effizienz zu erreichen [DIX13, S. 102].

STOLL et al. setzten CO_2 mit und ohne Kombination mit MMS beim Drehen der Werkstoffe Inconel 718 und TiAl6V4 ein und verglichen die erzielten Standwege mit denen, welche bei der HD-KSS-Zufuhr erzielt wurden [STOL14]. Beim Drehen von Inconel 718 konnten erst ab einer Schnittgeschwindigkeit von v_c = 75 m/min vergleichbare Standwege wie bei der HD-KSS-Zufuhr erreicht werden. Die Standwege waren beim Drehen der Titanlegierung TiAl6V4 deutlich kleiner als bei der HD-KSS-Zufuhr [STOL14, S. 309 u. S. 312]. Für die Bearbeitung beider Werkstoffe konnte ein deutlich geringerer Energieverbrauch festgestellt werden [STOL14, S. 311 u. S. 313]. Bei den Untersuchungen wurde für die CO_2- und MMS-Zufuhr ein Aerosolmaster 4000 cryolub der Firma ROTHER TECHNOLOGIE verwendet.

Am Institut für Werkzeugmaschinen IFW der Universität Stuttgart verwendete man flüssigen Stickstoff beim Bohren von kohlenstofffaserverstärkten Kunststoffen. Der Bohrungsdurchmesser betrug D = 12 mm. Der flüssige Stickstoff wurde durch das Werkzeug zugeführt. Die Versuche erfolgten mit einem Roboter. Es wurden die Vorschubkraft, der Werkzeugverschleiß, die Bearbeitungsqualität und die Werkzeugtemperatur untersucht. Im Vergleich zur Trockenbearbeitung konnten keine Verbesserung im Hinblick auf die Standzeit festgestellt werden. Durch Schädigung der Werkzeugbeschichtung kam es bei der kryogenen Kühlung zu einem stärkeren Verschleiß. Es traten deutlich niedrigere Temperaturen auf, die in höheren Vorschubkräften resultierten. [HEIS14]

Das Unternehmen MAG stellte auf der Messe „EMO 2011“ in Hannover die Kühlung mit flüssigem Stickstoff bei verschiedenen Anwendungsfällen, Fertigungsverfahren und Werkstoffen vor. Hierzu gehörten die Fräsbearbeitung einer Turbinenscheibe aus der Titanlegierung TiAl6V4 in Integralbauweise (BLISK: blade integrated disk), die Fräsbearbeitung eines Rings aus der Nickelbasislegierung Inconel 718, das Aufbohren und Planfräsen eines Zylinderblocks aus Gusseisen mit Vermiculargraphit sowie das roboterbasierte Bohren in glasfaserverstärkte Kunststoffe am Beispiel von Rotorblättern [LANG11; LANG12]. Der flüssige Stickstoff wurde durch die Maschinenspindel und das Werkzeug zugeführt. Durch die Kühlung mit flüssigem Stickstoff konnten im Vergleich zu konventionellen Kühlschmierstrategien, wie der Trockenbearbeitung und Emulsionskühlung, die Werkzeugstandzeit und Produktivität gesteigert werden.

Weitere Ergebnisse beim Fräsen mit flüssigem Stickstoff wurden in Zusammenarbeit des Instituts für Produktionstechnik wbk des Karlsruher Instituts für Technologie KIT und dem Werkzeugmaschinenhersteller MAG erarbeitet [SCHU12]. Es kamen speziell für die Stickstoffkühlung entwickelte Werkzeuge zum Einsatz. In einer Kammer an der Rückseite der Wendeschneidplatten erfolgte eine gezielte Expansion des flüssigen

Stickstoffs, der hierdurch teilweise in die Gasphase überging. Das Flüssigkeitsgasgemisch wurde über eine hochgenaue Bohrung an die Spanfläche der Wendeschneidplatte geführt. Es wurde die stickstoffgekühlte Fräsbearbeitung einer Vielzahl an Werkstoffen analysiert. Zusätzlich zur Stickstoffkühlung wurde eine kombinierte Kühlschmierung mit Stickstoff und Minimalmengenschmierung untersucht. Durch die Stickstoffkühlung konnten die Werkzeugtemperaturen deutlich reduziert werden. In Abhängigkeit vom zerspanten Werkstoff wurden Unterschiede im Verschleißverhalten der Werkzeuge festgestellt. Während bei Stahl im Vergleich zur Trockenbearbeitung eine Steigerung der Standzeit von über 300 % erzielt werden konnte, führte bei der Bearbeitung der Nickelbasislegierung Inconel 718 erst die Kombination aus Stickstoffkühlung und Minimalmengenschmierung zu deutlichen Standzeitsteigerungen im Vergleich zur Kühlschmierung mit konventionellen Kühlschmierstoffen.

In Deutschland ist eine weitreichende industrielle Anwendung der Stickstoffkühlung von Zerspanprozessen trotz der festgestellten Potenziale bisher nicht festzustellen. Dies kann auf die Komplexität der Anlagentechnik und die Handhabung des tiefkalten flüssigen Stickstoffs zurückgeführt werden.

Das Unternehmen ROTHER TECHNOLOGIE entwickelte das Zufuhrsystem Aerosolmaster Cryolub, dass die Zufuhr von flüssigem CO_2 und einem MMS-Medium über externe Düsen oder durch die Werkzeugmaschinenspindel ermöglicht [ANON15b; ROTH16; KLIE13; ROTH12]. Für die Zufuhr der Medien durch die Spindel der Werkzeugmaschine wurde vom Unternehmen OTT JAKOB SPANNTECHNIK eine für CO_2 und MMS geeignete Drehdurchführung entwickelt [BECH17]. Die Unternehmen HAIMER und WALTER entwickelten hierzu passende Werkzeugaufnahmen und mit Wendeschneidplatten bestückte Fräswerkzeuge für die innere CO_2 und MMS-Zufuhr [KLIE13]. Bei der Fräsbearbeitung von Dampfturbinenschaufeln aus dem Stahl X12CrNiWTiB16-13 erzielten die Unternehmen STARRAG, WALTER und ROTHER TECHNOLOGIE durch die Kühlschmierung mit CO_2 und MMS im Vergleich zur Trockenbearbeitung einen um 63 % reduzierten Freiflächenverschleiß bzw. ein um ca. 70 % gesteigertes Zeitspanvolumen bei gleichbleibendem Werkzeugverschleiß [ANON14; CORD14; KROH13; RICH13; RICH15; SCHA14]. Anhand von Untersuchungen am Forschungs- und Transferzentrum FTZ der Westsächsischen Hochschule wurde ebenfalls festgestellt, dass beim Fräsen von Turbinenschaufeln mit CO_2 und MMS aus dem Stahl X12CrNiWTiB16-13 das Zeitspanvolumen um 70 % gesteigert werden konnte [BOEH14a; BOEH14b; SCHA14; ANON15a; ANON15b].

Am Werkzeugmaschinenlabor WZL der RWTH Aachen University erfolgten Forschungsarbeiten zur kryogenen Kühlschmierung im Technologie-Arbeitskreis. Es wurde sowohl die Verwendung von CO_2 als auch von N_2 als Kühlmedium untersucht. Den Schwerpunkt bildeten Untersuchungen beim Drehen und Fräsen. Hierbei wurden die Werkstoffe TiAl6V4 [KRAE12; KLOC12a; KLOC12b; KLOC14a], Titanaluminid [KLOC13a; KLOC14b] und der austenitische Stahl X5CrNi18-10 [KLOC13b] zerspant. Beim Drehen wurden die Medien zielgerichtet über externe Düsen am Drehhalter zugeführt. Beim Fräsen wurden unterschiedliche Zufuhrvarianten eingesetzt. Beim Fräsen mit flüssigem Stickstoff erfolgte die Zufuhr über Düsen von außen. Für die

Anwendung von CO_2 und Minimalmengenschmierung wurde ein Zufuhrsystem vom Typ AEROSOLMASTER CRYOLUB der Firma ROTHER TECHNOLOGIE eingesetzt. Hierbei erfolgte die Zufuhr der Kühlschmiermedien sowohl über äußere Düsen als auch durch die Spindel und das Werkzeug. Bei den verwendeten Fräswerkzeugen handelte es sich um Cryo Tec Werkzeuge der Firma WALTER. Die Ergebnisse der Fräsbearbeitung von TiAl6V4 mit einem Eckfräser mit Wendeschneidplatten konnte gezeigt werden, dass flüssiger Stickstoff im Vergleich zur CO_2 Kühlung zu den besten Ergebnissen im Hinblick auf den Werkzeugverschleiß, die Randzonenbeeinflussung und den Spanbruch führte. Bei der kombinierten Zufuhr von LN_2 und MMS konnte die Standzeit gegenüber der Emulsionskühlung um 100 % gesteigert werden. Hierbei wurde der flüssige Stickstoff über äußere Düsen und das MMS-Medium durch die Spindel und das Werkzeug zugeführt. KRÄMER entwickelte in seiner Dissertation ein Gestaltungsmodell der kryogenen Prozesskühlung mit CO_2 und LN_2 für das Außenlängsdrehen der Werkstoffe X5CrNi18-10 und TiAl6V4 [KRÄM15]. Er stellte ein großes technologisches und wirtschaftliches Potenzial der kryogenen Prozesskühlung fest.

Im öffentlich geförderten Projekt „Steigerung der Produktivität beim Bohren und Fräsen mit innerer kryo MMS-Zufuhr" wurden am Werkzeugmaschinenlabor WZL der RWTH Aachen Forschungsarbeiten zur Fräsbearbeitung mit kryogener Kühlschmierung durchgeführt. Einen Schwerpunkt dieser Arbeiten bildete die Anwendung einer einkanaligen kryogenen Kühlschmierung, bei der Öl in flüssigem CO_2 gelöst und durch einen gemeinsamen Kanal durch die Spindel und das Werkzeug in die Zerspanzone geführt wurde. Die Ergebnisse sind Teil der vorliegenden Arbeit und wurden teilweise bereits veröffentlicht. [KOCH19; BERG18; BERG19a; AUGS19; AUGS21; PUSA19; KLOC17]

Wie anhand der vorgestellten Arbeiten gezeigt wurde, wird in Deutschland intensiv am Thema der kryogenen Kühlschmierung bei der Zerspanung geforscht. Zu den analysierten Werkstoffen gehören Gusswerkstoffe, Stähle sowie Titan- und Nickelbasislegierungen. Die meisten Veröffentlichungen beschäftigen sich mit der kryogenen Kühlschmierung beim Drehen. Für das Fräsen existieren wenige Forschungsarbeiten. Dies gilt insbesondere für kleine Werkzeugdurchmesser. Schwerpunkte bilden zudem Arbeiten mit flüssigem CO_2.

Im europäischen und außereuropäischen Raum werden die Potenziale der kryogenen Kühlschmierung ebenfalls umfangreich erforscht. In der Vergangenheit stand die Verwendung von flüssigem Stickstoff im Fokus. Beispiele hierfür sind Forschungsarbeiten der Universität von Ljubljana in Slowenien in Kooperation mit den Universitäten in Kentucky und Lyon [PUSA10a; PUSA14; PUSA15; PUSA16]. Schwerpunkt war das Drehen der Nickelbasislegierung Inconel 718 sowie eine FE-Modellierung des kryogenen Zerspanprozesses, welche an der Universität Lyon durchgeführt wurde. In der jüngeren Vergangenheit wurde das Thema der CO_2-Kühlung an der Universität Ljubljana verstärkt erforscht. Insbesondere wurde die einkanalige kryogene Kühlschmierung mit CO_2 und Öl sowie die kryogene Kühlschmierung mit CO_2 und Festschmierstoffen untersucht [GRGU19; GRGU20; STER21; STER22]. STERLE entwickelte in seiner Dissertation ein Zufuhrsystem, welches die kryogene Kühlschmierung mit CO_2 und Öl sowie mit Festschmierstoffen ermöglichte und setzte dieses bei Zerspanversuchen und Tribometertests ein [STER22].

In Italien erfolgten Forschungsarbeiten zur Kühlung mit flüssigem Stickstoff an der Universität of Calabria und am Politecnico di Milano. Diese beschäftigten sich mit der Prozesscharakterisierung und numerischen Simulation bei der Zerspanung gehärteter Stähle und TiAl6V4 sowie der Drehbearbeitung von TiAl6V4 [UMBR11; ROTE14; STRA13].

In Frankreich wurde die LN_2-Kühlung am LaBoMap des Arts et Metiers Paris Tech in Cluny und an der ENISE in Saint Etienne untersucht [OUTE13; COUR13; RECH13]. Es wurde die LN_2-gekühlte Drehbearbeitung der Magnesiumlegierung AZ31B-O mit Spanbildungssimulation sowie das Drehen von Titan- und Nickel- und Stahlwerkstoffen erforscht. Weitere Schwerpunkte bildeten Arbeiten zum tribologischen Verhalten von TiAl6V4 und Inconel 718 bei Trockenbearbeitung und LN_2-Kühlung.

Umfassende Studien wurden in China zum Thema der kryogenen Kühlschmierung durchgeführt. Mou et al untersuchten das Messerkopfstirnfräsen einer Aluminium-Lithium-Legierung mit LN_2-Kühlung [MOU13]. Zhao führte Untersuchungen beim Schaftfräsen mit CO_2, gasförmigen und flüssigem Stickstoff und MMS-Aerosolen mit einer Temperatur von -20 °C durch. Die Zufuhr der Medien erfolgte mittels externer Düsen. Bei der Anwendung von flüssigem Stickstoff wurde ein deutlich reduzierter Werkzeugverschleiß festgestellt und es konnte die Schnittgeschwindigkeit gesteigert werden. Es wurden beim Fräsen von Titan vergleichbare Ergebnisse mit flüssigem Stickstoff und gasförmigen Stickstoff mit einer Temperatur von -150 °C erzielt [SU06; SU10; ZHAO15].

Es existieren weitere Veröffentlichungen zur kryogenen Kühlschmierung von Universitäten aus Australien, den Vereinigten Arabischen Emiraten, Schweden, Kanada, Bangladesh, Malaysia, Indien, Libanon und Singapur [BERM11; DEIA14; DHAR07; MOAZ12; VENU07; KHEI13; ARAM14]. Diese behandeln die Drehbearbeitung von TiAl6V4 mit äußerer Zuführung von LN_2; das Drehen von AISI 4037 mit LN_2; ein Review zur Bearbeitung von TiAl6V4 mit unterschiedlichen KSS-Medien, die FEM-Analyse beim Bohren von AZ31b sowie Temperaturmessungen beim Schaftfräsen von Inconel 718 unter Einsatz von LN_2.

In den Vereinigten Staaten von Amerika wurden umfangreiche Forschungsarbeiten zur kryogenen Kühlschmierung durchgeführt. Insbesondere an der Columbia University in New York und an der University of Kentucky in Lexington wurden Arbeiten zur LN_2-Kühlung von Zerspanprozessen veröffentlicht. Hong von der Columbia University zählt in diesem Zusammenhang zu den am häufigsten zitierten Forschern [HONG99a-b; HONG00; HONG01a-e; HONG02; HONG06]. In seinen Veröffentlichungen analysierte er den Einfluss der Kühlung mit LN_2 auf Reibung, Zerspankraft, Zerspantemperatur, Spanbildung und Werkzeugverschleiß bei der Drehbearbeitung von TiAl6V4. Flüssiges LN_2 ist gemäß Hong ein sehr effektives Kühlmittel. Der größte Effekt wird erzielt, wenn es zielgerichtet mit einer Düse der Zerspanzone zugeführt wird. Von Jawahir von der University of Kentucky existieren zahlreiche Veröffentlichungen mit internationalen Autoren [KHEI13; AMBR14; KAYN13; KAYN14; PUSA14; PUSA15; PUSA16; JAWA16]. Der Schwerpunkt der Untersuchungen lag auf der Drehbearbeitung mit flüssigem Stickstoff. Von LU et al. wurden zwei Arbeiten veröffentlicht, welche eine Bewertung der Fräsbearbeitung eines Bauteils aus TiAl6V4 mit flüssigem Stickstoff vornehmen [LU18a; LU18b]. Die Arbeiten basieren auf einem gemeinschaftlichen Forschungsprojekt zwischen den Unternehmen 5ME und LOCKHEED MARTIN AERONAUTICS. Der flüssige Stickstoff wurde durch die Spindel, die Werkzeugaufnahmen und die Werkzeuge zugeführt. Der kleinste Werkzeugdurchmesser betrug 12,7 mm. Als Ergebnis wurden ökonomische und ökologische Vorteile der LN_2 Kühlung gegenüber der Überflutungskühlung festgestellt. STEPHENSON et al. setzten beim Schruppdrehen von Inconel 750 überkritisches CO_2 mit einer Minimalmengenschmierung ein [STEP14]. Es konnte eine Steigerung des Zeitspanvolumens um 25 bis 40 % im Vergleich zu konventionellen Kühlschmierstoffen bei einem vergleichbaren Werkzeugverschleiß erreicht werden.

2.3 Zwischenfazit zum Stand der Erkenntnisse

Interim Conclusion of the State of the Art

Im bisherigen Kapitel zwei wurden das tribologische System des Fräsprozesses und die Einflussgrößen hierauf erläutert. Hierzu gehören die Kinematik und die Schnittparameter, das Werkzeug, der Werkstoff und die Kühlschmierstrategie. Es folgte eine Diskussion des Einflusses der Kinematik des Fräsprozesses und der Schnittparameter auf den Verlauf der Spanungsdicke und das resultierende thermomechanische Belastungskollektiv. Der grundsätzliche Einfluss der Werkzeugmikro- und -makrogeometrie auf das thermomechanische Belastungskollektiv wurde erläutert und allgemein der Einfluss werkstoffseitiger Kenngrößen auf das Lastkollektiv angesprochen. Für den in dieser Arbeit verfolgten Ansatz, das thermomechanische Belastungskollektiv beim Fräsen durch Anwenden der kryogenen Kühlschmierung zu beeinflussen, stellt das Verständnis der vorgestellten Zusammenhänge eine wesentliche Voraussetzung dar.

Kühlschmierstrategien, die grundsätzlich in der Zerspanung angewendet werden, wurden im zweiten Teil adressiert. Dies erfolgte vor dem Hintergrund, den Begriff der kryogenen Kühlschmierung für die vorliegende Arbeit zu definieren, einzuordnen und abzugrenzen. Unter dem Begriff kryogene Kühlschmierung wird in dieser Arbeit die zielgerichtete einkanalige bzw. die zweikanalige Zufuhr von CO_2 und MMS bzw. Öl durch das Werkzeug in die Zerspanzone zur Kühlung und Schmierung verstanden. Die kryogene Kühlschmierung ist eine Kühlschmierstrategie, bei der nur geringe Mengen konventioneller Kühlschmierstoffe zum Einsatz kommen. Vor dem Hintergrund zunehmenden Anforderungen an die ökologische Nachhaltigkeit von Zerspanprozessen, stellt die kryogene Kühlschmierung somit eine potentialträchtige Technologie dar.

Den dritten Teil von Kapitel zwei stellten bisherige Anwendungen der kryogenen Kühlschmierung in der Forschung und Industrie dar. Dies diente dazu bestehende Wissenslücken zu identifizieren. Das Ergebnis der Literaturrecherche zeigt, dass die kryogene Kühlschmierung weltweit intensiv erforscht wird. Beim Fräsen mit kryogener

Kühlung wurden bisher deutlich weniger Forschungsarbeiten durchgeführt als beim Drehen. Die Zuführung der Medien erfolgte bei diesen Untersuchungen meistens über externe Düsen. Für eine effektive kryogene Kühlschmierung beim Fräsen ist jedoch eine zielgerichtete innere Zuführung der Medien durch die Maschinenspindel, die Werkzeugaufnahmen und die Werkzeuge erforderlich. Nur sehr wenige aktuelle Untersuchungen beschäftigen sich mit der inneren Zufuhr von CO_2 oder LN_2 in Kombination mit einem MMS-Medium durch das Werkzeug beim Schaftfräsen. Dies gilt vor allem für Vollhartmetallwerkzeugen mit kleinen Werkzeugdurchmessern ($D \leq 12$ mm). Zahlreiche Kanäle für die Kühl- und Schmiermedien führen bei diesen Werkzeugen dazu, dass sich die Querschnittsfläche verringert und die Werkzeuge instabil werden können und bei der Bearbeitung brechen. Gegenstand aktueller Forschungsarbeiten ist daher die Mischung von kryogenem Medium und Schmiermedium, um diese gemeinsam durch einen Kanal zuführen zu können. Erkenntnisse zu Wechselwirkungen zwischen dem kryogenen Medium und dem Schmiermedium und deren Auswirkung auf die Kühl- und Schmierwirkung liegen nicht in ausreichendem Umfang für das Schaftfräsen vor. Umfangreiche Wissenslücken existieren insbesondere auch hinsichtlich der Ursache-Wirkungszusammenhänge zwischen der kryogenen Kühlschmierung und dem thermomechanischen Belastungskollektiv. Die Zufuhr definierter Volumenströme bzw. Massenströme ist hierzu eine wesentliche Voraussetzung, die bisher nur wenige Zufuhrsysteme erfüllen. Darüber hinaus bestehen wesentliche Wissensdefizite im Hinblick auf die gemeinsame Betrachtung technologischer, ökonomischer und ökologischer Aspekte der Technologie der kryogenen Kühlschmierung beim Fräsen, sodass Anwendern das Entscheiden zur Einführung der Technologie oftmals nicht auf Basis wissenschaftlicher Erkenntnisse möglich ist.

3 Problem, Zielsetzung und Vorgehensweise

Problem, Objective and Approach

Zur kryogenen Kühlschmierung von Zerspanprozessen existieren bereits zahlreiche wissenschaftliche und industrielle Untersuchungen, siehe Kapitel 2. Diese zeigen, dass die kryogene Kühlschmierung konventionellen Kühlschmierstrategien mit wassermischbaren und nicht wassermischbaren Kühlschmierstoffen häufig überlegen ist. Dies gilt hinsichtlich einer Steigerung der Produktivität, einer verbesserten Bauteilqualität, kühlschmierstoffbezogener Kosteneinsparungen sowie einer reduzierten Umweltbelastung und Gefährdung der Mitarbeiter durch die Vermeidung des Kontaktes mit Kühlschmierstoffen. Trotz der zahlreichen Forschungsarbeiten und der aufgezeigten Potenziale ist eine breite industrielle Anwendung der kryogenen Kühlschmierung bisher nicht festzustellen. Wie anhand des Standes der Erkenntnisse abgeleitet wurde, sind bisher unbeantwortete technisch-wissenschaftliche als auch wirtschaftliche Fragestellungen hierfür ursächlich. So sind die Mechanismen, die oftmals zu einer gesteigerten Leistungsfähigkeit im Vergleich zu konventionellen Kühlschmierstrategien führen, nicht vollständig geklärt. Dies gilt im Besonderen für die Fräsbearbeitung schwer zerspanbarer Werkstoffe mit kleinen Werkzeugdurchmessern (d < 12 mm) und interner Medienzufuhr. Die Kenntnis dieser Mechanismen ist zwingend erforderlich, um die folgenden Fragestellungen zu beantworten: Bei welchen Bearbeitungsaufgaben und unter welchen Bedingungen können durch die kryogene Kühlschmierung technologische und wirtschaftliche Verbesserungen gegenüber konventionellen Kühlschmierstrategien erreicht werden?

Zur Beantwortung der genannten Frage- und Problemstellungen ist es die Zielsetzung dieser Arbeit, wissenschaftliche Erkenntnisse über die Ursache-Wirkungszusammenhänge zwischen der kryogenen Kühlschmierung beim Fräsen der Titanlegierung TiAl6V4 und dem thermomechanischen Belastungskollektiv zu erarbeiten und die Technologie der kryogenen Kühlschmierung im Vergleich zu konventionellen Kühlschmierstrategien ökonomisch und ökologisch zu bewerten. Hierzu wurde die nachfolgende Forschungshypothese abgeleitet.

Die systematische Analyse der Ursache-Wirkungszusammenhänge zwischen der kryogenen Kühlschmierung durch das Werkzeug und dem thermomechanischen Belastungskollektiv beim Fräsen der Titanlegierung TiAl6V4 ermöglicht es zu erklären, ob und warum diese Technologie im Vergleich zu konventionellen Kühlschmierstrategien eine produktive und ökologisch sinnvolle Alternative darstellt.

Um diese Forschungshypothese zu verifizieren bzw. zu falsifizieren wurden vier Forschungsfragen aufgestellt und beantwortet. Die vier Forschungsfragen lauten:

1. Welche sind die relevanten Stell- und Zielgrößen der kryogenen Kühlschmierung beim Fräsen und in welchem Ausmaß wirken die Stell- auf die Zielgrößen?
2. Welche Ursache-Wirkungszusammenhänge bestehen zwischen den identifizierten relevanten Prozessparametern und den Zielgrößen?

3. Wie kann ein Modell zur Erklärung der identifizierten Ursache-Wirkungszusammenhänge zwischen den Stell-, Stör- und Zielgrößen abgeleitet werden?
4. Wie ist die kryogene Kühlschmierung unter ökologischen und ökonomischen Gesichtspunkten im Vergleich zu konventionellen Kühlschmierstrategien zu bewerten?

Der Aufbau der Arbeit folgt formell und inhaltlich der Beantwortung der Forschungsfragen nach einer induktiv-deduktiven Vorgehensweise und orientiert sich am wissenschaftlichen Forschungsprozess der angewandten Handlungswissenschaften nach ULRICH [ULRI76; ULRI01], Bild 3.1.

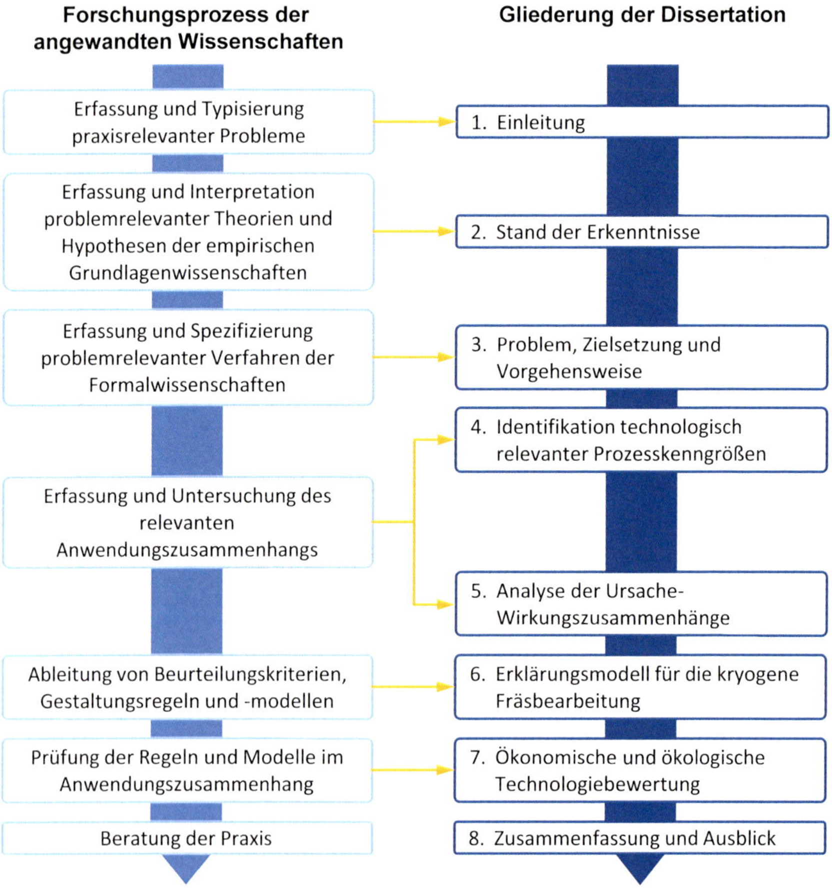

Bild 3.1: Wissenschaftliches Vorgehen und Aufbau der Arbeit in Anlehnung an HANS ULRICH, nach [ULRI01, S. 195]
Structure of the thesis and scientific approach, according to Ulrich [ULRI01, p. 195]

Die Basis bildet ein praxisrelevantes technisch-wirtschaftliches Problem, dass durch ein induktiv-deduktives Vorgehen zunächst in Teilprobleme zerlegt, untersucht und anschließend durch Ableitung eines Erklärungsmodells auf das anfängliche Problem zurückgeführt wird. In Anlehnung an die Teilprozesse der Forschungsmethodik nach ULRICH ist die Dissertation in zugehörige Kapitel strukturiert und gegliedert. Der Beantwortung jeder Forschungsfrage ist hierzu ein eigenes Kapitel zugeordnet.

Im Kapitel 1, der Einleitung, erfolgte die Erfassung und Typisierung des praxisrelevanten Problems. Der Inhalt von Kapitel 2, Stand der Erkenntnisse, stellte die Analyse der problemrelevanten Theorien und Verfahren dar. Am Ende des zweiten Kapitels wurde der Forschungsbedarf abgeleitet. Zur Lösung des Problems wurde in Kapitel 3 die Zielsetzung und die Vorgehensweise definiert und die Struktur der Dissertation vorgestellt.

Die Kapitel 4 bis 7 dienen der Beantwortung der Forschungsfragen. In Kapitel 4 werden zunächst die relevanten Stellgrößen der kryogenen Kühlschmierung beim Fräsen identifiziert. Ausgangspunkt hierfür stellt die Modifikation eines Bearbeitungszentrums zur inneren Zufuhr der kryogenen Medien sowie der Schmiermedien durch die Spindel, die Werkzeugaufnahme und das Werkzeug dar. Im nächsten Schritt werden die Stell-, Stör- und Zielgrößen der kryogenen Kühlschmierung mit dem Schwerpunkt betrachtet, die Volumen-, bzw. Massenströme definiert einstellen zu können und die MMS-Zufuhrbedingungen gezielt beeinflussbar zu machen. Zum Abschluss von Kapitel 4 werden zerspantechnologische Analysen im Hinblick auf die Zerspanbarkeitskriterien Werkzeugverschleiß, Oberflächenqualität und Randzoneneigenschaften sowie Spanform durchgeführt. Im Fokus sind hierbei die einkanalige und zweikanalige Zufuhr von CO_2 und Öl bzw. MMS. Auf diesen Analysen basiert die Identifikation der relevanten Kenngrößen.

In Kapitel 5 erfolgt die Analyse der Ursache-Wirkungszusammenhänge zwischen der kryogenen Kühlschmierung durch das Werkzeug und dem thermomechanischen Belastungskollektiv beim Fräsen. Hierzu werden zunächst die einkanalige und die zweikanalige Zufuhr der Kühlschmiermedien experimentell analysiert, anhand von Sprühbildern gegenübergestellt und im Hinblick auf die Wirksamkeit der zugeführten Schmiermedien bewertet. Im nächsten Schritt werden Werkzeughalter mit integrierten Sensoren zur Temperaturmessung in der Werkzeugschneide entwickelt und mit Zerspankraftmessungen zur Analyse der Auswirkungen verschiedener Kühlschmierstrategien, Kühlschmier- und Schnittparameter auf das thermomechanische Belastungskollektiv beim Fräsen eingesetzt.

Die ermittelten Wirkzusammenhänge und Erkenntnisse werden in Kapitel 6 in einem Erklärungsmodell zusammengefasst, wodurch die dritte Forschungsfrage beantwortet wird. In Kapitel 7 erfolgt mit Hilfe einer ökonomischen und ökologischen Technologiebewertung die Beantwortung von Forschungsfrage 4.

Abschließend werden in Kapitel 8, Zusammenfassung und Ausblick, die zentralen Erkenntnisse zusammengefasst, reflektiert und bewertet. Zudem werden im Ausblick neue Fragestellungen, die sich während der Arbeit ergaben und eine Fortsetzung ermöglichen, aufgezeigt.

4 Identifikation technologisch relevanter Prozesskenngrößen

Identification of Technologically Relevant Process Parameters

Dieses Kapitel dient der Beantwortung der ersten Forschungsfrage:

> „Welche sind die relevanten Stell- und Zielgrößen der kryogenen Kühlschmierung beim Fräsen und in welchem Ausmaße wirken die Stell- auf die Zielgrößen?"

Um die Technologie der kryogenen Kühlschmierung beim Fräsen untersuchen zu können, musste zunächst ein Bearbeitungszentrum modifiziert werden, sodass die Medien durch die Spindel, die Werkzeugaufnahme und das Werkzeug zugeführt werden konnten. Die Realisierung der Modifikation des Bearbeitungszentrums, die Werkzeugaufnahmen und Werkzeuge für die Untersuchungen werden in Abschnitt 4.1 beschrieben. Weiterhin werden die Systeme, mit denen die Zufuhr der kryogenen Medien und der Schmiermedien während der Experimente gesteuert wurde, vorgestellt und ihre Funktionsweise erläutert. Abschnitt 4.2 beinhaltet die Systemanalyse. Es werden die Stell-, Stör- und Zielgrößen der kryogenen Kühlschmierung vorgestellt. Anhand von zerspantechnologischen Analysen erfolgt im Kapitel 4.3 die Identifikation der relevanten Prozessgrößen und ihr Einfluss auf die Zerspanbarkeit wird analysiert.

4.1 Modifikation eines Bearbeitungszentrums zur inneren Zufuhr der kryogenen Kühlschmierung durch die Spindel und das Werkzeug

Modification of a Machining Center for the Internal Supply of Cryogenic Cooling and Lubrication through the Spindle and the Tool

Aufgrund ihrer guten Verfügbarkeit und verhältnismäßig sicheren Handhabung werden für die Kühlung von Zerspanprozessen mit tiefkalten Medien hauptsächlich N_2 und CO_2 eingesetzt [KLOC18, S. 277]. In dieser Arbeit wurde daher die Umrüstung einer Werkzeugmaschine vom Typ XHC 241 des Herstellers EX-CELL-O für diese beiden Medien verfolgt. Hierzu war der Austausch von Komponenten an der Motorspindel sowie zusätzliche externe Komponenten und Anlagentechnik erforderlich. Basierend auf der Beschreibung des Ausgangszustandes ist nachfolgend medienspezifisch beschrieben welche Anpassungen zur inneren Zufuhr der kryogenen Kühlschmierung erforderlich sind.

Bei der Werkzeugmaschine des Herstellers EX-CELL-O vom Typ XHC 241 handelt es sich um ein 4-Achs-Hochgeschwindigkeits-Bearbeitungszentrum in Kreuzbettbauweise mit horizontaler Arbeitsspindel [EXCE99, Kap. 2 – S. 7]. Die Verfahrbewegung der X- und Y-Achse erfolgt werkzeugseitig und die Verfahrbewegung der Z-Achse erfolgt werkstückseitig. Die linearen Führungen der X-, Y- und Z-Achse sind über Wälzführungen realisiert und der Antrieb erfolgt über Linearmotoren [EXCE99, Kap. 7.3 – 7.4]. Die Linearachsen sind mit direkten Wegmesssystemen in Form von Glasmaßstäben und Abtasteinheiten ausgestattet [EXCE99, Kap. 7.3 – 7.4].

Weiterhin verfügt die Maschine über einen mit einer Axial-Schrägkugellagereinheit gelagerten NC-Drehtisch für die Bewegung der B-Achse sowie eine Palettenwechseleinrichtung. Der über einen Direktantrieb angetriebene Rundtisch ist mit einem inkrementellen Drehgeber als Wegmesssystem ausgerüstet und im Schlitten der Z-Achse integriert [EXCE99, Kap. 7.2]. Das Werkzeugmagazin ist als Scheibenmagazin mit 40 Magazinplätzen ausgeführt. Ausgewählte technischen Daten des Bearbeitungszentrums sind in Tabelle 4-1 zusammengefasst.

Tabelle 4-1: Technische Daten – Hochgeschwindigkeits-Bearbeitungszentrum Ex-Cell-O XHC 241 [EXCE99, Kap. 2.6]
Technical data – high speed machining centre Ex-Cell-O XHC 241 [EXCE99, Chap. 2.6]

Arbeitsbereich X-Achse	630 mm
Arbeitsbereich Y-Achse	630 mm
Arbeitsbereich Z-Achse	710 mm
Arbeitsbereich B-Achse	500 mm x 500 mm (Palettenabmessungen)
Achsgeschwindigkeit X,Y, Z-Achse	120 m/min
Eilgang B-Achse	100 mm/min
Vorschubkräfte (100 % Einsatzdauer) X-Achse, Y-Achse, Z-Achse	3000 N, 6000 N, 6000N
Palettenwechselzeit	6 s
Antriebsleistung Spindel	40 kW
Motordrehmoment Spindel	45 kW
max. Drehzahl	24.000 min^{-1}
Drehzahlstufen	stufenlos
vorderer Lagerdurchmesser	70 mm
Spindelkopf und Werkzeugaufnahme	HSK- A 63 mit Kühlmittelrohr

In Bild 4.1 sind das Hochgeschwindigkeits-Bearbeitungszentrums, eine vereinfachte Ansicht vom Aufbau der Spindel, technische Daten in Form des Leistungs-Drehmoment-Diagramms und des Lastdiagramms der Spindel dargestellt. Das Werkzeug wird durch eine direktgetriebene Motorspindel vom Typ MFWS-2308/24/4 des Herstellers FISCHER angetrieben. Diese besteht aus vielen unterschiedlichen Komponenten. Hierzu gehören im Wesentlichen die Spindellager, die Synchron- oder Asynchronmaschine, die Spindelwelle, die Werkzeugschnittstelle, der Spannsatz und die Zugstange mit Federpaket [MUEL16, S. 6-7].

Die Spindellager lagern die rotierende Spindelwelle und nehmen die axialen und radialen Bearbeitungskräfte F_a und F_r auf. Die am häufigsten in Hauptspindeln eingesetzten Lager sind Wälzläger [BREC17, S. 303]. Es werden Radialschrägkugelläger mit Druckwinkeln zwischen 12° und 25° verwendet, die zur Aufnahme von axialen Lasten in beide Richtungen axial vorgespannt werden [BREC17, S. 304]. Um ausreichende Steifigkeiten zu erzielen, werden Lagerpakete mit mehreren Lagern pro Lagerstelle eingesetzt [BREC17, S. 304].

Im Bearbeitungszentrum XHC 241 sind vier Hybridlager mit Lagerringen aus Stahl- und Lagerkugeln aus Keramik eingesetzt, die aufgrund von kleineren Kugeldurchmessern und des geringeren Gewichts im Vergleich zu Stahlkugeln höhere Drehzahlen ermöglichen [FISC01, Kap. 9 – S.1; BREC17, S. 304]. Die maximale Drehzahl beträgt n_{max} = 24.000 min^{-1}. Die Lager werden mit Öl und Druckluft geschmiert. Die Medien werden direkt zu den Laufflächen und Kontaktstellen der Kugeln geführt [FISC01, Kap. 3 – S. 1].

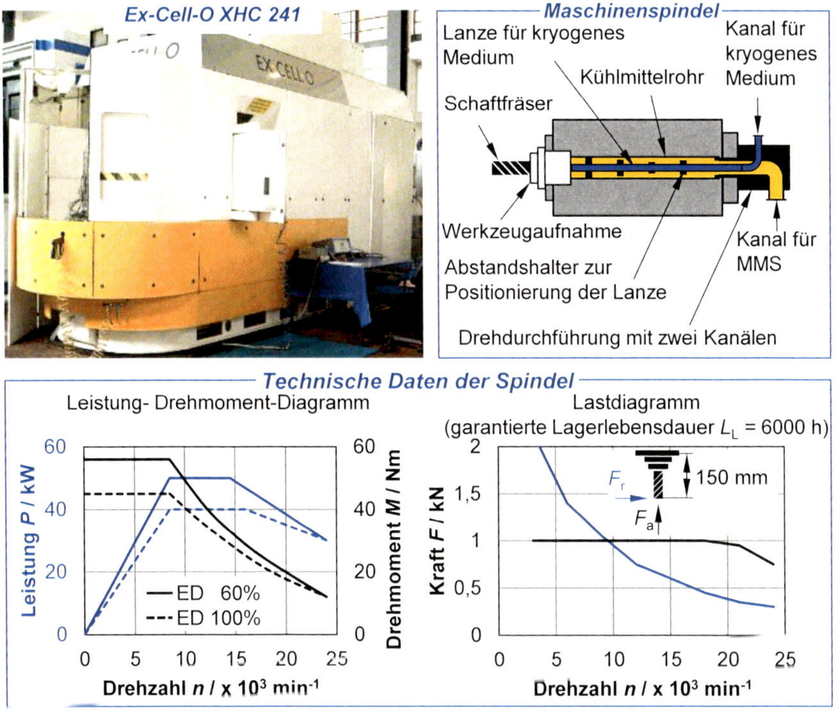

Bild 4.1: Hochgeschwindigkeits-Bearbeitungszentrum vom Typ XHC 241 des Herstellers Ex-Cell-O – Spindeldaten nach [EXCE99, Kap. 2.1.; FISC01, Kap. 10 – S. 1; FISC00, S. 1]
High-speed machining centre of the type XHC 241 manufacturer Ex-Cell-O – technical data of the spindle according to [EXCE99, Kap. 2.1.; FISC01, Kap. 10 – p. 1; FISC00, p. 1]

Für eine garantierte Lagerlebensdauer dürfen drehzahlabhängig die im Lastdiagramm der Spindel maximalen Axial- und Radialkräfte bei den Zerspanversuchen nicht überschritten werden. In Bild 4.1 ist ein Lastdiagramm für eine vergleichbare Spindel vom Typ MWFS-2307/24/18 dargestellt [FISC00, S.1], die sich gemäß dem Hersteller FISCHER im Hinblick auf die Lagerausführung, -position und -welle nur geringfügig von der eingesetzten Spindel unterscheidet. Die im Diagramm angegebenen Werte können somit als Richtwerte herangezogen werden, um eine Lagerlebensdauer von L_L = 6000 h sicherzustellen.

Die Spindelwelle wird durch eine Synchronmaschine in der Spindelhülse angetrieben, welche in Abhängigkeit von der Einschaltdauer ED und der Drehzahl *n* die im Leistungs-Drehmoment-Diagramm in Bild 4.1 dargestellten Leistungen und Drehmomente erzeugt. Bei einer Einschaltdauer von 100 % beträgt die maximale Leistung P_{max} = 40 kW und das maximale Drehmoment M_{max} = 45 Nm. Die Drehzahl wird mittels eines statischen Frequenzumrichters stufenlos geregelt [FISC01, Kap. 3 – S. 1]. Die Spindel ist wassergekühlt, um die Lager- und Motortemperatur und die Längenänderung der Spindelwelle möglichst gering zu halten [FISC01, Kap. 3 – S. 1].

In der als Hohlwelle ausgeführten Spindelwelle ist das Werkzeugspannsystem integriert [MUEL16, S. 6; FISC01, Kap. 3 – S. 1]. Im Bereich der Spindelnase befindet sich der Spannsatz zur Aufnahme des Werkzeugs mit einer Werkzeugschnittstelle vom Typ Kegel-Hohlschaft mit Plananlage der Form A und der Nenngröße 63 mm nach DIN 69893 (HSK – A 63) [MUEL16, S. 6; FISC01, Kap. 9 – S.1; DIN11, S. 4]. Durch die Werkzeugschnittstelle erfolgen die radiale und axiale Ausrichtung sowie die Zentrierung des Werkzeuges bezüglich zur Spindel [MUEL16, S. 6].

Die Spannkraft wird durch ein integriertes Federpaket aufgebracht und mittels einer Zugstange an den Spannsatz übertragen. Das Lösen des Werkzeuges erfolgt hydraulisch. Die Löseeinheit enthält den Hydraulikzylinder, welcher die Zugstange gegen das Federpaket drückt und den Spannsatz entlastet. Eine Rückhaltevorrichtung für die Spindelwelle stellt sicher, dass die Lagerung beim Werkzeugwechsel nicht belastet wird. [FISC01, Kap. 9 – S.1]

Damit während der Bearbeitung KSS durch das Werkzeug zugeführt werden kann, ist eine in die Löseeinheit integrierte Drehdurchführung erforderlich. Diese ist die Schnittstelle zwischen der statischen Spindelhülse und der rotierenden Spindelwelle [FISC01, Kap. 9 – S. 1]. Sie ermöglicht die Übergabe von KSS an die hohle Zugstange [MUEL16, S. 7]. Durch die Zugstange, den Spannsatz und das in der Werkzeugschnittstelle vorgesehene, nach DIN 69895 genormte, Kühlschmierstoffrohr kann der KSS durch das Werkzeug in die Zerspanzone geführt werden [DIN06, S. 2].

Die Zuführung von N_2 und CO_2 bedingt, dass alle Zuführungskomponenten unter Berücksichtigung der physikalischen Eigenschaften der Medien gestaltet und angepasst werden. Dies bedeutet, dass die Durchmesser der Zufuhrleitungen und der Kanäle in Drehdurchführungen und Werkzeugen medienspezifisch angepasst sein müssen. Hierzu werden entsprechende Drehdurchführungen benötigt. Darüber hinaus sind für die kryogenen Medien im Vergleich zu konventionellem KSS reduzierte Durchmesser in der Zufuhrleitungen und im Kühlschmierstoffrohr erforderlich. Aus diesem Grund werden in das Kühlschmierstoffrohr Lanzen mir medienspezifischen Innendurchmessern eingeführt. Je nach Ausführung der Spindelkomponenten kann es erforderlich sein, weitere Komponenten, wie den Spannsatz und die Zugstange, auszutauschen. Auf der Lanze befinden sich Abstandshalter, welche die Lanze im Spindelrohr positionieren und abstützen. In den Werkzeugaufnahmen sind passende Übergabeschnittstellen vorzusehen. Weiterhin müssen die an den Verbindungstellen einzusetzenden Dichtungen an die jeweiligen Drücke und Temperaturen angepasst sein. Beim Einsatz von Ölen für die MMS und Zuführung konventioneller KSS muss außerdem auf eine chemische Verträglichkeit zwischen den Zufuhrkomponenten, insbesondere den Dichtungen und den Medien, geachtet werden.

Der Zwischenraum zwischen der Lanze und dem Spindelrohr ermöglicht optional zusätzlich zur Zufuhr des kryogenen Mediums eine gleichzeitige MMS. Sowohl die Drehdurchführung als auch die Werkzeugaufnahmen und Werkzeuge müssen in diesem Falle zusätzliche Kanäle und Schnittstellen aufweisen. Zum flexiblen Einsatz der Werkzeugmaschine, kann der entstehende Hohlraum zwischen Spindelrohr und Lanze für die Zuführung konventioneller Kühlschmierstoffe verwendet werden. Ein Rückbau der Werkzeugmaschine ist hierfür nicht erforderlich. Allerdings treten verringerte KSS-Volumenströme auf, da die für die KSS-Zufuhr nutzbare Querschnittsfläche im Spindelrohr durch die eingebrachte Lanze abnimmt. In den folgenden Abschnitten werden die medienspezifischen Besonderheiten adressiert, welche bei der Zufuhr von flüssigem N_2 und CO_2 berücksichtigt werden müssen.

4.1.1 Zufuhr von flüssigem Stickstoff

Supply of Liquid Nitrogen

In Bild 4.2 ist das *p*-*T*-Diagramm von N_2 und die schematische Zufuhr vom Lagerbehälter bis in die Zerspanzone dargestellt. Die Lagerung von flüssigem Stickstoff erfolgt bei Umgebungsdruck bzw. einem geringen Überdruck von p = 2 bar und einer Siedetemperatur von $T_{s,N2}$ = -196 °C.

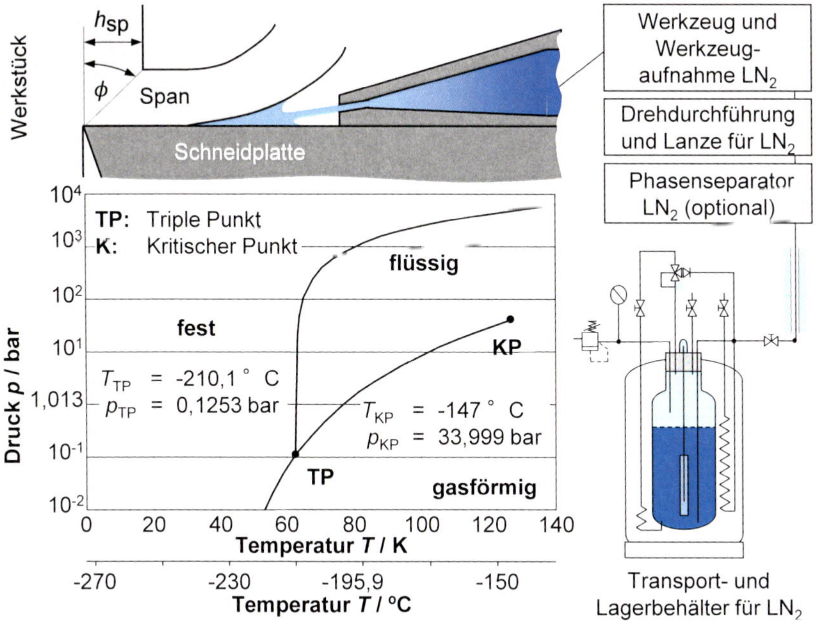

Bild 4.2: Phasendiagramm und Zufuhr von LN_2 nach [KRAE15, S. 32; WOLF23]
Phase diagram and supply of LN_2 according to [KRAE15, p. 32; WOLF23]

Angesichts der geringeren Temperaturen muss der Lagerbehälter doppelwandig und vakuumisoliert ausgeführt sein, da sich der flüssige Stickstoff sonst durch die Wärme aus der Umgebung erwärmt und in den gasförmigen Aggregatzustand wechselt.

In Bild 4.3 ist ein Transport- und Lagerbehälter vom Typ CS 250 SK 40 bar der Firma CRYO ANLAGENBAU dargestellt. Dieser ermöglicht die Lagerung von 250 l flüssigem N_2. Flüssiger N_2 wird zugeführt, indem im Behälter flüssiger Stickstoff verdampft wird. Verschiedene Druckaufbauventile am Behälter für unterschiedliche Druckstufen (p_1 = 8 bar, p_2 = 20 bar, p_3 = 25 bar, p_4 = 40 bar) sind dazu vorgesehen flüssigen Stickstoff zu verdampfen, um gezielt Überdrücke im Behälter einzustellen. Diese werden dazu genutzt den flüssigen Stickstoff aus dem Behälter durch die Zufuhrleitung zuzuführen. Mit Hilfe von Druckventilen für jede Druckstufe wird der Überdruck begrenzt. Demnach öffnen die Ventile beim Überschreiten des voreingestellten Druckes und lassen so lange gasförmigen Stickstoff ab, bis der vorgegebene Druck wieder erreicht ist. Eine stufenlose Druckeinstellung ist möglich, da die Ventile auf unterschiedliche Druckstufen voreingestellt werden können.

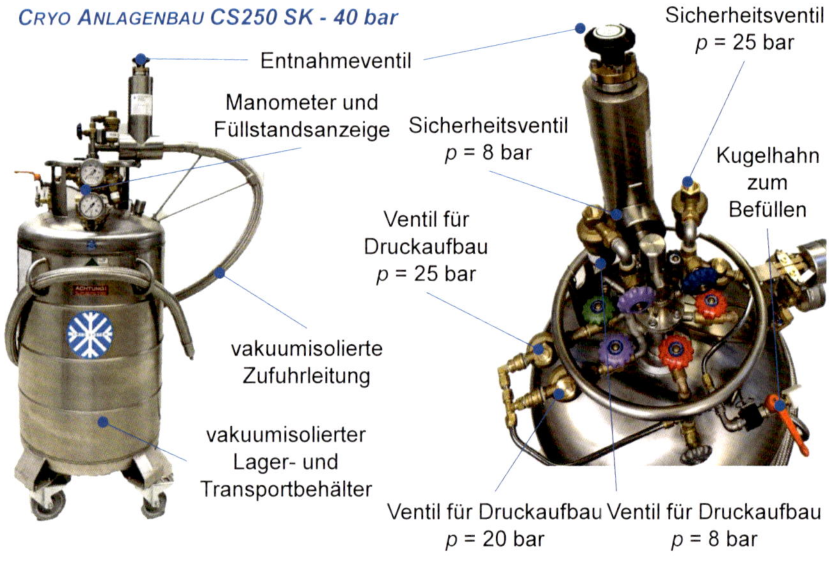

Bild 4.3: Transport- und Lagerbehälter für flüssigen Stickstoff
Transport and storage tank for liquid nitrogen

Durch den herrschenden Überdruck strömt der flüssige N_2 nach Öffnen des Entnahmeventils durch eine Steigleitung in die Verbindungsleitung zur Drehdurchführung. Der flüssige Stickstoff wird in der Drehdurchführung an die Lanze übergeben, die im Spindelrohr positioniert ist. Auf der Vorderseite der Spindel ist die Lanze so gestaltet, dass sie am Kühlmittelübergaberohr in der Werkzeugaufnahme ankoppelt. Der flüssige N_2 wird durch die Kühlkanäle im Werkzeug in die Zerspanzone geführt, verdampft dort vollständig und entzieht die zu seiner Verdampfung erforderliche Verdampfungswärme.

Neben dem Transport und Lagerbehälter sind die Zufuhrleitung, die Drehdurchführung, die Lanze, das Kühlmittelübergaberohr, die Werkzeugaufnahmen und die Werkzeuge an die Temperatur und den Druck bei der Zuführung von flüssigem N_2 anzupassen. Das bedeutet, dass alle Komponenten so weit wie möglich vakuumisoliert auszuführen sind, um eine Erwärmung und eine Verdampfung von N_2 zu vermeiden. Eine Verdampfung im Zufuhrsystem ist problematisch, da N_2 beim Wechsel des Aggregatzustandes von flüssig nach gasförmig sein Volumen sehr stark vergrößert. Der Expansionsfaktor beträgt $E_F = 694$ bei einer Umgebungstemperatur von T_U = 20 °C [EHSU21]. Ein kleines Volumenelement aus flüssigem N_2, welches in der Zufuhrleitung verdampft, führt aufgrund der starken Volumenzunahme dazu, dass in der Zufuhrleitung nur noch gasförmiger N_2 vorliegt. Eine Zuführung von flüssigem N_2 ist in diesem Falle nur noch sehr schwierig möglich. Es wird ein undefiniertes Gemisch aus flüssigem und gasförmigem N_2 zugeführt, das oftmals in einer pulsierenden Zuführung resultiert [PUSA16, S. 21]. Kurz vor der Drehdurchführung kann deswegen optional ein Phasenseparator eingesetzt werden. Dieser führt evtl. vorhandenen gasförmigen N_2 zunächst ab und stellt die Zuführung von flüssigem N_2 sicher. Der Phasenseparator basiert auf einem optischen Lichtsensor, der die Transmission und Reflektion von Licht durch den Fluidstrom erfasst, auswertet und basierend darauf detektiert, ob gasförmiger oder flüssiger Stickstoff vorliegt [PUSA16, S. 21-22].

Die vorhergehenden Ausführungen belegen, dass die Komponenten für die Zufuhr von flüssigem N_2 einen hohen Komplexitätsgrad aufweisen. Leckagen können dazu führen, dass flüssiger N_2 in die Maschinenspindel, die Spindellager oder in das Spindelrohr gelangen. Hieraus resultiert einerseits ein erhebliches Risiko zur Beschädigung der Maschinenspindel und der umgebenden Maschinenkomponenten. Anderseits besteht ein erhebliches Gefährdungspotenzial aus Arbeitssicherheitssicht.

Die tiefkalten Temperaturen verursachen eine starke Abkühlung und Schrumpfung. Dies kann in einer eingeschränkten Funktionsfähigkeit bis hin zum Funktionsverlust der betroffenen Komponenten resultieren. Bei Kontakt mit wärmeren Maschinenbauteilen verdampft zudem der flüssige N_2 und vergrößert explosionsartig sein Volumen um den Expansionsfaktor $E_F = 694$. In der Vergangenheit sind deswegen bei der Verwendung von flüssigem Stickstoff bereits schwere Unfälle aufgetreten [MATT06; NTV22]. Die Gefahr einer Stickstoffleckage in abgeschlossene enge Räume, wie beispielsweise in das Spindelrohr, darf daher nicht unterschätzt werden. Aufgrund des sehr hohen Gefährdungspotenzials, der hohen Komplexität der Zufuhrkomponenten und der vielversprechenden Ergebnisse der Zufuhrvarianten mit flüssigem CO_2, welche im Folgenden vorgestellt werden, wurde die innere Zufuhr von flüssigem Stickstoff nicht weiterverfolgt. Es wurde entschieden den Schwerpunkt auf die kryogene Kühlschmierung mit CO_2 zu legen.

4.1.2 Zweikanalige Zufuhr von Kohlenstoffdioxid und Minimalmengenschmierung

Two Channel Supply of Carbon Dioxide and Minimum Quantity Lubrication

Die Zufuhr von flüssigem CO_2 bietet im Vergleich zu flüssigem N_2 einen entscheidenden Vorteil. Dieser resultiert in deutlich reduzierten Anforderungen an die Zuführungskomponenten und somit in einer geringeren konstruktiven Komplexität. Da CO_2 bei einer Umgebungstemperatur von T_U = 20 °C einen Dampfdruck von p_{CO_2} = 57,3 bar aufweist, ist es möglich, es in flüssiger Form in Druckbehältern aufzubewahren und aus diesen zu entnehmen [KRAE15, S. 33]. Eine Isolierung der Komponenten ist bei der Zufuhr von flüssigem CO_2 bei diesem Druck nicht erforderlich [KLOC18, S. 277].

Das flüssige CO_2 wird über eine Zufuhrleitung zur Drehdurchführung geleitet und mit einer Lanze durch die Spindel transportiert. Der Zwischenraum zwischen der Lanze und dem Spindelrohr kann für die Zufuhr einer MMS verwendet werden. Eine für die Zufuhr von CO_2 und MMS geeignete Werkzeugaufnahme koppelt an der Lanze an und übergibt das Medium an die Werkzeuge. Über Kühlkanäle im Werkzeug wird das Medium der Zerspanzone zugeführt. In der Werkzeugaufnahme, dem Kühlmittelübergaberohr und dem Werkzeug sind die Kanaldurchmesser an die CO_2-Zufuhr anzupassen und ein zusätzlicher MMS-Kanal vorzusehen.

Der maximale Innendurchmesser der CO_2-Leitung ist durch das CO_2-Zufuhrsystem vorgegeben. Um einen Druckabfall in der gesamten Zufuhr zu vermeiden, muss die Querschnittsfläche in der Leitung, der Drehdurchführung und den Kühlkanälen konstant bleiben oder sich verkleinern. Sonst findet eine Expansion statt. Das sich hierbei bildende feste CO_2 verstopft die Leitung, sodass eine gleichmäßige CO_2-Zufuhr nicht mehr möglich ist. Der Innendurchmesser der CO_2 Lanze darf maximal D_{i,CO_2} = 0,8 mm betragen. Weil die Zufuhr von CO_2 und MMS in diesem Falle in zwei vollständig voneinander getrennten Kanälen erfolgt, wird dies als zweikanalige Zufuhr von CO_2 und MSS bezeichnet.

In Bild 4.4 sind die in dieser Arbeit verwendete CO_2-Lanze und Drehdurchführung sowie eine für die Zufuhr von CO_2 und MMS angepasste Werkzeugaufnahme mit eingeschrumpften Schaftfräser dargestellt. Bei der gezeigten Variante erfolgt die Zufuhr der MMS über die Werkzeugaufnahme. Das CO_2 wird durch Kanäle im Schaftfräser zugeführt.

Da es sich bei der CO_2-Lanze um ein langes, dünnes Bauteil handelt, besteht Knickgefahr beim Spannen der HSK-A63 Werkzeugaufnahme. Durch das Ankoppeln des zugehörigen Kühlmittelrohrs an der Lanze wird diese in axialer Richtung vorgespannt, wodurch die Kontaktstelle zwischen Lanze und Kühlmittelrohr abgedichtet ist. Die Kraft, die auf die Lanze in axialer Richtung wirkt, ist durch die Position der Lanze indirekt konstruktionsbedingt vorgegeben. Ein Knicken wird durch Abstandshalter auf der Lanze vermieden. In der Technischen Mechanik wird unter Knicken der Stabilitätsverlust von Stäben unter Druckspannung durch seitliches Ausweichen verstanden. Je größer das Verhältnis aus der Stablänge zu Querschnittfläche ist, desto größer ist die

Knickgefahr. Durch die Abstandshalter und die zusätzliche Abstützung wird die Stablänge und dadurch die Knickgefahr reduziert.

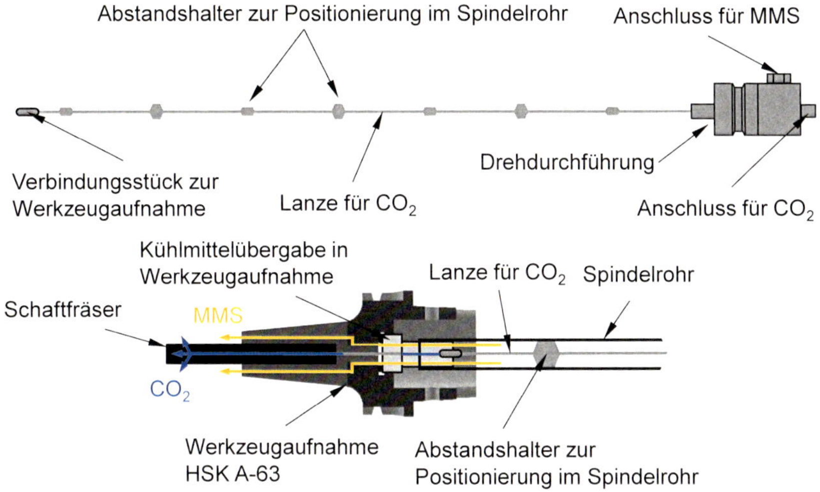

Bild 4.4: Drehdurchführung, Lanze und Werkzeugaufnahme für die Zufuhr von CO_2 und MMS – zweikanalig nach [BECH17, S. 269]
Rotary unit, lance and tool holder to supply CO_2 and MQL – two channel system according to [BECH17, p. 269]

In Bild 4.5 sind das *p*-*T*-Diagramm von CO_2 sowie die schematische Zufuhr vom CO_2-Druckbehälter bis in die Zerspanzone dargestellt. Im CO_2-Druckbehälter stellt sich ein Gleichgewicht zwischen der flüssigen und der gasförmigen Phase ein. Wenn flüssiges oder gasförmiges CO_2 entnommen wird, verdampft flüssiges CO_2, sodass der Druck im Behälter konstant bleibt [KRAE15, S. 33]. Mit Hilfe eines Zufuhrsystems wird die CO_2-Zufuhr gesteuert.

Beim Austritt des CO_2 aus dem Kühlkanal fällt der Druck schlagartig von $p_{CO_2} = 57{,}3$ bar auf den Umgebungsdruck p_U = 1,013 bar ab. Hierbei kühlt sich das CO_2 auf eine Temperatur von T_{CO_2} = -78,5 ° C ab. Die Abkühlung erfolgt durch drei Mechanismen. Einerseits wird dem Medium bei der Expansion Verdampfungs- und Sublimationswärme entzogen. Anderseits wirkt der Joule-Thomson-Effekt. Dieser beschreibt die Temperaturänderung eines Gases bei einer isenthalpen Druckminderung. Wegen der sehr schnell ablaufenden Expansion kann ein Austausch mit der Umgebung vernachlässigt werden, sodass von einer adiabaten Entspannung des Gases ausgegangen werden kann [KRET16, S. 17, SIGL22, S. 376-377]. Um nachzuvollziehen, wo bei der Abkühlung die aufgeführten Mechanismen wirken, wird diese nachfolgend anhand des *p*-*T*-Diagramms detailliert beschrieben.

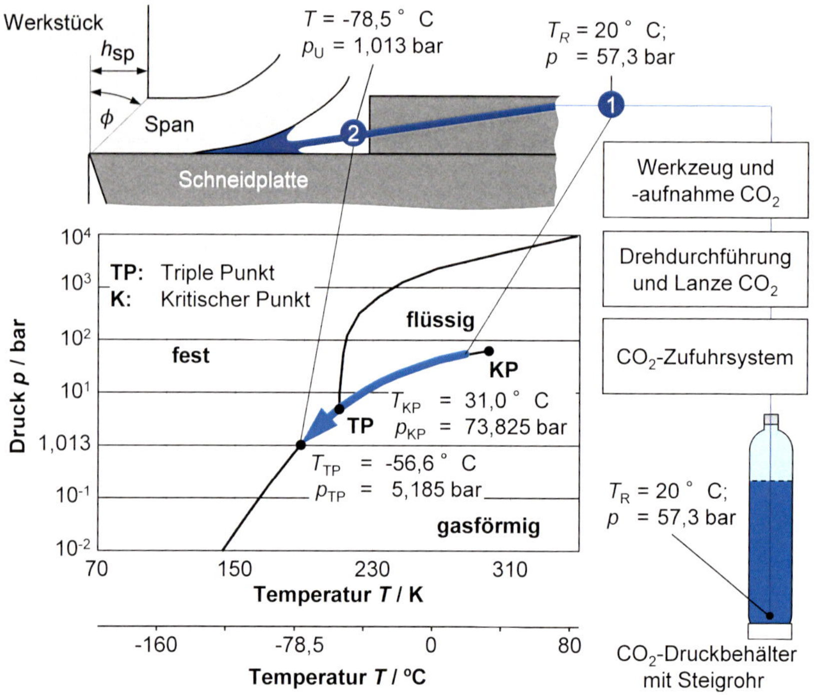

Bild 4.5: Phasendiagramm und Zufuhr von Kohlenstoffdioxid nach [KRAE15, S. 33; PLAN29, S. 18]

Phase diagram and supply of carbon dioxide according to [KRAE15, p. 33; PLAN29, p. 18]

Im CO_2-Druckbehälter befindet sich das CO_2 im Phasengleichgewicht zwischen der Gas- und Flüssigkeitsphase. Bei der Lagerung nimmt das CO_2 die Umgebungstemperatur T_U an und es stellt sich der zu dieser Temperatur zugehörige Sättigungsdampfdruck ein. Für eine Umgebungstemperatur von $T_U = 20$ °C beträgt der Sättigungsdampfdruck für CO_2 $p_{CO_2} = 57{,}3$ bar. Das CO_2 wird bei diesem Druck und dieser Temperatur mittels eines Steigrohres flüssig entnommen. Mindert man den Druck des flüssigen CO_2 verdampft es teilweise. Hierdurch wird dem Medium die Verdampfungswärme entzogen und es kühlt sich ab. Die Druckminderung in der Gasphase resultiert nach dem Joule-Thomson-Effekt in einer weiteren Abkühlung. Die Abkühlung erfolgt dabei entlang der Dampfdruckkurve. Sobald ein Druck von $p_{Tr,CO_2} = 5{,}178$ bar vorliegt wird der Tripelpunkt erreicht. Die Temperatur am Tripelpunkt beträgt $T_{Tr,CO_2} = -56{,}6$ °C. Hier liegt das CO_2 in den Aggregatzuständen fest, flüssig und gasförmig vor. Eine weitere Druckminderung führt zum Unterschreiten des Tripelpunktes. Da unterhalb des Tripelpunktes kein flüssiges CO_2 vorliegen kann, wandelt es sich in festes CO_2 um. Das Gemisch aus flüssigem und festem CO_2 befindet sich im Phasengleichgewicht.

Durch die weitere Entspannung auf den Umgebungsdruck sublimiert das feste CO_2 teilweise und entzieht dem Medium Sublimationswärme, sodass sich eine weitere Abkühlung einstellt. Es liegt ein Phasengleichgewicht zwischen der festen und gasförmigen Phase vor. Zusätzlich kühlt sich das Medium in der Gasphase durch den Joule-Thomson-Effekt weiter ab. Die Abkühlung erfolgt entlang der Sublimationsdruckkurve. Das Verhältnis aus festem und gasförmigen CO_2 beträgt bei der Entspannung von einem Druck p = 60 bar auf den Umgebungsdruck p_u = 1,013 bar ca. 0,43 (30 % festes CO_2 und 70 % gasförmiges CO_2) [KRET16, S. 6].

Für die Steuerung der CO_2 und MSS-Zufuhr wurde eine Zufuhrsystem vom Typ AerosolMaster™ 4000 Cryolub verwendet, dass von der Firma ROTHER TECHNOLOGIE bereitgestellt wurde [ROTH17b]. Die Firma ROTHER TECHNOLOGIE wurde 2019 von dem Unternehmen KNOLL MASCHINENBAU übernommen [ZERS19]. Bild 4.6 zeigt eine vereinfachte Darstellung dieses zweikanaligen Zufuhrsystems.

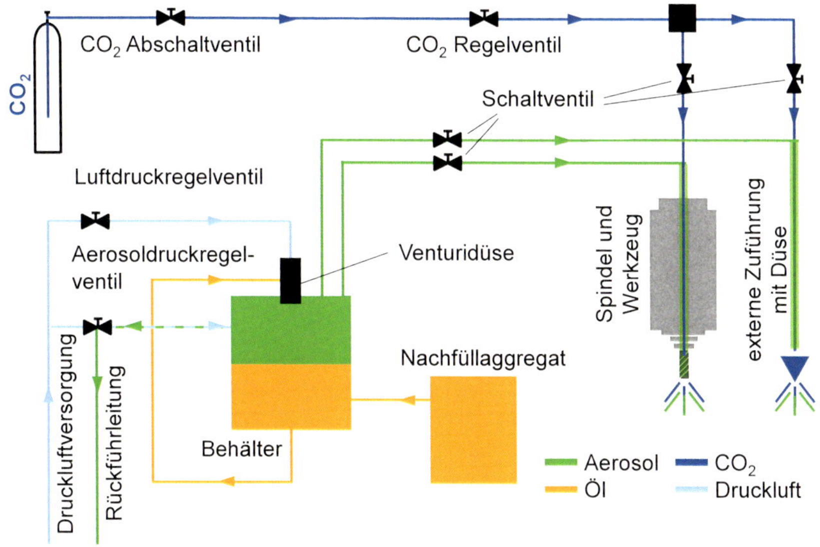

Bild 4.6: Vereinfachte Darstellung des zweikanaligen Zufuhrsystems Aerosolmastor 4000Cryolub nach [KNOL23]

Simplified illustration of the two channel supply system Aerosolmaster 4000Cryolub according to [KNOL23]

An dem System wird ein CO_2-Druckbehälter mit Steigrohr angeschlossen. Die CO_2-Zufuhr wird über ein CO_2-Regelventil durch Vorgabe eines Prozentwertes gesteuert. Da der CO_2-Massenstrom insbesondere von der kleinsten Querschnittsfläche der gesamten Zufuhr abhängt, wurden für die Angabe des CO_2-Massenstromes Untersuchungen durchgeführt, welche den Prozentwerten für verschiedene Kühlkanaldurchmesser einen CO_2-Massenstrom zuordnen, siehe Unterkapitel 4.2.1. Für die MMS wird bei diesem System ein mit Öl befüllter Druckbehälter eingesetzt, aus dem zunächst Öl entnommen und anschließend mit Druckluft über eine Venturidüse dem Behälter wieder zugeführt wird. Hierdurch wird das Öl zerstäubt und liegt als Aerosol vor. Vom Hersteller ROTHER TECHNOLOGIE wird diese Form der MMS als Aerosoltrockenschmierung ATS bezeichnet. Der Durchmesser der Schmierpartikel beträgt gemäß

Herstellerangabe ca. 0,1-0,5 µm [ROTH16, 218]. Da aus den sehr kleinen Tropfendurchmessern eine sehr große Oberfläche resultiert, ist von einer guten Benetzung der zu schmierenden Kontaktstellen auszugehen.

Die Auswahl verschiedener voreingestellter Programme ermöglicht eine Variation der im Aerosol zugeführten Ölmenge [ROTH17a]. Mit der Auswahl der Programme werden vorausgewählte Druckstufen für den Aerosoldruck und den Luftdruck, welche der Venturidüse zugeführt wird, eingestellt. Vom Hersteller werden in Abhängigkeit vom Kühlkanaldurchmesser jeweils drei Programme für eine geringe, mittlere und große Ölmenge angegeben. Darüber hinaus ist es möglich, benutzerdefinierte Programme anzulegen, bei denen der Aerosol- und der Düsendruck von Anwender vorgegeben werden können. Da die pro Zeit verbrauchte Ölmenge neben dem Kühlkanaldurchmesser und dem Behälter- und Düsendruck insbesondere von den Eigenschaften der eingesetzten Öle (z. B. der Viskosität) abhängig ist, wurde die MMS-Zufuhr in Untersuchungen analysiert, siehe Unterkapitel 4.2.2.

4.1.3 Einkanalige Zufuhr von Kohlenstoffdioxid und Öl

One Channel Supply of Carbon Dioxide and Oil

Die Anforderung, ausgehend vom Zufuhrsystem bis in die Zerspanzone zwei getrennte Kanäle vorzusehen, resultiert in nicht unerheblichen konstruktiven Aufwänden. Bei Werkzeugen mit kleinen Durchmessern führt eine Vielzahl an Kühlkanälen darüber hinaus zu erheblich reduzierten Werkzeugquerschnitten. In der Folge können je nach Kühlkanaldurchmesser, Werkzeugdurchmesser und in Abhängigkeit von der wirkenden Zerspankraft Werkzeugbrüche auftreten. Um die Zufuhr zu vereinfachen, die Anzahl der Kanäle im Werkzeug zu reduzieren und die Bruchstabilität der Werkzeuge sicherzustellen, ist es unter bestimmten Voraussetzungen möglich, beide Medien zu vermischen und durch einen Kanal zuzuführen. Das CO_2 wird hierbei zusätzlich als Transportmedium für das Öl eingesetzt. Eine vereinfachte Darstellung des in dieser Arbeit verwendeten Systems ist in Bild 4.7 gezeigt.

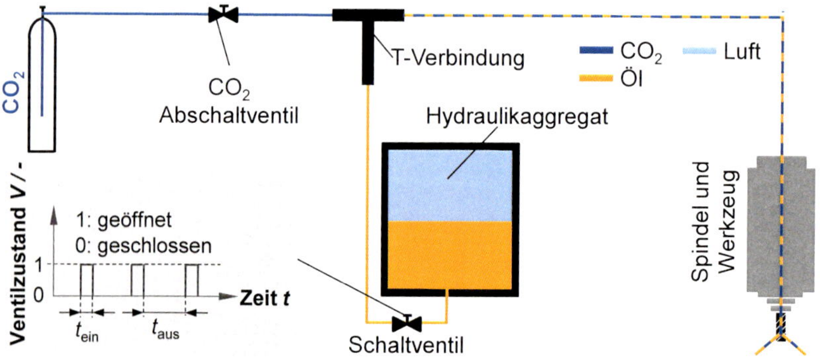

Bild 4.7: Vereinfachte Darstellung des einkanaligen Zufuhrsystems für CO_2 und Öl nach [BERG18, S. 321]

Simplified illustration of the one channel supply system for CO_2 and oil according to [BERG18, p. 321]

Mit einem kompakten Hydraulikaggregat vom Typ HC der Fa. HAWE HYDRAULIK wird der Öldruck auf einen Druck $p_{Öl} \approx 65$ bar erhöht [HAWE19]. Das Öl wird in einer Kapillarleitung aus PEEK mit dem Durchmesser $D_{Öl} = 0{,}8$ mm transportiert. Um das Öl in die Leitung mit flüssigem CO_2 einzuführen, muss der Öldruck größer als der Druck des flüssigen CO_2 in der Zufuhrleitung sein. Mit Hilfe einer T-Verbindung vom Typ TEE ZT1 der Firma VALCO INSTRUMENTS werden Öltropfen in die Leitung mit flüssigem CO_2 eingeführt und vom CO_2 als Transportmedium in die Zerspanzone geführt [VICI19].

Bei der Leitung für das flüssige CO_2 handelt es sich ebenfalls um eine Kapillarleitung aus PEEK. Der Durchmesser beträgt $D_{CO2} = 0{,}8$ mm. Der Druck, bei dem das flüssige CO_2 aus der Steigrohrflache entnommen wird, beträgt $p_{CO_2} \approx 58$ bar. Die Steuerung der Ölzufuhr erfolgt mit Hilfe eines Miniatur-Hochgeschwindigkeitsschaltventils der Serie 99 des Herstellers PARKER HANNEFIN, indem die Ölleitung mit einer definierten Frequenz für eine bestimmte Zeit geöffnet wird [PARK15]. Die Schaltfrequenz f_s wird nach Gleichung (4-1) mit der Öffnungsdauer t_{ein} und der Schließdauer t_{aus} berechnet.

$$f_s = \frac{1}{t_{ein} + t_{aus}} \tag{4-1}$$

Der erzielte Ölvolumenstrom hängt von den chemischen und physikalischen Wechselwirkungen zwischen dem CO_2 und dem verwendeten Öl, der Schaltfrequenz, der Öffnungsdauer des Schaltventils t_{ein} und den Eigenschaften des Öles ab. Die einkanalige Zufuhr wurde in Voruntersuchungen betrachtet. Die Ergebnisse sind in Abschnitt 4.2.3 beschrieben.

Für die einkanalige Zufuhr von CO_2 und Öl durch die Spindel und das Werkzeug wurde auf die Drehdurchführung und Lanze der zweikanaligen Zufuhr zurückgegriffen. Der für die MMS-Zufuhr vorgesehene Kanal blieb in diesem Falle ungenutzt. Die grundlegende Analyse sowie das Aufzeigen der Potenziale der einkanaligen Zufuhr von CO_2 und Öl war somit möglich, ohne weitere umfassende Modifikationen an dem Bearbeitungszentrum vornehmen zu müssen.

4.1.4 Werkzeuge und Werkzeugaufnahmen

Tools and Tool Holders

Die Makrogeometrie und die Kühlkanalgeometrie der Schaftfräser, welche in den zerspantechnologischen Untersuchungen eingesetzt wurden, sind in Bild 4.8 abgebildet. Der Durchmesser der Werkzeuge betrug D = 8 mm, die Länge L = 63,0 mm und die Schneidenlänge L_S = 13,0 mm. Es handelte sich um ungleich geteilte Werkzeuge mit Teilungswinkeln $\Delta\tau_1 = 93°$, $\Delta\tau_2 = 87°$ und vier Schneiden. Der Drallwinkel betrug λ = 45° und der Eckenradius war $r_\varepsilon = 0{,}25$ mm groß. Der Span- bzw. Freiwinkel von $\alpha = 10°$ bzw. $\gamma = 10°$ wurden für die Titanbearbeitung ausgewählt.

Der zentrale CO_2-Kanal und die Austrittskanäle wurden so gestaltet, dass entlang der gesamten Zufuhrleitung keine Durchmesseraufweitung auftrat. Hierdurch wurde ein Druckverlust des CO_2 und die damit verbundene Expansion vermieden. Eine frühzeitige Expansion des CO_2 in der Zufuhrleitung bedingt die Bildung von gasförmigen und festen CO_2. In diesem zu vermeidenden Fall setzt sich das feste CO_2 in den CO_2-Kanälen fest, sodass in der Folge die CO_2-Zufuhr eingeschränkt ist.

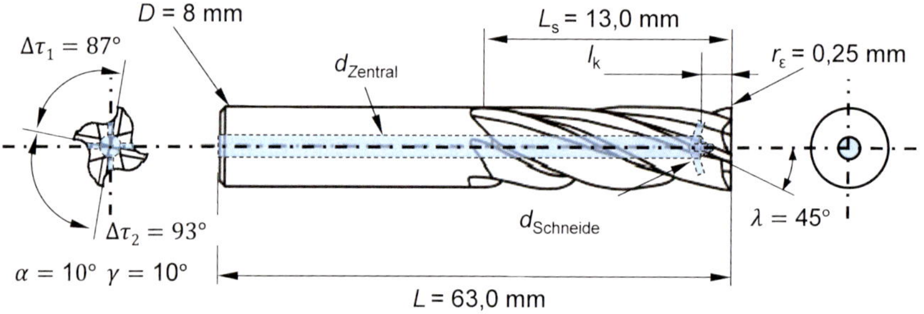

Bild 4.8: Makrogeometrie der Schaftfräser und Kühlkanalgeometrie – Skizze
Macrogeometry of the solid end mills and cooling channel geometry – sketch

Oftmals ist es beim Gestalten der Austrittskanäle erforderlich, aus einem zentralen Kanal mehrere kleine Kanäle zu erstellen, um allen Schneiden gleichmäßig die Kühlschmiermedien zuzuführen. Eine frühzeitige Expansion des CO_2 wird vermieden, indem die Summe der Querschnitte der Austrittskanäle den Querschnitt des zentralen Kanals nicht überschreiten, siehe Gleichung (4-2).

$$A_{zentral} = \pi \cdot \frac{d_{zentral}^2}{4} \geq n \cdot A_{Schneide} = n \cdot \pi \cdot \frac{d_{Schneide}^2}{4} \tag{4-2}$$

Bei CO_2 betrug der zentrale Kühlkanaldurchmesser $d_{zentral}$ = 0,8 mm und die Durchmesser der Austrittsbohrungen an den Schneiden betrugen $d_{Schneide}$ = 0,4 mm. Die Definition der Kühlkanaldurchmesser für CO_2 erfolgte basierend auf dem Innendurchmesser der CO_2-Lanze (siehe Unterkapitel 4.1.2) und unter Berücksichtigung von Gleichung (4-2).

Bei den Werkzeugen für die HD-KSS-Zufuhr erfolgte in Abstimmung mit dem Werkzeughersteller eine Anpassung des zentralen Kühlkanaldurchmessers auf

$d_{zentral}$ = 2 mm und der Durchmesser der Kühlkanal Austrittsbohrungen auf $d_{Schneide}$ = 1 mm. Diese Anpassung erfolgte, um einen anwendungsüblichen KSS-Volumenstrom sicherzustellen.

Insgesamt wurden drei unterschiedliche Werkzeugvarianten definiert, Tabelle 4-2. Die ersten beiden Varianten waren für die Zufuhr von CO_2 vorgesehen und Variante drei für die HD-KSS-Zufuhr. Bei der Variante eins wurde ein beschichtetes Substrat mit der Bezeichnung CTS20D des Herstellers CERATIZIT verwendet. Hierbei handelt es sich um ein feinstkörniges Wolframkarbidkobalthartmetall mit einem Binderanteil von 10 m.-% [CERA19]. Bei Feinstkornhartmetallen liegt die Korngröße der Wolframkarbidkörner zwischen 0,5 µm bis 0,8 µm [DIN10, S. 5].

Die Härte dieses Schneidstoffes beträgt gemäß Herstellerangabe 1600 HV30, die Biegebruchfestigkeit 4000 MPa und der kritische Spannungsintensitätsfaktor K_{IC} = 10,4 MPa·m$^{1/2}$ [PLAN20, S. 16]. Vom Hersteller wird es für die Bearbeitung von legierten Stählen, Titanlegierungen und Nickelbasislegierungen empfohlen [PLAN20, S. 18].

Die Beschichtung war AlCrNi-basiert [OERL23]. Bei den Varianten zwei und drei wurde ein anderes Substrat mit der Bezeichnung CTS24Z des Herstellers CERATIZIT eingesetzt. Dieses Substrat ist ebenfalls ein feinstkörniges Wolframkarbidkobalthartmetall. Der Binderanteil beträgt 12 m.-% und die Härte beträgt 1570 HV30, die Biegebruchfestigkeit 4000 MPa und der kritische Spannungsintensitätsfaktor K_{IC} = 11,3 MPa·m$^{1/2}$ [PLAN20, S. 16]. Bei vergleichbarer Härte ist das Substrat noch risszäher als das Substrat CTS20D. Gemäß der Herstellerangabe handelt es sich bei dem Substrat CTS24Z um eine Hochleistungssorte, welche für die Schruppbearbeitung von Titan und hochwarmfesten Legierungen empfohlen wird [PLAN20, S. 18].

Es kamen jeweils eine unbeschichtete und eine beschichtete Werkzeugvariante zum Einsatz. Die Beschichtung war ZrN-TAlN-basiert. Weiterhin wurde bei den Werkzeugvarianten 2 und 3 im Vergleich zur Werkzeugvariante 1 der Abstand des Kühlkanalaustrittes von der Werkzeugstirn von l_k = 8 mm auf l_k = 3 mm reduziert.

Die Werkzeuge wurden hinsichtlich ihrer Mikrogeometrie stichprobenartig vermessen. Die Messungen erfolgten mit dem Messgerät des Typs MICROCAD PREMIUM des Herstellers LMI TECHNOLOGIES basierend auf dem Messverfahren der Streifenlichtprojektion. Die Mittelwerte der Messungen sind in Tabelle 4-2 dargestellt. Sie zeigen, dass nur geringe Unterschiede zwischen den Werkzeugvarianten im Hinblick auf den Schneidkantenradius und den K-Faktor vorlagen, Tabelle 4-2. Aufgrund der Beschichtung war die Schneidkantenverrundung bei Werkzeugvariante eins geringfügig (ca. 3 µm) größer als bei den Varianten zwei und drei.

Tabelle 4-2: **Werkzeugvarianten – Schaftfräser**
Tool variants – solid end mills

Variante	1	2	3
Lichtmikroskopische Aufnahme – Stirnansicht			
Lichtmikroskopische Aufnahme – Seitenansicht			
Kühlmedium	CO_2	CO_2	HD-KSS
Durchmesser Kühlkanal / mm	0,8	0,8	2
Anzahl Kühlkanalaustritte	4	4	4
Durchmesser Kühlkanalaustritt / mm	0,4	0,4	1
Abstand Kühlkanal von Werkzeugstirn / mm	8	3	3
MMS-Zufuhr	über Werkzeugaufnahme		keine
Zähnezahl / -	4	4	4
Teilungs-Winkel / °	83 97	83 97	83 97
Drallwinkel λ \ °	45	45	45
Substrat	CTS20D	CTS24Z	CTS20D CTS24Z
Beschichtung	AlCrN	a) unbeschichtet b) ZrN-TiAlN	a) unbeschichtet b) ZrN-TiAlN
Schneidkantenradius r_β / µm (gemessen)	16	13	13
K-Faktor (gemessen)	0,9	0,95	0,95

Für die Werkzeugvarianten eins und zwei wurden Schrumpfaufnahmen mit Kegel-Hohlschaft mit Plananlage der Form A nach DIN 69893-1 eingesetzt, die vom Unternehmen HAIMER entwickelt und zur Verfügung gestellt wurden, siehe Bild 4.9 [DIN11]. Die Nenngröße betrug d_1 = 63 mm. Der Spanndurchmesser betrug d_6 = 8 mm. Die Länge der Werkzeugaufnahme gemessen von der Plananlage betrug l = 80 mm.

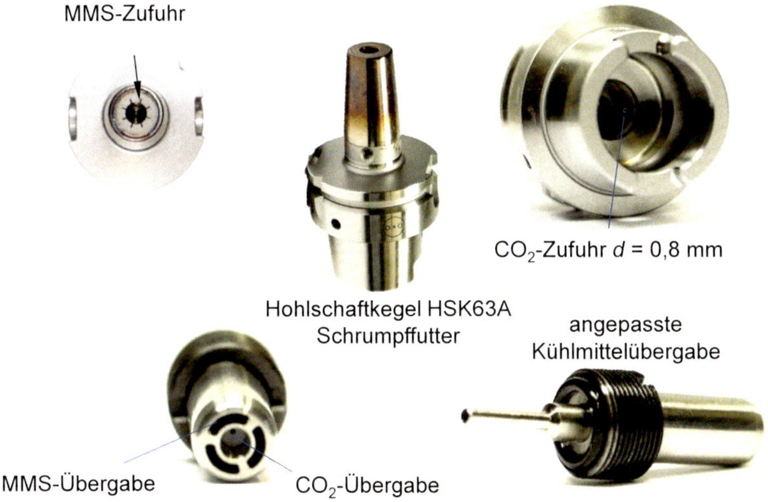

Bild 4.9: Werkzeugaufnahmen für die innere Zufuhr von CO_2- und MMS bzw. Öl nach [KLOC17, S. 319; KOCH19, S. 37]
Tool holder for an internal supply of CO_2 and MQL resp. oil according to [KLOC17, p. 319; KOCH19, p. 37]

Zur zweikanaligen separaten Übergabe des kryogenen Mediums und des Minimalmengenschmiermediums wurde ein angepasstes und auf DIN 69895 basierendes Kühlmittelübergaberohr verwendet [DIN06]. Das angepasste Kühlmittelübergaberohr koppelt beim Spannen des Werkzeuges an der CO_2-Lanze an und ermöglicht eine zentrale Zufuhr des CO_2. Der Durchmesser der CO_2-Zufuhr in der Werkzeugaufnahme entspricht dem Durchmesser der CO_2-Lanze. Somit ist sichergestellt, dass keine CO_2-Expansion stattfindet.

Das MMS-Medium wird aus dem Spindelrohr koaxial zur CO_2-Zufuhr an das Kühlmittelübergaberohr übergeben und in die Werkzeugaufnahme geleitet. Kanäle in der Werkzeugaufnahme führen die MMS zur Stirnfläche, an der diese austritt und in axialer Richtung am Werkzeug vorbeiströmt. Diese Zufuhr basiert auf der Cool Flash Technologie der Firma HAIMER [HAIM19]. Bei der einkanaligen Zufuhr von CO_2 und Öl wurde nur der zentrale Kanal benötigt.

Bei Werkzeugvariante drei, mit welcher Referenzversuche mit HD-KSS-Zufuhr durchgeführt wurden, kamen handelsübliche Schrumpfaufnahmen mit Kegel-Hohlschaft mit Plananlage der Nenngröße d_1 = 63 mm und Form A und zentralem Kühlmittelübergaberohr nach DIN 69893-1 und DIN 69895 zum Einsatz [DIN11; DIN06].

4.1.5 Arbeitssicherheitsaspekte

Occupational Health and Safety Aspects

Wie bereits in Kapitel 4.1.2 detailliert beschrieben, ist Kohlenstoffdioxid unter Normalbedingungen (Temperatur T_R = 20° und Druck p = 1,013 bar) ein farbloses, geruchloses Gas, welches eine höhere Dichte als Sauerstoff aufweist. Da das gasförmige CO_2 eine höhere Dichte als Sauerstoff hat, sammelt es sich an den tiefsten Stellen und verdrängt den Sauerstoff. Wird das CO_2 eingeatmet, bindet es sich bevorzugt an die roten Blutkörperchen und verhindert zusätzlich eine Sauerstoffaufnahme. Weiterhin zeigt CO_2 bei hohen Konzentrationen eine akute Wirkung auf das Atemzentrum, den Stoffwechsel, das Herz-/Kreislauf- und das Zentralnervensystem. Die akute toxikologische Wirkung von CO_2 ist daher nicht nur auf den Sauerstoffmangel zurückzuführen. Bei chronischer Exposition wurden Auswirkungen auf das zentrale Nerven- und das Herz-Kreislaufsystem festgestellt. Hautkontakt mit tiefkalten CO_2 kann darüber hinaus zu Kälteschäden und Erfrierungen führen. [GEST24]

Aufgrund der aufgeführten Gefährdungspotenziale müssen bei der Lagerung sowie der Handhabung von gasförmigem, flüssigem und festem CO_2 einige Arbeitssicherheitsaspekte berücksichtig werden. Der aktuelle Stand der Technik zur Lagerung von Gefahrstoffen in ortsbeweglichen Behältern ist in den Technischen Regeln für Gefahrstoffe TRGS 510 festgehalten [BAUA20]. Einzuhaltende Arbeitsplatzgrenzwerte sind in den Technischen Regeln für Gefahrstoffe TRGS 900 beschrieben [BAUA06]. Hieraus ergeben sich die nachfolgend aufgeführten Maßnahmen:

- Die Lagerung von CO_2-Druckgasflaschen bzw. CO_2-Druckgasflaschenbündeln im Arbeitsbereich ist unzulässig. Nur die für den fortlaufenden Betrieb erforderlichen Mengen dürfen im Arbeitsbereich bereitgehalten werden.
- Aus Brandschutzgründen sind die CO_2-Druckgasflaschen im Arbeitsbereich in einem feuerfesten Gasschrank aufzubewahren.
- Persönliche Schutzausrüstung für kryogene Medien muss bereitgestellt und genutzt werden (Schutzbrille, Handschuhe, Schürze).
- Die durchschnittliche maximale CO_2-Konzentration über 8 Stunden von 0,5 Prozent und eine CO_2-Spitzenkonzentration von 1,0 Prozent am Arbeitsplatz darf in Deutschland nicht überschritten werden und muss durch einen Gaswarnsensor überwacht werden.
- Für die Fräsbearbeitung mit CO_2-Kühlung ist eine Gefährdungsbeurteilung bezüglich der Einhaltung der CO_2-Grenzwertkonzentrationen durchzuführen. Weiterhin ist eine Gefährdungsbeurteilung durchzuführen, inwieweit eine Verdrängung von Sauerstoff möglich ist, bzw. welche CO_2-Konzentrationen bei Leckage der Druckbehälter auftreten können. Anhand der Gefährdungsbeurteilung sind maximale CO_2-Mengen festzulegen, die im Arbeitsbereich bereitgehalten werden dürfen.
- Die Maßnahmen sind in einer Betriebsanweisung festzuhalten.

In Tabelle 4-3 sind die in verschiedenen Ländern geltenden Arbeitsplatzgrenzwerte (AGW) und Kurzeitwerte (KW) für CO_2 zusammengefasst. In den meisten Ländern darf, wie in Deutschland, über einen Zeitraum von 8 Stunden eine durchschnittliche CO_2-Konzentration von 0,5 Prozent nicht überschritten werden. Im Hinblick auf die CO_2-Spitzenkontrationen existieren einige Länder, die im Vergleich zu Deutschland höhere Konzentrationen bis zu 3 Prozent tolerieren.

Tabelle 4-3: Arbeitsplatzgrenzwert AGW und Kurzzeitwert KW für CO_2 in Prozent nach [IFA24; KLOC17, S. 326]
Occupational exposure limit AGW and short-term value KW for CO_2 in percent according to [IFA24; KLOC17, p. 326]

Land	***AGW [ppm]***	***KW [ppm]***	***Land***	***AGW [ppm]***	***KW [ppm]***
Austria	*5000*	*10000*	*Polen*	*5000*	*15000*
Canada – Ontario	*5000*	*30000*	*Schweiz*	*5000*	-
Canada – Quebec	*5000*	*30000*	*Niederlande*	*5000*	-
Dänemark	*5000*	*10000*	*Türkei*	*5000*	-
EU	*5000*	-	*USA – NIOSH*	*5000*	-
Frankreich	*5000*	-	*USA – OSHA*	*5000*	-
Deutschland (DFG)	*5000*	*10000*	*Großbritanien*	*5000*	-
Ungarn	*9000 mg/m³*	-	*Italien*	*5000*	-
Italien	*5000*	-	*Japan - JSOH*	*5000*	-

Zur Durchführung der Gefährdungsbeurteilung für das modifizierte Bearbeitungszentrum erfolgte die Messung der CO_2-Konzentration. Hierzu wurde ein Gaswarngerät vom Typ PAC 9000 CO_2 des Herstellers DRÄGER verwendet. Bei voreingestellten Warnstufen von 0,5 Prozent und 1,0 Prozent erfolgt ein akustischer, haptischer und visueller Alarm, wenn die CO_2-Konzentration überschritten wird. Im Abstand von 10 Sekunden wird der Messwert der CO_2-Konzentration gespeichert. Der Gassensor wurde an verschiedenen Messstellen positioniert. Zusätzlich wurde der Einfluss einer Absauganlage auf den CO_2 Konzentrationsverlauf untersucht. Die Messergebnisse sind in Bild 4.10 dargestellt.

Diagramm a) zeigt den zeitlichen CO_2-Konzentrationsverlauf für zwei unterschiedliche CO_2-Massenströme von 230 g/min und 200 g/min gemessen im Arbeitsraum der Maschine. Zum Zeitpunkt 1 wurde die CO_2-Zufuhr eingeschaltet und zum Zeitpunkt 2 ausgeschaltet. Zur Absaugung des CO_2 erfolgte ein Einschalten der Absauganlage zum Zeitpunkt 3.

Es ist zu erkennen, dass unabhängig vom CO_2-Massenstrom sowohl der Arbeitsplatzgrenzwert als auch der Kurzeitwert ca. 30 Sekunden nach dem Einschalten der CO_2-Zufuhr im Arbeitsraum überschritten werden. Wird die Absauganlage gleichzeitig mit der CO_2-Zufuhr eingeschaltet, ist ein Überschreiten des Kurzeitwertes erst nach einer Dauer von 60 Sekunden festzustellen, siehe b). Die Grenzwertüberschreitungen stellen keine direkte Gefährdung der Mitarbeiter dar, da die erhöhten CO_2-Konzentrationen ausschließlich im Arbeitsraum der Maschine gemessen wurden.

Die an der Maschinensteuerung gemessenen CO_2-Konzentrationen sind deutlich geringer, siehe c). Allerdings wird bei geöffneter Tür kurzzeitig der Arbeitsplatzgrenzwert überschritten. Der Kurzzeitwert wird nicht überschritten. Bei geschlossener Tür liegt die CO_2-Konzentration unterhalb der Grenzwerte. Bei einer Langzeitmessung über einen Zeitraum von 300 Minuten wurden an der Maschinensteuerung bei der Fräsbearbeitung mit CO_2 keine Konzentrationen oberhalb der Grenzwerte festgestellt. Um eine Gefährdung der Mitarbeiter durch erhöhte CO_2-Konzentrationen auszuschließen, muss bei der Fräsbearbeitung mit CO_2 eine Absauganlage eingesetzt werden. Bei Unterbrechung der Bearbeitung muss ein Öffnen der Maschinentür verhindert werden, solange erhöhte Konzentrationen im Arbeitsraum vorliegen. Darüber hinaus sind personenbezogene Gaswarnsensoren zu verwenden.

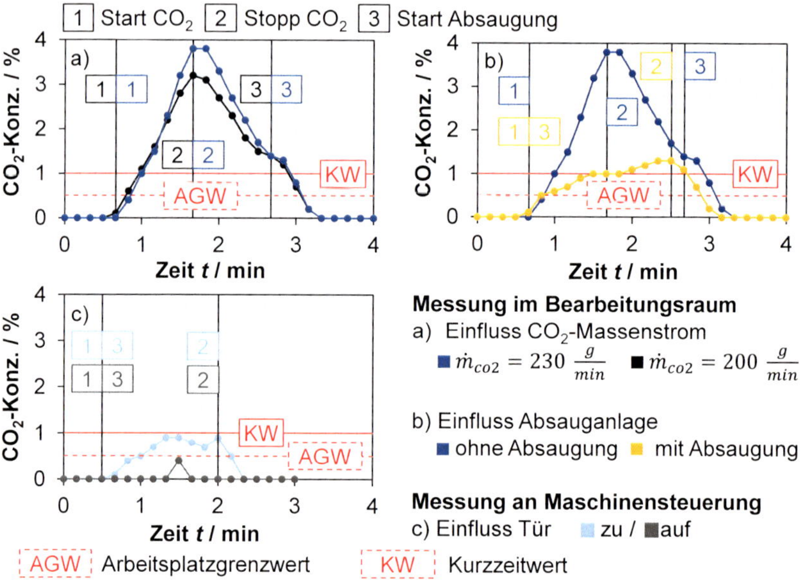

Bild 4.10: Messung des zeitlichen Verlaufs der CO_2-Konzentration nach [KLOC17, S. 327]
Measurement of the CO_2-concentration over time according to [KLOC17, S. 327]

Basierend auf diesen Messungen erfolgten die Versuche in der vorliegenden Arbeit bei geschlossener Maschinentür und unter Einsatz einer Absauganlage sowie personenbezogener Gaswarnsensoren. Diese Maßnahmen wurden in einer Betriebsanweisung festgehalten. So war sichergestellt, dass die Arbeitsplatzgrenzwerte eingehalten wurden.

Für die Gefährdungsbeurteilung wurden einzelne CO_2-Steigrohrflaschen und CO_2 Flaschenbündel mit Steigrohr, bestehend aus zwölf CO_2-Flaschen betrachtet. Die Masse des CO_2 in einer vollen Flasche beträgt m_{co2} = 37,5 kg. Für ein Flaschenbündel ergibt sich eine CO_2 Masse von m_{CO2} = 450 kg. Bei einem maximal zugeführten CO_2-Massenstrom von $\dot{m}_{CO2} = 230\ g/min$ kann flüssiges CO_2 über einen Zeitraum von $t_{CO2} \approx$ 2,7 h bzw. $t_{CO2} \approx$ 32,4 h zugeführt werden. Bei höheren CO_2 Bedarfen sollte ein Außentank in Betracht gezogen werden.

Bei Leckage der CO_2-Druckbehälter ergeben sich in der Maschinenhalle maximale CO_2-Volumenkonzentrationen von 1,4 % für eine Einzelflasche und 16,7 % für ein Flaschenbündel. Die Berechnung erfolgte auf Basis der allgemeinen Gasgleichung bei einem Umgebungsdruck von p = 1,013 bar und einer Umgebungstemperatur von T = 25 °C. Vereinfachend wurde angenommen, dass keine Belüftung der Halle vorliegt und die zu berücksichtige Raumhöhe h = 2 m beträgt. Die Details der Berechnung finden sich im Anhang A1 und A2. Basierend auf den Ergebnissen der Berechnungen wurde festgelegt, dass maximal zwei volle Einzelflaschen für die Aufrechterhaltung des aktuellen Betriebs bereitgehalten werden dürfen. Mit dieser Menge ist eine ausreichende Zufuhrdauer sichergestellt. Weiterhin ist über die zu verwendenden Gassensoren sichergestellt, dass die Personen im Arbeitsbereich rechtzeitig gewarnt werden.

4.2 Stell-, Stör- und Zielgrößen der CO_2 basierten Kühlschmierung

Control, Disturbance and Target Variables of the CO_2 based Cooling and Lubrication

Die Stellgrößen der CO_2 basierten Kühlschmierung sind zu unterteilen in die Größen, welche die Kühlwirkung und in die Größen, welche die Schmierwirkung beeinflussen. Die Kühlung erfolgt hauptsächlich über das zugeführte CO_2. Da die Temperatur, auf die sich das CO_2 abkühlt, aus dem Druckabfall auf den Umgebungsdruck resultiert, handelt es sich hierbei um keine geeignete Stellgröße. Im Gegensatz dazu ist es sehr einfach möglich, die zugeführte CO_2-Menge zu variieren und einen definierten CO_2-Massenstrom einzustellen.

Hinsichtlich der Stellgrößen, welche die Schmierwirkung betreffen ist zunächst zwischen der zweikanaligen und der einkanaligen Zufuhr zu unterscheiden. Bei der zweikanaligen Zufuhr wird eine Minimalmengenschmierung zugeführt. Hierbei wird mittels Druckluftzugabe durch eine Venturidüse Öl in einem Behälter zerstäubt, sodass ein Aerosol entsteht. Die Aerosolerzeugung kann durch den Behälterdruck und den Düsendruck beeinflusst werden. Bei der einkanaligen Zufuhr wird das Öl unter erhöhtem Druck in die CO_2-Zufuhrleitung eingeführt. Als Stellgröße dient der Ölvolumenstrom. Weitere Stellgrößen sind die verwendeten Öle, die sich in ihren physikalischen und chemischen Eigenschaften unterscheiden können, sowie die Zufuhrvariante, welche durch die Position und Ausrichtung der Auslässe für das Kühl- und das Schmiermedium charakterisiert ist.

Die Parameter der kryogenen Kühlschmierung wirken sich auf das thermomechanische Belastungskollektiv des Fräsprozesses aus und müssen daher angepasst an die weiteren Stellgrößen des Fräsprozesses ausgewählt werden. Hierzu gehören die Schnittparameter sowie die Werkzeug- und Werkstoffeigenschaften, Bild 4.11.

Die in dieser Arbeit betrachteten Zielgrößen sind den Kategorien Zerspanbarkeit, Qualität, Randzoneneigenschaften, Produktivität und Nachhaltigkeit zuzuordnen.

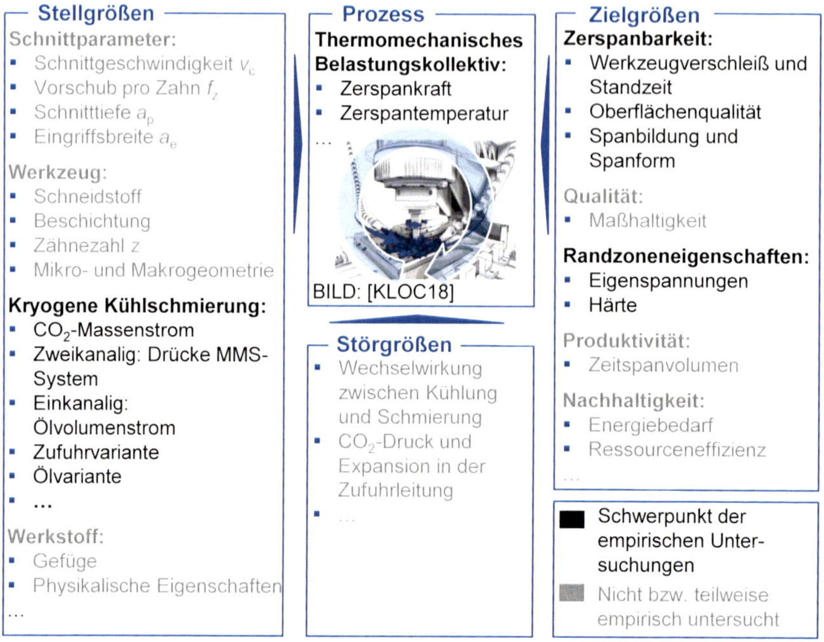

Bild 4.11: Stell-, Stör- und Zielgrößen der CO_2 basierten Kühlschmierung
Control, disturbance and target variables of crogenic cooling and lubrication

Bevor untersucht werden konnte, wie sich die Stellgrößen der kryogenen Kühlschmierung auf das thermomechanische Belastungskollektiv auswirkten, musste zunächst das Systemverhalten der Zufuhrsysteme in Bezug auf den CO_2-Massenstrom, die MMS-Zufuhr und den Ölvolumenstrom untersucht werden.

4.2.1 Einfluss der Stellgrößen auf den CO_2-Massenstrom bei der einkanaligen und zweikanaligen Zufuhr

Influence of the Control Variables on the CO_2-Mass Flow Rate during One and Two Channel Supply

In Kapitel 4.1.2 wurde beschrieben, dass zur Steuerung der CO_2-Zufuhr in dieser Arbeit bei der einkanaligen und zweikanaligen Zufuhr ein Zufuhrsystem vom Typ Aerosolmaster 4000 cryolub verwendet wurde, das eine prozentuale Einstellung der CO_2-Ventilstellung ermöglicht. Zur Bestimmung des CO_2-Massenstromes in Abhängigkeit von der Ventilstellung erfolgte eine Messung der Massenabnahme der CO_2-Flasche pro Zeiteinheit bei CO_2-Zufuhr, Bild 4.12. Die Messung erfolgte mittels einer piezoelektrischen Kraftmessplattform des Typs 9255C und einem Ladungsverstärker des Typs 5070A des Herstellers Kistler. Um einen Drift der piezoelektrischen Sensoren möglichst gering zu halten, wurde am Ladungsverstärker die Messart DC long verwendet. Das Signal wurde zusätzlich tiefpassgefiltert. Die Grenzfrequenz betrug f_{grenz} = 100 Hz. Da neben der Ventilstellung insbesondere der Durchmesser der CO_2-

Zufuhrleitung und der CO_2-Kanäle im Werkzeug Einfluss auf den CO_2-Massenstrom hat, wurden Messungen mit den in dieser Arbeit eingesetzten Werkzeugen und Werkzeugaufnahmen durchgeführt. Die Dauer einer Messung betrug vier Minuten. Nach einer Minute wurde die CO_2-Zufuhr gestartet und nach drei Minuten angehalten. Die Ventilstellungen betrugen 100 %, 50 % und 30 %. [KLOC17, S. 323-324]

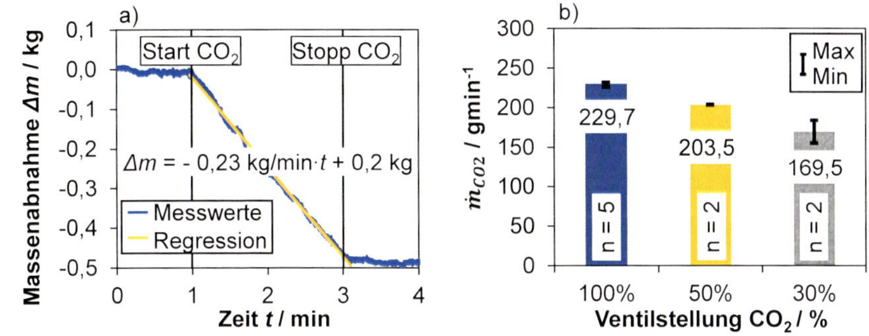

Bild 4.12: Messung des CO_2-Massenstromes in Abhängigkeit von der CO_2-Ventilstellung nach [KLOC17, S. 324]

Measurement of the CO_2 mass flow rate depending on the CO_2-valve setting according to [KLOC17, p. 324]

In Diagramm a) von Bild 4.12 ist exemplarisch der Verlauf der Massenabnahme über der Zeit dargestellt. Diese erfolgte linear, sodass mittels einer linearen Regression die Gleichung einer Trendlinie ermittelt werden konnte. Die Steigung der Trendlinie stellt den CO_2-Massenstrom dar. Für jede Ventilstellung wurde die Messung mindestens einmal wiederholt. Die Mittelwerte der Messungen sind für die unterschiedlichen Ventilstellungen in Diagramm b) Bild 4.12 dargestellt. Für die verschiedenen Ventilstellungen ergaben sich die folgenden Massenströme $\dot{m}_{CO2}(100\,\%) = 230\ g/min$, $\dot{m}_{CO2}(50\,\%) = 200\ g/min$ und $\dot{m}_{CO2}(100\,\%) = 170\ g/min$.

4.2.2 Auswirkungen der MMS-Zufuhrbedingung bei der zweikanaligen Zufuhr

Effects of the MQL Supply Conditions during Two Channel Supply

Bei der zweikanaligen Zufuhr von CO_2 und MMS werden die Medien in getrennten Kanälen zugeführt, siehe Kapitel 4.1.2. Die MMS wird durch Einspritzen von Öl mittels Druckluft in einen Behälter erzeugt. Die MMS-Zufuhrbedingungen können durch Variation des Düsendrucks und des Behälterdrucks beeinflusst werden.

Eine weitere Einflussgröße ist der Kühlkanaldurchmesser, sodass der Hersteller für unterschiedliche Kühlkanaldurchmesser und gewünschte Ölmengen die in Tabelle 4-4 dargestellten Einstellungen empfiehlt. Diese werden mittels voreingestellter Programme angewendet. Der Düsendruck und der Behälterdruck können jedoch auch unabhängig voneinander eingestellt werden.

Tabelle 4-4: Programme des Rother Aerosolmaster 4000cryolub zur MMS-Zufuhr nach [ROTH17a]
Programs of the Rother Aerosolmaster 4000cryolub for MQL-supply according to [ROTH17a]

Kühlkanaldurchmesser	Programm	$p_{Düse}$	$p_{Behälter}$
< 0,5 mm	1	9,5 bar (variabel)	9,0 bar (variabel)
	2	8,5 bar (variabel)	8,0 bar (variabel)
	3	7,5 bar (variabel)	7,0 bar (variabel)
0,5-1,5 mm	4	5,8*	5,4 bar
	5	6,0**	
	6	7,2***	
1,5-2,5 mm	7	5,1*	4,7 bar
	8	5,3**	
	9	5,5***	
2,5-3,0 mm	10	4,4*	4,0 bar
	11	4,6**	
	12	4,8***	
*geringe Ölmenge **mittlere Ölmenge ***große Ölmenge			

Der Ölvolumenstrom konnte wegen des offenen Systemcharakters aufgrund der Aerosolerzeugung mittels Druckluft nicht einfach über Messungen ermittelt werden. Die Auswirkungen der MMS-Zufuhrbedingungen bei der zweikanaligen Zufuhr wurden daher anhand von Sprühbildern qualitativ bewertet. Hierzu wurde die MMS durch die Werkzeugaufnahme zugeführt, während das Fräswerkzeug im Abstand von einem Millimeter vor einer mattschwarz lackierten Aluminiumscheibe eine Kreisbahn mit einem Durchmesser von D = 148 mm zurücklegte. Auf eine gleichzeitige Zufuhr von CO_2 wurde verzichtet, um Wechselwirkungen der MMS mit der CO_2-Zufuhr zu vermeiden. Die Festlegung der Werkzeugdrehzahl bzw. Schnittgeschwindigkeit und der Vorschubgeschwindigkeit erfolgte in Anlehnung an die Schnittparameter, welche in den in dieser Arbeit durchgeführten Zerspanversuchen angewendet wurden. Der Versuchsaufbau zu Erzeugung der Sprühbilder ist in Bild 4.13 dargestellt. Bei den Versuchen wurde MMS-Öl B verwendet. Die MMS-Öle werden im folgenden Kapitel detailliert vorgestellt.

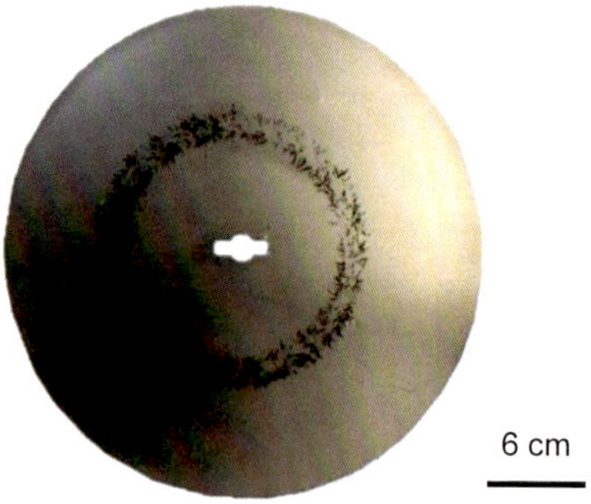

Bild 4.13: Erzeugung von Sprühbildern zur qualitativen Bewertung der MMS-Zufuhr nach [BERG18, S. 319]
Generation of spray patterns for qualitative evaluation of MQl supply according to [BERG18, p. 319]

In Bild 4.14 sind Sprühbilder dargestellt, welche bei verschiedenen Düsen- und Behälterdrücken angefertigt wurden. Die Einflüsse von Düsen- und Behälterdruck können wie folgt zusammengefasst werden. Eine Steigerung des Düsendruckes führte zu einer stärkeren Benetzung. Eine zunehmende Druckdifferenz zwischen Düsendruck und Behälterdruck resultierte ebenfalls in einer stärkeren Benetzung.

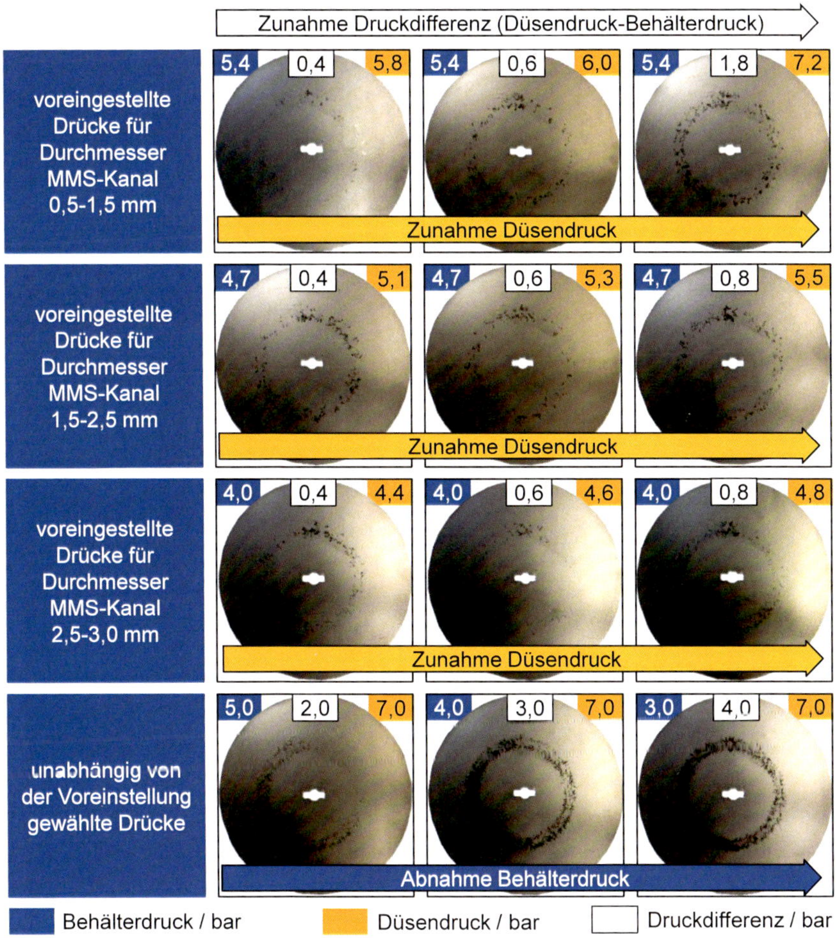

Bild 4.14: Bewertung der Zufuhr der Minimalmengenschmierung anhand von Sprühbildern nach [KOCH19, S. 39]
Evaluation of the MQL supply on the basis of spray patterns according to [KOCH19, p. 39]

Aufgrund des sehr geringen Ölverbrauches und der eingeschränkten Messbarkeit resultierend aus der Art der Zuführung wurde auf eine quantitative Auswertung des Ölvolumenstromes in Abhängigkeit vom Behälter- und Düsendruck verzichtet. Vom Hersteller wird ein Ölvolumenstrom bis zu $Q_{Öl}$ = 350 ml/h angegeben [KNOL22].

4.2.3 Einfluss der Stellgrößen auf den Ölvolumenstrom bei der einkanaligen Zufuhr

Influence of the Control Variables on the Oil Volume Flow Rate during One Channel Supply

Die Stellgröße, mit welcher bei der einkanaligen Zufuhr der Ölvolumenstrom beeinflusst werden kann, ist die Schaltfrequenz des Hochgeschwindigkeitsschaltventils. Diese wird mit Hilfe der Öffnungs- und der Schließdauer des Ventils bestimmt, siehe Gleichung (4-3). Jede Öffnung des Ventils führt dazu, dass ein definiertes Ölvolumen in die Leitung mit dem flüssigen CO_2 eingeführt wird. Je länger die Öffnungsdauer ist, desto größer ist das eingeführte Ölvolumen. Mit der Schließdauer wird bestimmt, mit welcher Häufigkeit das Ölvolumen zugeführt wird. Je kürzer die Schließdauer ist, desto häufiger erfolgt die Ölzugabe. Neben den genannten Stellgrößen wird der Ölvolumenstrom zusätzlich durch die Eigenschaften des zugeführten Öles beeinflusst. Zur Bestimmung des Ölvolumenstromes für verschiedene Öle in Abhängigkeit von der Schaltfrequenz wurde der nachfolgend beschriebene Versuchsaufbau verwendet, Bild 4.15.

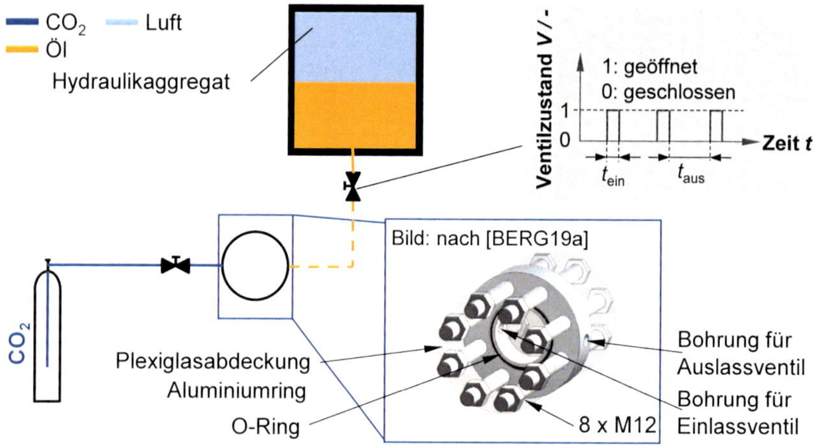

Bild 4.15: Versuchsaufbau zur Ermittlung des Ölvolumenstromes nach [KOCH19, S. 44]
Experimental setup for determination of the oil volume flow rate according to [KOCH19, p. 44]

Zentrales Element des Versuchsaufbaus ist eine Druckkammer aus einem Aluminiumring und Abdeckungen aus Plexiglas. Das Volumen der Kammer beträgt V = 40 ml. Um vergleichbare Bedingungen wie beim Einführen des Öles in die Leitung mit flüssigem CO_2 sicherzustellen, wird im ersten Schritt die CO_2-Flasche an die Plexiglaskammer angeschlossen, sodass diese mit dem CO_2-Druck beaufschlagt ist. Im zweiten Schritt wird mittels des Hydraulikaggregates und dem Schaltventil so lange Öl in die Plexiglaskammer befördert bis sich ein Volumen von V = 20 ml Öl in der Kammer befindet. Die hierzu benötigte Zeit wird gestoppt und der Ölvolumenstrom berechnet. Es wurden unterschiedliche Öle und Schaltfrequenzen untersucht. Die Eigenschaften der untersuchten Öle sind in Tabelle 4-5 zusammengefasst.

Tabelle 4-5: Ausgewählte Eigenschaften der untersuchten Öle
Selected properties of the evaluated oils

	Chemische Charak-terisierung	**Dichte in g/cm³**	**Kinematische Viskosität bei 40°C in mm²/s**	**Pourpoint in °C**	**Wasser-löslichkeit**
Öl A	Synthetische Schmierkom-ponenten	0,87 bei 20 °C	3,5	-30 °C	unlöslich
Öl B	Fettsäureester	0,95 bei 15 °C	18	< -55 °C	unlöslich
Öl C	Ester, synthetisch gesättigt	0,95 bei 20 °C	19	-50 °C	keine Angabe
Öl D	Ester, synthetisch additiviert	0,95 bei 20 °C	24	-51 °C	keine Angabe
Öl E	Gemisch aus Estern und Additiven	0,95 bei 20 °C	35	-17 °C	unlöslich

Nach der beschriebenen Vorgehensweise wurden für die verschiedenen Öle Kennlinien ermittelt, welche die Abhängigkeit des Ölvolumenstromes von der Schaltfrequenz beschreiben. Die Ergebnisse sind in Bild 4.16 dargestellt.

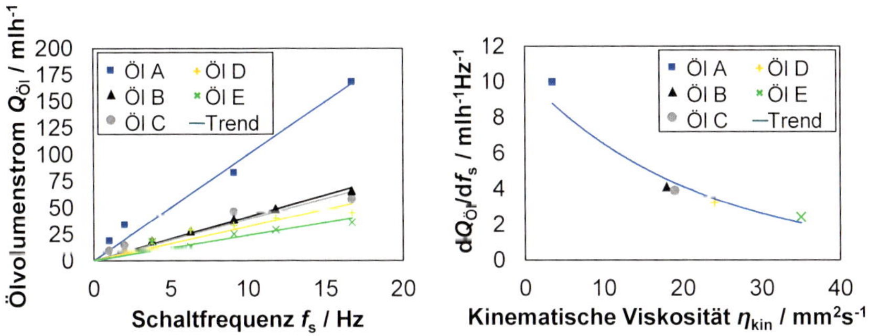

Bild 4.16: Kennlinien zur Beschreibung des Ölvolumenstromes in Abhängigkeit von der Schaltfrequenz
Oil volume flow rate versus switching frequency characteristic

Die Kennlinien haben unterschiedliche Steigungen. Das bedeutet, dass die gleiche Schaltfrequenz bei den unterschiedlichen Ölen zu unterschiedlichen Volumenströmen führt. In Bild 4.16 rechts sind die Steigungen über der kinematischen Viskosität der zugehörigen Öle dargestellt. Je größer die kinematische Viskosität eines Öles ist, desto geringer ist der Ölvolumenstrom bei vorgegebener Schaltfrequenz. Unter Anwendung der Kennlinien bzw. der Kenntnis der kinematischen Viskosität des Öles ist es möglich, einen definierten Ölvolumenstrom einzustellen und zuzuführen.

4.3 Zerspantechnologische Analysen zur Identifikation technologisch relevanter Kenngrößen der kryogenen Kühlschmierung

Experimental Analysis for the Identification of Technologically Relevant Characteristics of Cryogenic Cooling and Lubrication

Die Identifikation technologisch relevanter Kenngrößen der CO_2-basierten Kühlschmierung erfolgte anhand einer Bewertung der Zerspanbarkeit mit den Kriterien Werkzeugverschleiß, Oberflächengüte und Randzoneneigenschaften sowie Spanform. Bei den Zerspanuntersuchungen kamen die in den Kapiteln 4.1 und 4.2 vorgestellten Werkzeuge, Werkzeugaufnahmen und Zufuhrsysteme zum Einsatz. Für eine zielführende Zerspanbarkeitsuntersuchung stellen umfassende Kenntnisse des zu zerspanenden Werkstoffes eine Voraussetzung dar. Aus diesem Grunde wird nachfolgend zunächst auf die werkstoffseitigen Besonderheiten eingegangen, bevor anschließend die genannten Zerspanbarkeitskriterien adressiert werden.

4.3.1 Titanlegierung TiAl6V4

Titanium Alloy Ti6Al4V

Bei dieser Legierung handelt es sich um die am häufigsten eingesetzte und am meisten erforschte Titanlegierung [PETE02, S. 23]. Wegen des sehr guten Festigkeits-Gewichts-Verhältnisses findet der Werkstoff insbesondere in der Luftfahrt, aber auch in der Medizintechnik sowie der chemischen Industrie und in der Schifffahrt Verwendung [RAO11, S. 294]. Typische Anwendungsbeispiele sind Luftfahrtstrukturbauteile und Komponenten von Triebwerken, wie z. B. Fanschaufeln und -scheiben oder Kompressorschaufeln und -scheiben. Zum tieferen Verständnis der Legierung sind folgende Betrachtungen relevant. Reines Titan tritt in zwei verschiedenen Gittermodifikationen auf, die jeweils innerhalb bestimmter Temperaturintervalle stabil vorliegen, Bild 4.17 [PETE02, S. 4 u.9].

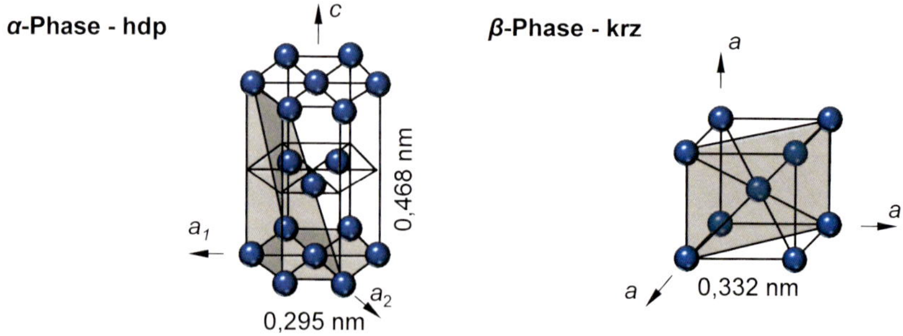

Bild 4.17: Gittermodifikationen von Titan nach [PETE02, S. 4]
Crystalline structure of titanium according to [PETE02, S. 4]

Bei tiefen Temperaturen, unterhalb der β-Transustemperatur, liegt eine hexagonal dichtest gepackte (hdp) Gittermodifikation vor, welche als α-Titan bezeichnet wird. Bei höheren Temperaturen ist die Gittermodifikation kubisch raumzentriert (krz). Diese wird β-Titan genannt. Die bei der Abkühlung stattfindende Umwandlung von β-Titan in α-Titan ist als allotrope Umwandlung bekannt. [PETE02, S. 3-4]

Die Zustandsdiagramme von Titanlegierungen werden mit Hilfe von Legierungselementen beeinflusst, Bild 4.18. α-stabilisierende Legierungselemente verschieben den Temperaturbereich, in dem α-Titan vorliegt, zu höheren Temperaturen. Die β-stabilisierenden Legierungselemente verschieben den Temperaturbereich, in welchem β-Titan vorliegt, in Richtung niedrigerer Temperaturen. [PETE02, S. 8-9]

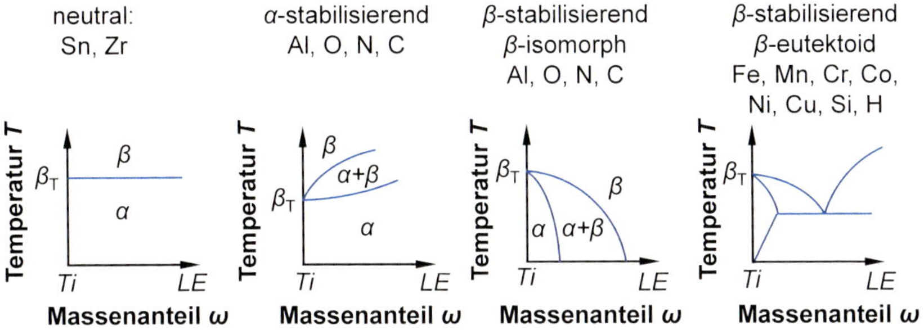

Bild 4.18: Einfluss von Legierungselementen auf die Zustandsdiagramme von Titanlegierungen nach [PETE02, S. 9]
Influence of alloying elements on phase diagrams of titanium alloys according to [PETE02, S. 9]

Je nach Gefügestruktur werden Titanlegierungen daher gewöhnlich in α, Near- α, (α+β), metastabile β und β-Legierungen eingeteilt. Titanlegierungen mit ausschließlich α-stabilisierenden Elementen sowie Reintitan sind α-Legierungen. Geringe Anteile an β-stabilisierenden Elementen bilden Near-α-Legierungen, während höhere Anteile zur Bildung von (α+β)-Legierungen führen, die bei Raumtemperatur einen Volumenanteil an β-Phase von 5 % - 40 % aufweisen. Ist trotz schneller Abkühlung aufgrund gesteigerter β-stabilisierender Elemente eine martensitische Umwandlung der β-Phase nicht mehr möglich, obwohl man sich noch im Zweiphasengebiet befindet, so liegen metastabile β-Legierungen vor. Durch weiteres Steigern β-stabilisierender Elemente erhält man schließlich einphasige β-Legierungen. [PETE02, S. 9-10]

Die hier untersuchte Legierung TiAl6V4 ist ein klassischer Vertreter der (α+β)-Legierungen. Die mechanischen und thermischen Eigenschaften werden maßgeblich durch die Gefügeausprägung bestimmt, welche durch thermische und mechanische Behandlung gezielt eingestellt werden kann. [GROV15, S. 11]. Hierzu ist eine komplexe Abfolge aus Lösungsglüh-, Verformungs-, Rekristallisations-, Auslagerungs- und Spannungsfreiglühbehandlungen erforderlich [PETE02, S. 13]. Grundsätzlich werden lamellare und globulare Gefügetypen unterschieden [PETE02, S. 305]. Das lamellare Gefüge entsteht durch Abkühlen aus dem β-Phasengebiet oberhalb der β-Transustemperatur, während das globulare Gefüge Ergebnis eines Rekristallisationsprozesses nach vorhergehender Verformung im (α+β)-Phasengebiet unterhalb der β-Transustemperatur ist [GROV15, S. 12-13; PETE02, S. 12]. Höhere Abkühlgeschwindigkeiten führen zu einer feineren Lamellenstruktur [PETE13, S. 13-14]. Bei den globularen Gefügen führen längere Glühzeiten zu gröberen Gefügen, während die Lösungsglühtemperatur den Volumenanteil der primären α-Phase bestimmt [PETE02, S. 15-16]. Mischgefüge aus globularer α-Phase in lamellar angeordneten α-Phase und β-Phase werden als bimodale Gefüge bezeichnet. Sie bilden sich bei Lösungsglühtemperaturen geringfügig unterhalb der β-Transustemperatur.

Im Vorfeld der zerspantechnologischen Untersuchung erfolgte daher eine metallografische Untersuchung des Werkstoffs. Bild 4.19 stellt Gefügeschliffe des Werkstoffes dar.

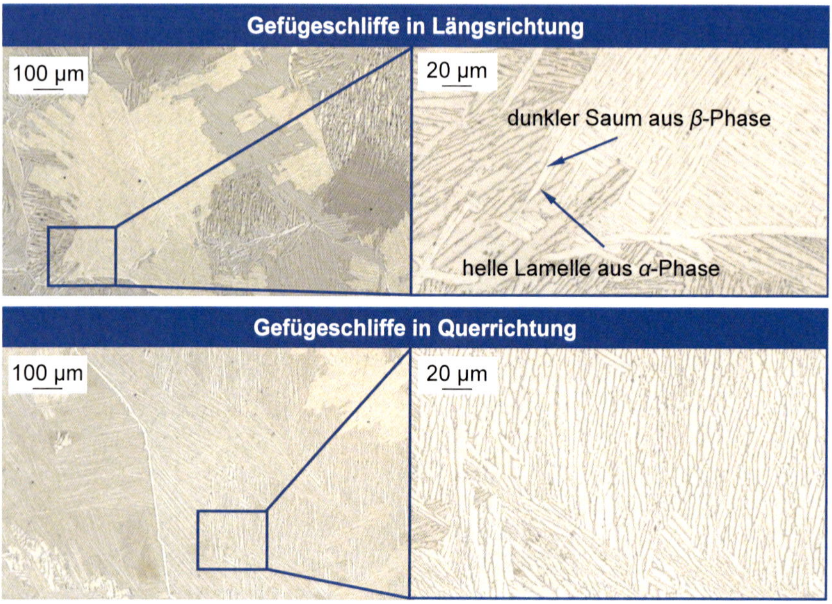

Bild 4.19: Gefügeschliffe des eingesetzten Werkstoffes in Längs- und Querrichtung
Microsections of the used material in longitudinal and transversal direction

Die Gefügeschliffe zeigen, dass sich der Werkstoff in einem β-geglühten Wärmebehandlungszustand befand. Es ist das lamellare Gefüge aus hellen α-Lamellen, welche von einem dunklen β-Saum umgeben sind, zu erkennen. Wesentliche Unterschiede zwischen den Schliffen in Quer- und in Längsrichtung sind nicht zu erkennen. Eine Anisotropie liegt demnach nicht vor. Wie beschrieben entsteht dieses Gefüge durch Abkühlen aus dem β -Phasengebiet durch die allotrope Umwandlung [PETE02, S. 16]. Es zeichnet sich durch hohe Bruchzähigkeiten und hohe Widerstände gegen Kriechen und Ermüdungsrissausbreitung aus [PETE02, S. 16]. Einsatzgebiete der β-geglühten Titanlegierung TiAl6V4 sind insbesondere Fahrwerksträger, im Flügelmittelkasten oder bei Unterflügelbeschlägen von Verkehrsflugzeugen [MSAO15, S. 558]. Luftfahrtstrukturbauteile in der Umgebung von Türen und Toren von Verkehrsflugzeugen werden ebenfalls aus β-geglühtem TiAl6V4 gefertigt, da hier gesteigerte

Anforderungen an die dynamische Festigkeit vorliegen. Die untersuchte Legierung repräsentiert daher diese wichtigen Anwendungsfälle.

Wegen Ihrer Werkstoffeigenschaften gelten derartige Titanlegierungen als schwer zerspanbar. So führen geringe Wärmeleitfähigkeiten, hohe chemische Reaktivitäten, geringe Elastizitätsmodule sowie die Bildung segmentierter Späne zu hohen chemischen, thermischen und mechanischen Belastungen der Zerspanwerkzeuge. In der Folge tritt starker Werkzeugverschleiß auf, welcher in einer geringen Produktivität bei der Zerspanung von Titanlegierungen resultiert. [GROV15, S. 21]

Die Wärmeleitfähigkeit von Titanlegierungen beträgt nur ca. 10 %-20 % der Wärmeleitfähigkeit von Stahl [KLOC18, S. 353]. Bei der Zerspanung sind die dominierenden Verschleißmechanismen daher thermisch induziert, sodass der kryogenen Kühlschmierung bei der Titanzerspanung großes Potenzial zugeordnet wird [KRÄM15, S. 14; MSAO15, S. 569].

4.3.2 Experimentelle Untersuchung der kryogenen Kühlschmierung hinsichtlich des auftretenden Werkzeugverschleißes

Experimental Investigation of Cryogenic Cooling and Lubrication with regard to Tool Wear

Die zerspantechnologische Analyse basierte auf dem Vergleich verschiedener Kühlschmierstrategien beim linearen Schaftfräsen der Titanlegierung TiAl6V4 im β-geglühten Zustand. Die Ergebnisse der Zerspanuntersuchungen mit den unterschiedlichen Werkzeugvarianten, welche in Kapitel 4.1.4 eingeführt wurden, werden im Folgenden vorgestellt.

Werkzeugvariante 1 – feinstkörniges WC-Co-Hartmetall mit 10 m.-% Cobalt-Binder und AlCrN-basierter Beschichtung

Zunächst erfolgten Zerspanuntersuchungen mit der Werkzeugvariante 1 vergl. Tabelle 4-2. Es wurden die Kühlschmierstrategien Überflutungskühlung, CO_2-Kühlung, MMS und die kombinierte Kühlschmierung mit CO_2 und MMS untersucht. Als MMS-Öle kamen Öl A und Öl B zum Einsatz. Die Öle wurden bereits in Kapitel 4.2.3 eingeführt, siehe Tabelle 4-5. Bei der Überflutungskühlung betrug der KSS-Zufuhrdruck p_{KSS} = 5 bar und der KSS wurde von außen zugeführt. Als KSS wurde eine Emulsion mit 7 % Ölanteil verwendet. Für die Minimalmengenschmierung wurde Öl B eingesetzt. Die Zufuhr erfolgte mit MMS-Programm 9. Dies bedeutet, dass zur Aerosolerzeugung ein Düsendruck $p_{Düse}$ = 5,5 bar und ein Behälterdruck von $p_{Behälter}$ = 4,7 bar angewendet wurden. Vom Hersteller des Zufuhrsystem werden diese Drücke für eine große Ölmenge und für einen Zufuhrkanaldurchmesser von 1,5 mm bis 2,5 mm empfohlen, siehe Tabelle 4-4. Wie in Kapitel 4.1.4 vorgestellt, strömte das MMS-Medium stirnseitig aus der Werkzeugaufnahme aus und in axialer Richtung am Werkzeug entlang. Bei der CO_2-Kühlung erfolgte eine Variation der CO_2-Massenströme. Die zwei untersuchten Massenströme waren $\dot{m}_{CO2}$ = 230 g/min und $\dot{m}_{CO2}$ = 170 g/min. Die kombinierte Kühlschmierung mit CO_2 und MMS erfolgte zweikanalig. Die untersuchten CO_2-

Massenströme betrugen bei dieser Kühlschmierstrategie ebenfalls $\dot{m}_{CO2}$ = 230 g/min und $\dot{m}_{CO2}$ = 170 g/min und es wurden sowohl Öl A als auch Öl B für die MMS verwendet.

Der Werkzeugverschleiß wurde mit einem digitalen Lichtmikroskop des Herstellers KEYENCE vom Typ VHX900F analysiert. Hierzu wurden mehrfach Bilder der Schneiden angefertigt. Die Verschleißbilder, welche nach Erreichen der Standwege L_f bei jeder Kühlschmierstrategie aufgenommen wurden, sind in Bild 4.20 dargestellt.

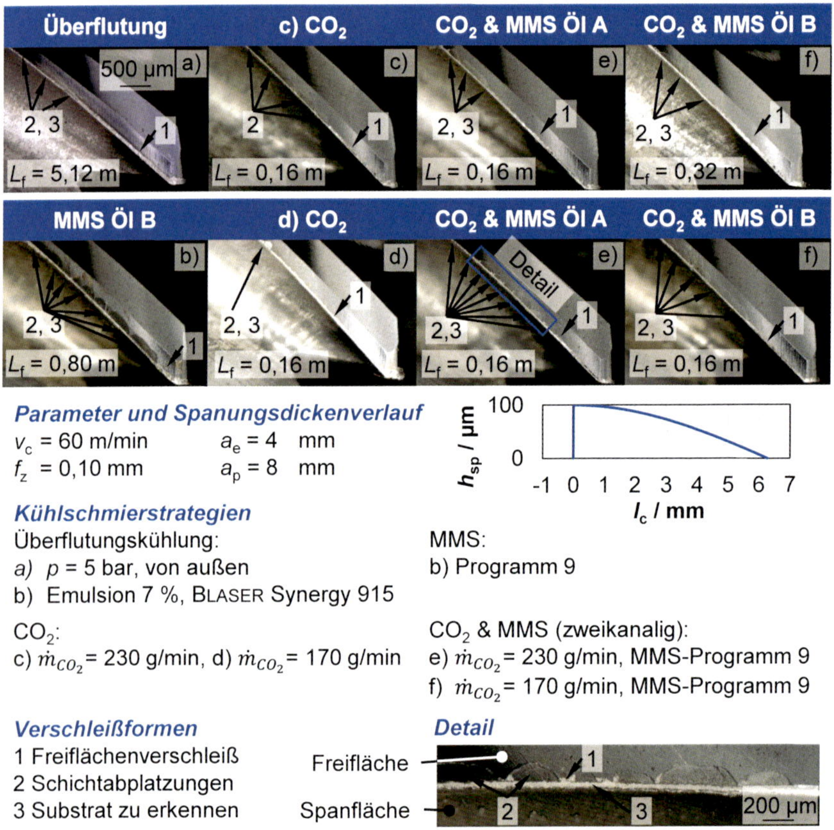

Bild 4.20: Lichtmikroskopische Analyse des Werkzeugverschleißes – Werkzeugvariante 1
Wear analysis based on optical microscopic pictures – tool variant 1

In Abstimmung mit dem Werkzeughersteller und einem Anwender aus der Titanzerspanung wurden für die Werkzeugvariante 1 die Schnittparameter industrienah ausgewählt. Es wurden eine Schnittgeschwindigkeit von v_c = 60 m/min, ein Vorschub pro Zahn von f_z = 0,1 mm, eine Schnitttiefe von a_p = 8 mm sowie eine Eingriffsweite von a_e = 4 mm festgelegt. Dies sind Schruppparameter, welche hohe Anforderungen an die Leistungsfähigkeit der Werkzeuge stellen. Zur Beschreibung der

Spanungsgeometrie wurden die maximale Spanungsdicke zu h_{spmax} = 100 µm und eine Schnittbogenlänge von l_c = 6,283 mm berechnet.

Während der Standweg bei der Überflutungskühlung L_f = 5,12 m betrug, konnten nur geringe Standwege (0,16 m ≤ L_f ≤ 0,80 m) mit den anderen Kühlschmierstrategien erzielt werden. Wie anhand der lichtmikroskopischen Verschleißanalyse zu erkennen ist, traten bei allen Strategien bereits nach sehr kurzen Vorschubwegen (0,16 m ≤ L_f ≤ 5,12 m) großflächige Abplatzungen der Beschichtung sowie adhäsiver und abrasiver Freiflächenverschleiß auf. Im Bereich der Schichtabplatzungen ist das Substrat zu erkennen, das ebenfalls abrasiv und adhäsiv bedingten Verschleiß aufweist. Die Schichtabplatzungen waren die Hauptverschleißform und erwiesen sich als standwegbestimmend.

Da mit den Werkzeugen der Werkzeugvariante 1 unter den vorliegenden Bedingungen für keine Kühlschmierstrategie zufriedenstellende Standwege erzielt werden konnten, erfolgte basierend auf den Versuchsergebnissen eine Anpassung der Werkzeuge und der Schnittbedingungen. In Bild 4.21 ist eine Übersicht über die durchgeführten Veränderungen zwischen Werkzeugvariante 1 und Werkzeugvariante 2a dargestellt.

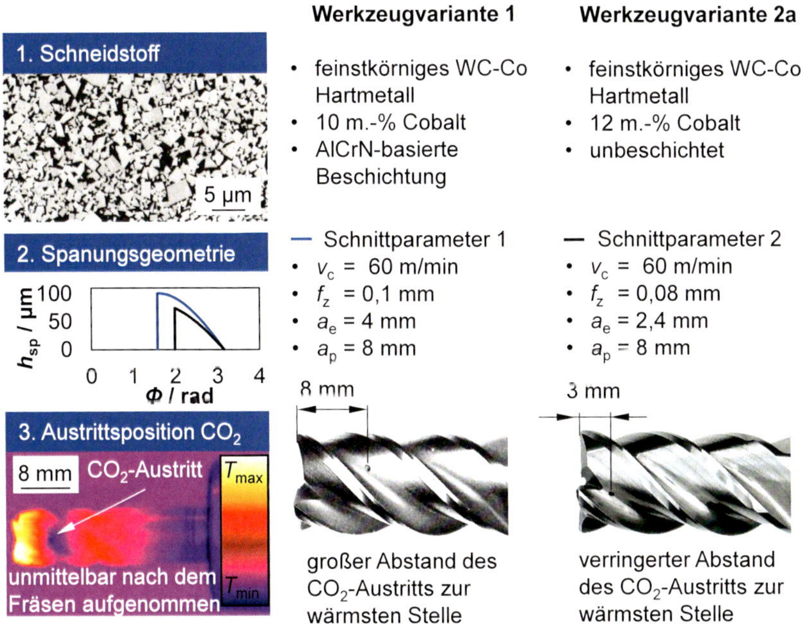

Bild 4.21: Anpassungen von Werkzeugvariante 1
Tool adaptions of tool variant 1

Es wurden zunächst unbeschichtete Werkzeuge verwendet und der Anteil des Cobaltbinders um zwei Prozentpunkte auf 12 m.-% erhöht, um die Zähigkeit der Werkzeuge im Vergleich zu Variante 1 zu steigern. Weiterhin wurden die Schnittparameter an die unbeschichteten Werkzeuge angepasst. Der Zahnvorschub wurde von f_z = 0,1 mm auf

f_z = 0,08 mm und die Schnittbreite von a_e = 4 mm auf a_e = 2,4 mm reduziert. Hierdurch ergibt sich für den Zahneingriff eine um 27 µm reduzierte maximale Spanungsdicke und eine um 1,65 mm reduzierte Schnittbogenlänge, sodass die Zahneingriffsdauer sowie die mechanische und thermische Werkzeugbelastung verringert werden, siehe Bild 2.11.

Basierend auf Thermografieaufnahmen des Werkzeuges, unmittelbar im Anschluss an den Fräsprozess, wurde darüber hinaus die Position des CO_2-Auslasses näher in Richtung der Werkzeugstirn verschoben, um die Kühlung näher an der wärmsten Stelle des Werkzeuges zuzuführen, siehe „3. Austrittsposition CO_2" in Bild 4.25. Die Thermografieaufnahmen erfolgten mit einer Hochgeschwindigkeitsthermografiekamera vom Typ X6580SC der Firma FLIR.

Werkzeugvarianten 2a und 3a – feinstkörniges WC-Co-Hartmetall mit 12 m.-% Cobalt-Binder ohne Beschichtung

Mit Werkzeugvariante 2a wurden die Kühlschmierstrategien MMS, zweikanalige Zufuhr von CO_2 und MMS und einkanalige Zufuhr von CO_2 und Öl zunächst hinsichtlich des erzielten Standweges betrachtet. Als Referenz dienten die Überflutungskühlung und die HD-KSS-Zufuhr. Bei der HD-KSS-Zufuhr kam die Werkzeugvariante 3a mit angepassten Kühlkanaldurchmessern (D = 2 mm) zum Einsatz, die sich ansonsten nicht von Werkzeugvariante 2a unterschied.

Wie nachfolgend noch beschrieben wird, zeigten die Werkzeuge grundsätzlich einen gleichmäßigen adhäsiven und abrasiven Freiflächenverschleiß. Als Verschleißkriterium wurde für die Ermittlung des Standweges eine mittlere Verschleißmarkenbreite von VB = 200 µm festgelegt. Häufig traten im Bereich der Schneidenecke größere Ausbrüche auf. Aus diesem Grunde wurde als weiteres Standzeitkriterium Ausbrüche mit einer maximalen Verschleißmarkenbreite von VB_{max} = 250 µm festgelegt.

Die MMS erfolgte mit Öl B, siehe Kapitel 4.2.3 Tabelle 4-5. Die zweikanalige Zufuhr von CO_2 und Öl erfolgte bei einem CO_2-Massenstrom von 230 g/min. Für die MMS-Zufuhr wurde Programm 9 verwendet, welches für die Zufuhr einer großen Ölmenge bei MMS-Kanaldurchmessern von 1,5 mm < d < 2,5 mm empfohlen wird, siehe Kapitel 4.2.2 - Tabelle 4-4. Hierbei wurden die Öle A und B eingesetzt. Bei der einkanaligen Zufuhr von CO_2 und Öl betrug der CO_2-Massenstrom ebenfalls 230 g/min. Die Ölzufuhr erfolgte bei Öl A mit einem Volumenstrom von 90 ml/h und bei Öl B mit 40 ml/h. Die unterschiedlichen Ölvolumenströme resultierten daraus, dass für beide Öl eine Schaltfrequenz des Hochgeschwindigkeitsschaltventils der einkanaligen Zufuhr von fs = 9 Hz ausgewählt wurde. Wie bereits bei der zweikanaligen Zufuhr, wurde bei der einkanaligen Zufuhr der Einfluss von Öl A und Öl B auf den Werkzeugverschleiß analysiert. Der KSS-Druck bei der Überflutungskühlung betrug p_{KSS} = 5 bar. Bei der HD-KSS-Zufuhr wurde der KSS mit dem maximal möglichen Druck von p_{KSS} = 50 bar zielgerichtet durch die Werkzeuge zugeführt. Limitiert war der Druck durch die maschineninterne KSS-Pumpe. Als KSS wurde eine Emulsion mit 7 % Ölanteil verwendet. Die Prozessparameter wurden in Absprache mit dem Werkzeughersteller und einem Unternehmen aus dem Bereich der Titanzerspanung gewählt, um die industrielle Relevanz der Ergebnisse sicherzustellen. Die Schnittgeschwindigkeit betrug v_c = 60 m/min, während der Zahnvorschub f_z = 0,08 mm betrug. Es wurde eine Schnitttiefe von a_p = 8 mm und eine Eingriffsweite a_e = 2,4 mm gewählt. Hieraus resultiert eine maximale Spanungsdicke von h_{spmax} = 64,3 µm und eine Spanungslänge von l_{sp} = 4,637 mm. Die Versuchsergebnisse sind in Bild 4.22 dargestellt.

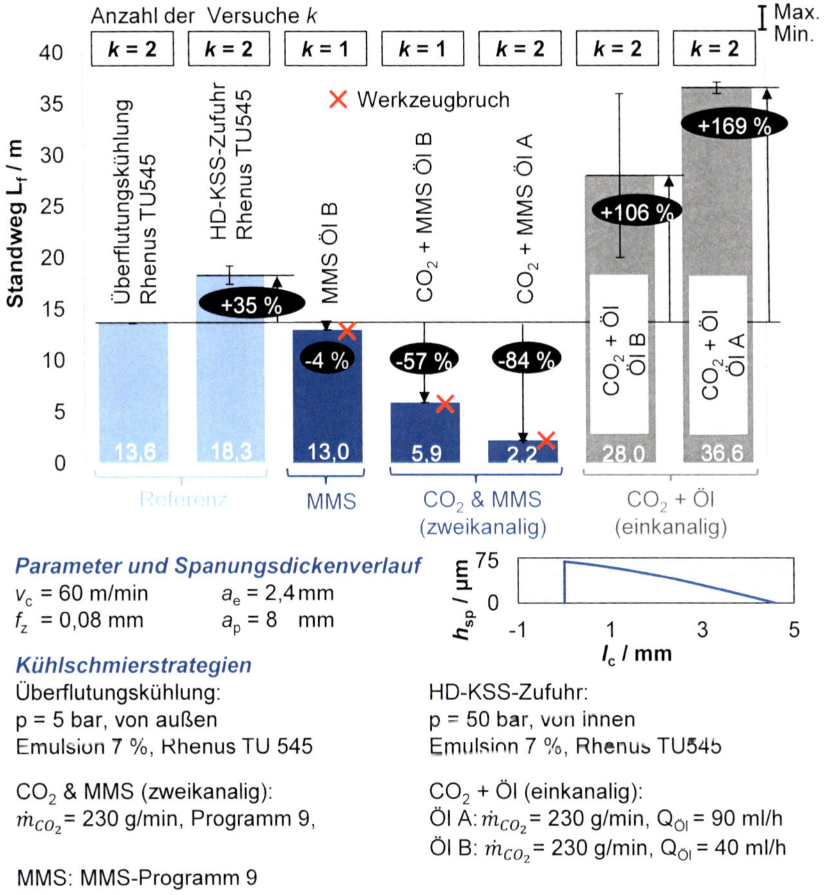

Bild 4.22: Vergleich der Standwege in Abhängigkeit von der Kühlschmierstrategie nach [KOCH19, S. 55 – Abbildung 51; BERG19a, S. 206 – Fig. 4; BERG18, S. 326]

Comparison of tool life travel path depending on cooling and lubrication strategy according to [KOCH19, p. 55 – Abbildung 51; BERG19a, p. 206 – Fig. 4; BERG18, p. 326]

Zusammenfassend ist festzustellen, dass durch Überflutungskühlung im Mittel ein Standweg von L_f = 13,6 m erreicht wurde. Mit der zielgerichteten HD-KSS-Zufuhr durch die Werkzeuge konnte der mittlere Standweg um 35 % auf L_f = 18,3 m gesteigert werden. Diese Steigerung des Standweges kann auf die im Vergleich zur Überflutungskühlung durch die gezielte HD-KSS-Zufuhr verbesserte Kühlung und Schmierung zurückgeführt werden [LAKN21b, S. 138 ff.]. Bei der reinen MMS und den beiden zweikanaligen Zufuhrvarianten brachen die Werkzeuge während der Versuchsdurchführung ab. Der bis zum Bruch erreichte Vorschubweg wurde als Standweg dokumentiert. Die reine MMS führte gegenüber der Überflutungskühlung zu einem um lediglich 4 % reduzierten Standweg von L_f = 13 m. Somit wurde ein zur Überflutungskühlung vergleichbarer Standweg erreicht. [KOCH19, S. 56]

Die zweikanaligen Zufuhrvarianten erzielten mit Öl B einen Standweg von L_f = 5,9 m bzw. mit Öl A einen mittleren Standweg von L_f = 2,2 m. Das bedeutet um 57 % bzw. 84 % reduzierte Standwege für Öl B bzw. Öl A im Vergleich zur Überflutungskühlung. Wie nachfolgende Untersuchungen zeigten (siehe Kapitel 5.1), sind die deutlich reduzierten Standwege im Vergleich zur Überflutungskühlung damit zu erklären, dass das aus dem Werkzeug ausströmende CO_2 das aus der Stirnfläche der Werkzeugaufnahme austretende und axial am Werkzeug entlang strömende MMS-Medium ablenkte. Das MMS-Medium gelangte also nicht in die Zerspanzone und konnte nur eine unzureichende Schmierung bewirken. [KOCH19, S. 56; BERG19a, S. 205]

Im Gegensatz dazu zeigten die einkanaligen Zufuhrvarianten um 106 % bzw. um 169 % gesteigerte mittlere Standwege von L_f = 28 m für Öl B bzw. L_f = 36,6 m für Öl A. Einen Erklärungsansatz für die ölabhängigen Unterschiede der Standwege basiert neben den unterschiedlichen Ölvolumenströmen auf unterschiedlichen Löslichkeiten der Öle in flüssigem CO_2. Anhand von Löslichkeitsuntersuchungen, welche in Kapitel 5 vorgestellt werden, konnte nachgewiesen werden, dass Öl A eine vollständige Löslichkeit (homogene Phase) und Öl B eine teilweise Löslichkeit (getrennte Phasen) in flüssigem CO_2 zeigte. Bei der Expansion, welche das CO_2 beim Austritt aus den Kühlkanälen durch den Druckabfall erfährt (siehe Kapitel 4.1.2), wird das im CO_2 gelöste Öl fein zerstäubt. Hierdurch wird eine gute Benetzung und somit Schmierung der Zerspanzone erreicht. Eine bessere Löslichkeit wirkt sich hierbei positiv auf die Kühlung sowie Schmierung und damit auf den Standweg aus. [KOCH19, S. 56; BERG19a, S. 207]

Der Werkzeugverschleiß wurde anhand lichtmikroskopischer Aufnahmen der Werkzeugschneiden analysiert. Bei jeder Kühlschmierstrategie wurde hierzu der Verschleißzustand aller Schneiden über dem Vorschubweg mit einem digitalen Lichtmikroskop vom Typ VHX 900 F des Herstellers KEYENCE dokumentiert. Die Messintervalle wurden angepasst an die Kühlschmierstrategie gewählt, da sich erhebliche Unterschiede im Verschleißverhalten ergaben. Bilder der jeweils am stärksten verschlissenen Werkzeugschneide jeder KSS-Strategie kurz vor und bei Erreichen des Standweges sind Bild 4.23 dargestellt. Bei MMS und den zweikanaligen Zufuhrstrategien mit CO_2 und MMS war es aufgrund von Werkzeugbrüchen nicht möglich, ein Verschleißbild nach Erreichen des Standweges anzufertigen. Bei diesen KSS-Strategien traten jedoch häufig adhäsiv an den Schneiden und in den Spankammern anhaftende Späne auf. In Bild 4.23 ist dies exemplarisch abgebildet. Der Effekt verstärkte sich mit zunehmendem Werkzeugverschleiß und resultierte schließlich im Bruch des Werkzeuges.

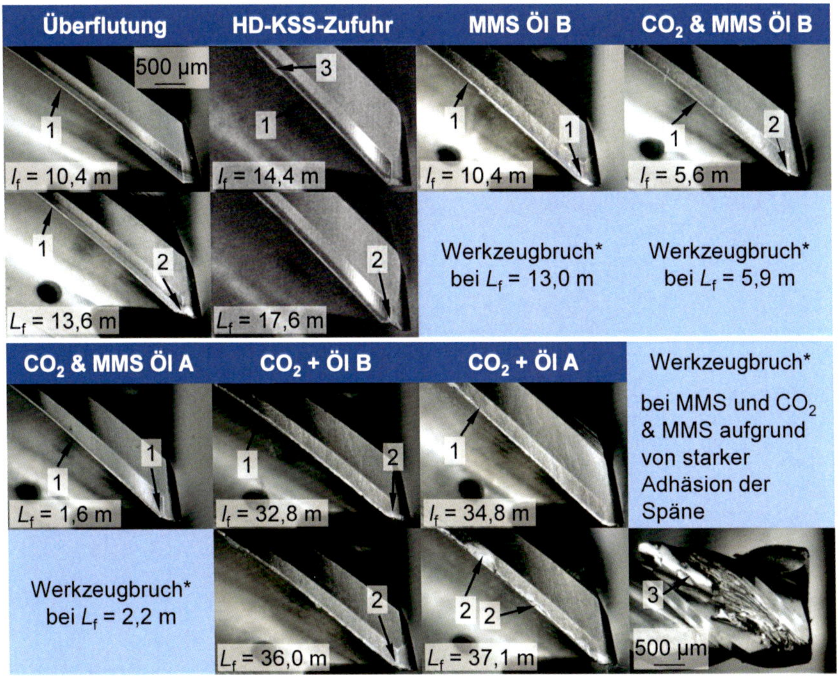

Parameter und Spanungsdickenverlauf

v_c = 60 m/min a_e = 2,4 mm
f_z = 0,08 mm a_p = 8 mm

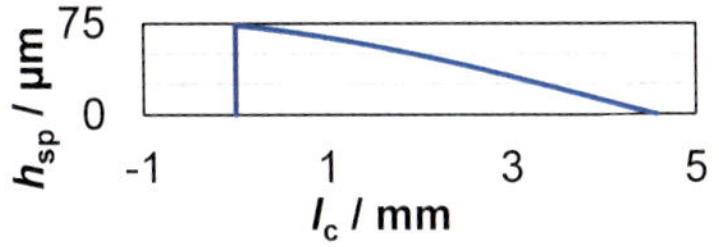

Kühlschmierstrategien

Überflutungskühlung:
p = 5 bar, von außen
Emulsion 7 %, Rhenus TU 545

HD-KSS-Zufuhr:
p = 50 bar, von innen
Emulsion 7 %, Rhenus TU545

CO_2 & MMS (zweikanalig):
$\dot{m}_{CO_2}$ = 230 g/min, MMS Programm 0,
Öl A, Öl B

CO_2 + Öl (einkanalig):
m_{CO_2} = 230 g/min,
Öl A: $Q_{Öl}$ = 90 ml/h , Öl B: $Q_{Öl}$ = 40 ml/h

MMS: MMS-Programm 9, Öl B

Verschleißformen

1 Freiflächenverschleiß
2 Ausbruch/ Ausbröckelungen
3 Adhäsiv anhaftender Span

Bild 4.23: Lichtmikroskopische Verschleißanalyse der am stärksten verschlissenen Schneide je Kühlschmierstrategie
Wear analysis based on optical microscopic pictures of the most worn cutting edge for each cooling and lubrication strategy

Bei den anderen KSS-Strategien trat gleichmäßiger abrasiver und adhäsiver Freiflächenverschleiß auf. Ausbrüche am Eckenradius führten zum Erreichen des Standweges. Bei den einkanaligen Zufuhrstrategien von CO_2 und Öl trat der gleichmäßige abrasive und adhäsive Freiflächenverschleiß im Vergleich zur Überflutungskühlung und der HD-KSS-Zufuhr deutlich schwächer auf, sodass das Standzeitkriterium durch Ausbrüche am Eckenradius erst nach einem deutlich längerem Vorschubweg erreicht wurde. Weiterhin kam es bei den einkanaligen Zufuhrstrategien beim Annähern an den Standweg vermehrt zu Ausbrüchen entlang der Werkzeugschneide. Diese konnten auf die im Vergleich zu den konventionellen KSS-Strategien zahlreicheren Schneideneintritte aufgrund der längeren Standwege und die damit verbundenen häufigeren thermomechanischen Lastwechsel zurückgeführt werden, die zu einer Ermüdung des Schneidstoffes führten.

Da die einkanalige Zufuhr von CO_2 und Öl im Hinblick auf den Werkzeugverschleiß und den Standweg zu den besten Resultaten führte, erfolgten weitere Zerspanversuche mit dieser Zufuhrvariante, Bild 4.24. Die Versuche wurden mit Öl B durchgeführt.

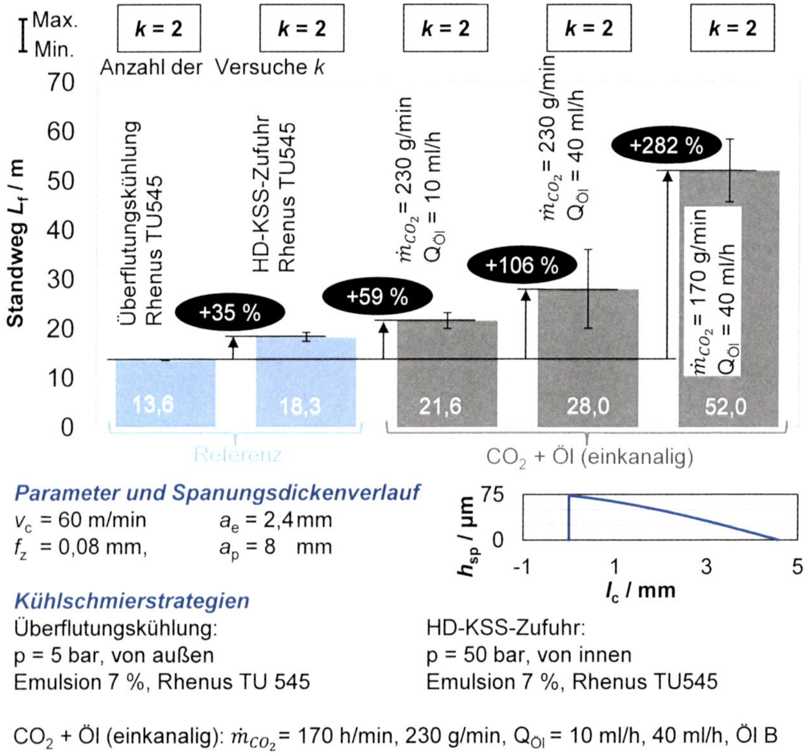

Bild 4.24: Einfluss des CO_2-Massenstromes und des Ölvolumenstromes auf den Standweg bei der einkanaligen Zufuhr [KOCH19, S. 57 Abbildung 52; BERG18, S. 327]

Influence of the CO_2 mass flow rate and the oil volume flow rate on tool life travel path with one channel supply according to [KOCH19, p. 57 Abbildung 52; BERG18, p. 327]

Ausgehend vom CO_2-Massenstrom von 230 g/min und einem Ölvolumenstrom von 40 ml/h wurde der CO_2-Massenstrom zunächst auf 170 g/min reduziert, während der Ölvolumenstrom konstant gehalten wurde. Anschließend erfolgte eine Reduktion des

Ölvolumenstromes auf 10 ml/h bei einem CO_2-Massenstrom von 230 g/min. Zusätzlich sind als Referenz die Standwege gezeigt, die mit der Überflutungskühlung bzw. der HD-KSS-Zufuhr erzielt wurden.

Im Vergleich zur Überflutungskühlung ist festzuhalten, dass beim reduzierten CO_2-Massenstrom im Mittel ein um ca. 280 % gesteigerter Standweg erzielt werden konnte. Im Vergleich zur einkanaligen Zufuhr mit einem CO_2-Massenstrom von 230 g/min und einem Ölvolumenstrom von 40 ml/h wurde durch die Reduktion des CO_2-Massenstromes somit eine deutliche Steigerung des Standweges erreicht.

Ein Erklärungsansatz kann über die aufgrund des verringerten CO_2-Massenstromes reduzierte Kühlung erfolgen. Wie weitere Untersuchungen in Kapitel 5 aufzeigen, resultiert diese in höheren Zerspantemperaturen und geringeren Zerspankräften. Wegen der höheren Zerspantemperaturen kommt es einerseits zu einer Verbesserung der Schmierung, die mit der temperaturbereichsabhängigen Aktivierung von Schmierstoffadditiven begründet werden kann. Diese wurde bereits von anderen Forschern bei der CO_2 basierten Minimalmengenschmierung beim Wendeltiefbohren beschrieben [JAEG21, S. 158]. Andererseits führen die erhöhten Zerspantemperaturen ggf. zu einer Werkstofferweichung, welche die Zerspanung begünstigt.

Der reduzierte Ölvolumenstrom von 10 ml/h führte im Vergleich zur Überflutungskühlung nur zu einer Steigerung des mittleren Standweges um ca. 60 %. Im Vergleich zur einkanaligen Zufuhr mit einem CO_2-Massenstrom von 230 g/min und einem Ölvolumenstrom von 40 ml/h verringerte sich der im Mittel erreichte Standweg deutlich. Die durch den kleineren Ölvolumenstrom verringerte Schmierung führt zusammen mit der gleichbleibenden Kühlung aufgrund des CO_2-Massenstromes von 230 g/min zu den entgegengesetzten Effekten der zuvor beschriebenen Zusammenhänge in Bezug auf die Zerspantemperatur und die Schmierung des Zerspanprozesses, welche in einer schlechteren Zerspanbarkeit und einem verstärkten Verschleißverhalten resultieren.

Die Verschleißformen an den Werkzeugen änderten sich durch die Reduktion des CO_2-Massenstromes bzw. des Ölvolumenstromes nicht, siehe Bild 4.25. Es trat gleichmäßiger Freiflächenverschleiß durch Abrasion und Adhäsion auf und bei Annäherung an den Standweg traten erneut vermehrt Ausbrüche entlang der Schneidkante auf.

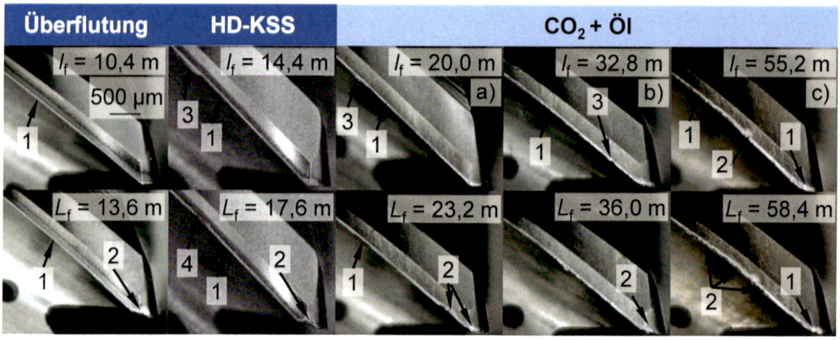

Parameter und Spanungsdickenverlauf

v_c = 60 m/min a_e = 2,4 mm

f_z = 0,08 mm a_p = 8 mm

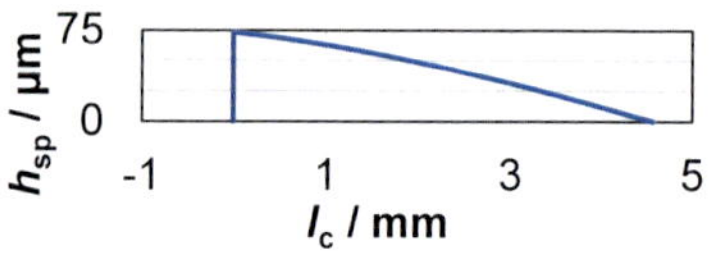

Kühlschmierstrategien

Überflutungskühlung:
p = 5 bar, von außen
Emulsion 7 %, Rhenus TU 545

HD-KSS-Zufuhr:
p = 50 bar, von innen
Emulsion 7 %, Rhenus TU545

CO_2 + Öl (einkanalig), Öl B
a) $\dot{m}_{CO_2}$ = 230 g/min, $Q_{Öl}$ = 10 ml/h
b) $\dot{m}_{CO_2}$ = 230 g/min, $Q_{Öl}$ = 40 ml/h
c) $\dot{m}_{CO_2}$ = 170 g/min, $Q_{Öl}$ = 40 ml/h

Verschleißformen
1 Freiflächenverschleiß
2 Ausbruch/ Ausbröckelungen
3 Adhäsiv anhaftender Werkstoff

Bild 4.25: Lichtmikroskopische Analyse des Werkzeugverschleißes in Abhängigkeit vom CO_2-Massenstrom und Ölvolumenstrom bei der einkanaligen Zufuhr
Wear analysis based on optical microscopic pictures dependent on CO_2 mass flow rate and oil volume flow rate with one channel supply

Zusammenfassend ist festzuhalten, dass durch die einkanalige kryogene Kühlschmierung mit angepassten CO_2-Massenströmen und Ölvolumenströmen bei der unbeschichteten Werkzeugvarianten die Standwege im Vergleich zur Überflutungskühlung bzw. zur HD-KSS-Zufuhr um das Vierfache gesteigert werden konnten. Aufbauend auf diesen Ergebnissen wurde mit Hilfe einer weiteren Werkzeugvariante eine ZrN-TiAlN-basierte Beschichtung untersucht.

Werkzeugvariante 2b – feinstkörniges WC-Co-Hartmetall mit 12 m.-% Cobalt-Binder und ZrN-TiAlN-basierter Beschichtung

Die Werkzeugvariante 2b entsprach bis auf die ZrN-TIAlN-basierte Beschichtung Werkzeugvariante 2a. Basierend auf den Ergebnissen, die mit den unbeschichteten Werkzeugen erzielt wurden, erfolgte bei den nachfolgenden Untersuchungen eine Fokussierung auf die einkanalige kryogene Kühlschmierung mit einem CO_2-Massenstrom von 170 g/min und einem Ölvolumenstrom von 90 ml/h. Diese Einstellungen führten bei den unbeschichteten Werkzeugen zu den längsten Standwegen. Als Referenz wurde die HD-KSS-Zufuhr definiert. Die hierbei verwendeten Werkzeuge besaßen an die HD-KSS-Zufuhr angepasste Kühlkanaldurchmesser von D = 2 mm und wurden als Werkzeugvariante 3b eingeführt, siehe Tabelle 4-2. Die Prozessparameter betrugen, wie bei den unbeschichteten Werkzeugen, v_c = 60 m/min, f_z = 0,08 mm, a_e = 2,4 mm und a_p = 8 mm. Als Standwegkriterium wurde eine mittlere Verschleißmarkenbreite von VB = 100 µm ausgewählt und eine maximale Verschleißmarkenbreite aufgrund von Ausbrüchen von VB_{max} = 150 µm. In Bild 4.26 sind die Versuchsergebnisse dargestellt.

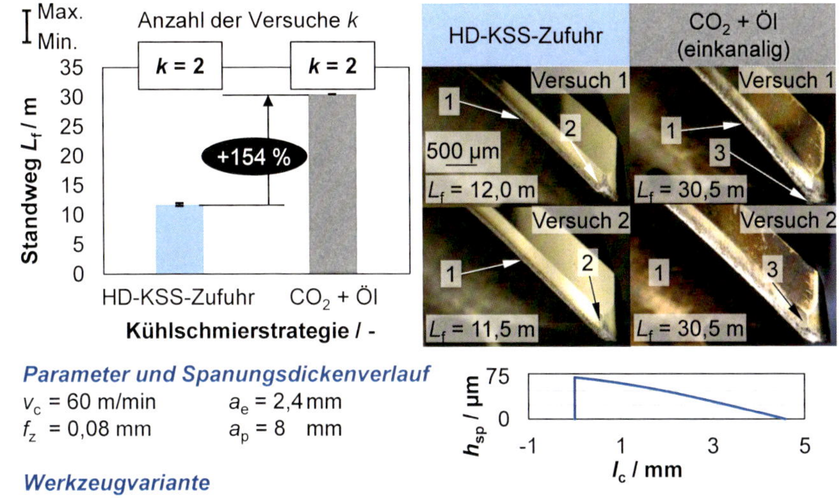

Werkzeugvariante
2b: feinstkörniges WC-Co-Hartmetall, 12 m.-% Cobalt,, ZrN-TiAlN-Beschichtung

Kühlschmierstrategien
HD-KSS-Zufuhr:
p = 50 bar, von innen

CO_2 + Öl (einkanalig)
$\dot{m}_{CO_2}$ = 230 g/min, $Q_{Öl}$ = 90 ml/h Öl A

Verschleißformen
1 Freiflächenverschleiß 2 Ausbruch 3 Adhäsion

Bild 4.26: Verschleiß in Abhängigkeit von der Kühlschmierstrategie nach [KOCH19, S. 62]
Tool wear dependent on cooling lubrication strategy according to [KOCH19, p. 62]

Für jede der beiden betrachteten Kühlschmierstrategien wurden zwei Werkzeuge eingesetzt. Im Mittel betrug der Standweg bei der HD-KSS-Zufuhr L_f = 11,75 m. Bei der einkanaligen Zufuhr von CO_2 und Öl konnte ein um 154 % längerer Standweg von L_f = 30,5 m erreicht werden. Analog zu den Werkzeugvarianten 2a und 3a (unbeschichtet) traten bei der Werkzeugvariante 2b und 3b (beschichtet) abrasiv und adhäsiv bedingter Freiflächenverschleiß auf. Bei der HD-KSS-Zufuhr kam es zudem zu standwegbestimmenden Ausbrüchen an der Schneidenecke. Bei der einkanaligen Kühlschmierung mit CO_2 und Öl wurde der Standweg durch den Freiflächenverschleiß bestimmt. Ausbrüche an der Schneidenecke waren nicht zu beobachten. Ein wesentlicher Vorteil durch die Beschichtung im Vergleich zu den unbeschichteten Werkzeugen konnte unter den vorliegenden Versuchsbedingungen nicht festgestellt werden. Bei allen untersuchten Werkzeugvarianten, Schnittbedingungen und

Kühlschmierbedingungen wurden mit der einkanaligen Kühlschmierung mit CO_2 und Öl das beste Verschleißverhalten erzielt.

4.3.3 Experimentelle Untersuchung der kryogenen Kühlschmierung hinsichtlich der erzeugten Oberflächenrauheit und der Randzoneneigenschaften

Experimental Investigation of the Cryogenic Cooling and Lubrication with regard to Workpiece Surface Roughness and Rim Zone Properties

Neben dem Werkzeugschleiß wurde als weiteres Zerspanbarkeitskriterium die Oberflächenrauheit analysiert. Um den Einfluss verschiedener Kühlschmierstrategien auf die Oberflächenrauheit zu untersuchen, wurden der arithmetische Mittenrauwert *Ra* und die gemittelte Rautiefe *Rz* gemessen. Die Messungen erfolgten in Vorschubrichtung mit einem mobilen Rauheitsmessgerät des Herstellers MAHR vom Typ MAHRSURF M300. In Bild 4.27 sind die Messergebnisse zusammengefasst.

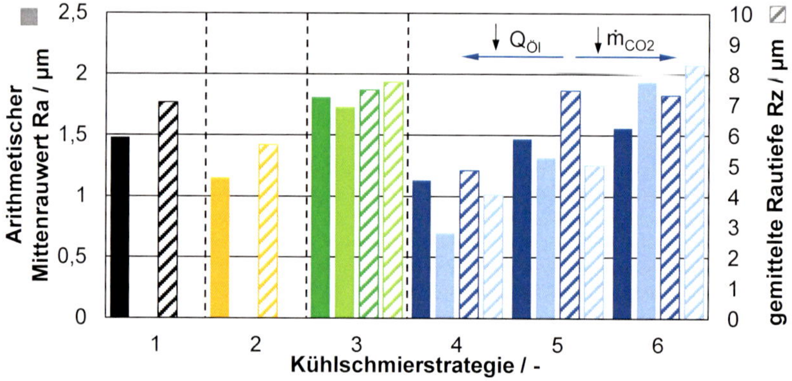

Parameter und Spanungsdickenverlauf

v_c = 60 m/min a_e = 2,4 mm

f_z = 0,08 mm a_p = 8 mm

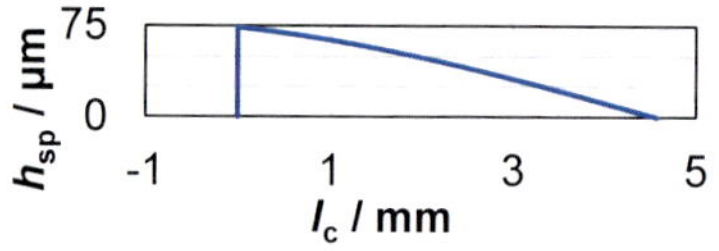

Werkzeugvariante

2a: feinstkörniges WC-Co-Hartmetall, 12 m.-% Cobalt, unbeschichtet

Kühlschmierstrategien

1 Überflutungskühlung
p = 5 bar, von außen
Emulsion 7 %, Rhenus TU 545

2 Minimalmengenschmierung
MMS-Programm 9 Öl B

3 CO_2 und MMS (zweikanalig)
$\dot{m}_{CO_2}$ = 230 g/min, *MMS-Programm 9*
Öl B
Öl A

4, 5, 6 CO_2 + Öl (einkanalig)
4 $\dot{m}_{CO_2}$ = 230 g/min, $Q_{Öl\,B}$ = 10 ml/h, $Q_{Öl\,A}$ = 10 ml/h
5 $\dot{m}_{CO_2}$ = 230 g/min, $Q_{Öl\,B}$ = 40 ml/h, $Q_{Öl\,A}$ = 90 ml/h
6 $\dot{m}_{CO_2}$ = 170 g/min, $Q_{Öl\,B}$ = 40 ml/h, $Q_{Öl\,A}$ = 90 ml/h
Öl B
Öl A

Bild 4.27: Oberflächenrauheit in Abhängigkeit von der KSS-Strategie nach [KOCH19, S. 60]
Surface roughness dependent on cooling lubrication strategy according to [KOCH19, p.60]

Für jede Kühlschmierstrategie wurde ein neues unbeschichtetes Werkzeug der Variante 2a eingesetzt. Damit ein Einfluss vom Werkzeugverschleiß auf die Oberflächenrauheit ausgeschlossen werden konnte, wurden die Messungen jeweils nach einem Vorschubweg von l_f = 80 mm durchgeführt. Mit allen Kühlschmierstrategien wurden arithmetische Mittenrauwerte kleiner Ra = 2 µm erreicht. Die erzielten Oberflächenrauheiten liegen am unteren Ende des mittels Umfangsfräsen üblicherweise erreichbaren Wertebereiches, vergl. [EURO08, S. 101], und sind somit als sehr gut zu bewerten. In Bild 4.27 sind nur geringfügige Unterschiede zwischen den arithmetischen Mittenrauwerten Ra bzw. den gemittelten Rautiefen Rz in Abhängigkeit von der Kühlschmierstrategie zu erkennen. Wesentliche Einflüsse der verschiedenen Kühlschmierstrategieparameter, wie Art des Kühlschmiermediums, CO_2-Massenstrom und Ölvolumenstrom, lassen sich basierend auf Messergebnissen aufgrund der nur geringfügigen Unterschiede nicht ableiten.

Mit Hilfe einer weiteren Versuchsreihe wurde untersucht, wie sich die unterschiedlichen Kühlschmierstrategien auf ausgewählte Randzoneneigenschaften auswirkten. Die Vorgehensweise ist in Bild 4.28 zusammengefasst.

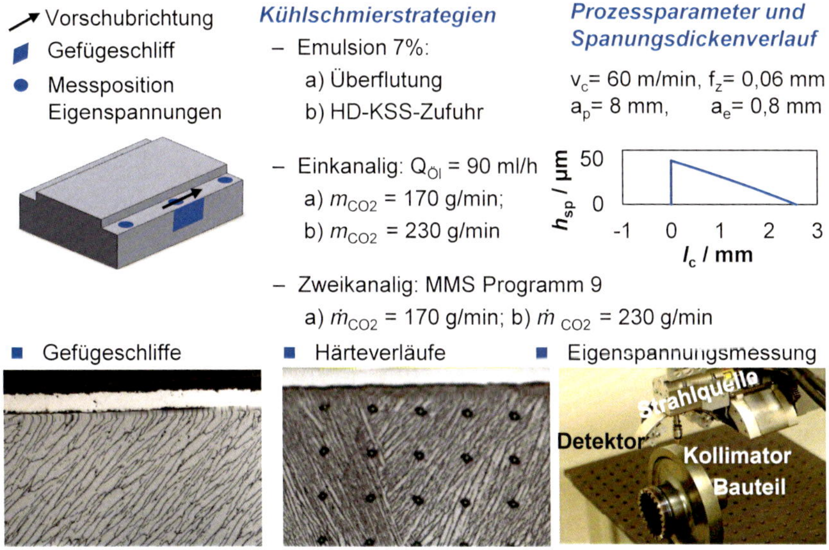

Bild 4.28: Vorgehen zur Ermittlung ausgewählter Randzoneneigenschaften [KOCH19, S. 64]
Approach for determining selected rim zone properties [KOCH19, p. 64]

Da die durch den Schruppprozess beeinflusste Randzone in der Regel durch eine anschließende Schlichtbearbeitung zerspant wird, spielen für die Bauteileigenschaften vor allem Veränderungen in der Randzone bei der Schlichtbearbeitung eine Rolle. Durch eine Reduktion der Schnittwerte bei der Schlichtbearbeitung wird die Beeinflussung der Randzone minimiert. Aus diesem Grunde wurden bei der Versuchsreihe zur Untersuchung der Randzoneneigenschaften Schlichtfräsparameter verwendet. Es wurden eine Schnittgeschwindigkeit v_c = 60 m/min, ein Zahnvorschub f_z = 0,06 mm, eine Schnitttiefe a_p = 8 mm und eine Schnittbreite a_e = 0,8 mm definiert. Im Vergleich zu den Schruppfräsparametern erfolgte eine Reduktion des Zahnvorschubes f_z um 0,02 mm und der Schnittbreite a_e um 1,6 mm. Für den Verlauf der Spanungsdicke über dem Zahneingriff bedeutet dies, dass die maximale Spanungsdicke $h_{sp,max}$ = 49 µm und die Schnittbogenlänge l_c = 2,6 mm beträgt. In der Folge reduzieren sich im Vergleich zu den Schruppparametern die Zahneingriffsdauer sowie die mechanische und thermische Werkzeugbelastung erheblich, vergl. Bild 2.11.

Zum Zerspanen der Werkstücke wurden beschichtete Werkzeuge der Variante 2b und 3b verwendet, vergl. Tabelle 4-2. Für jede Kühlschmierstrategie wurden ein neues Werkzeug und ein neues Werkstück benutzt. Als Kühlschmierstrategien wurden die Überflutungskühlung und die HD-KSS-Zufuhr mit einer Emulsion mit 7 % Ölanteil sowie die zweikanalige Zufuhr von CO_2 und MMS und die einkanalige Zufuhr von CO_2 und Öl eingesetzt. Bei der zweikanaligen Zufuhr von CO_2 und MMS erfolgte die Zufuhr des MMS-Mediums mit Programm 9, vergl. Tabelle 4-4. Bei der einkanaligen Zufuhr von CO_2 und Öl betrug der Ölvolumenstrom $Q_{Öl}$ = 90 ml/h. Bei beiden Varianten wurde Öl A eingesetzt. Es kamen zwei CO_2-Masseströme von $\dot{m}_{CO2}$ = 170 g/min und $\dot{m}_{CO2}$ = 230 g/min zur Anwendung.

Nach dem Zerspanen wurden Gefügeschliffe der Werkstückrandzone angefertigt und lichtmikroskopisch untersucht. Darüber hinaus erfolgten Mikrohärtemessungen und Eigenspannungsmessungen im Bereich der Randzone. Die jeweiligen Messpositionen sind Bild 4.28 zu entnehmen.

Die lichtmikroskopischen Aufnahmen der Gefügeschliffe sind in Bild 4.29 abgebildet. Zum Schutz der Randzone während der Präparation wurden die Proben mit einer Nickelschicht beschichtet.

Unabhängig von der Kühlschmierstrategie ist in den Gefügeschliffen anhand des verformten dunklen Saumes der β-Phase eine plastische Verformung der Randzone zu erkennen. Die β-Phase ist in die Richtung umgeformt, in die der Wirkgeschwindigkeitsvektor der Schneide im Bereich der Werkstückoberfläche zeigt. Die Tiefe der Verformung, gemessen von der Werkstückoberfläche, ist für alle Kühlschmierstrategien kleiner als 5 µm. Weitere Gefügeveränderungen sind anhand der vorliegenden Ergebnisse nicht festzustellen.

Zwischen den unterschiedlichen Kühlschmierstrategien sind keine wesentlichen Unterschiede zu erkennen. Insbesondere konnte eine negative Beeinflussung des Gefüges in der Randzone durch die kryogene Kühlschmierung im Vergleich zur Überflutungskühlung und zur HD-KSS-Zufuhr nicht festgestellt werden. Die kryogene Kühlschmierung kann daher im Hinblick auf das Werkstoffgefüge ohne Einschränkungen eingesetzt werden.

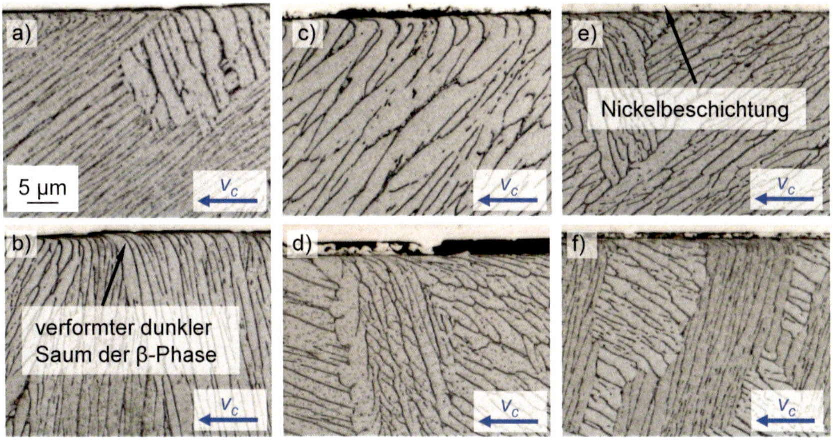

Parameter und Spanungsdickenverlauf

v_c = 60 m/min a_e = 0,8 mm

f_z = 0,08 mm a_p = 8 mm

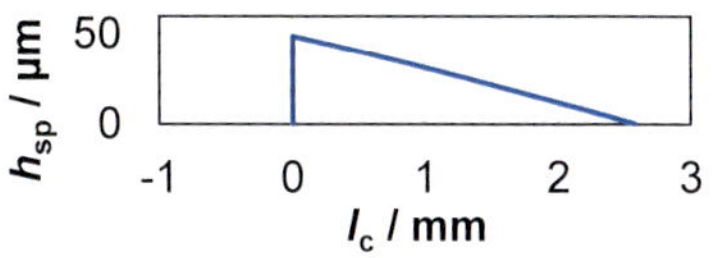

Kühlschmierstrategien

a) Überflutungskühlung:
p = 5 bar, von außen
Emulsion 7 %, Rhenus TU 545

b) HD-KSS-Zufuhr:
p = 50 bar, von innen
Emulsion 7 %, Rhenus TU545

CO_2 + Öl (einkanalig)
c) $\dot{m}_{CO_2}$ = 230 g/min, $Q_{Öl}$ = 90 ml/h
d) $\dot{m}_{CO_2}$ = 170 g/min, $Q_{Öl}$ = 90 ml/h

CO_2 & MMS (zweikanalig)
e) $\dot{m}_{CO_2}$ = 230 g/min, MMS-Programm 9
f) $\dot{m}_{CO_2}$ = 170 g/min, MMS-Programm 9

Bild 4.29: Gefügeschliffe der Werkstückrandzone nach [KOCH19, S. 64]
Microsections of the workpiece rim zone according to [KOCH19, p. 64]

In der Werkstückrandzone wurden Mikrohärteprüfungen durchgeführt. Im Abstand von 30 µm, 60 µm, 90 µm, 120 µm und 150 µm, gemessen von der Werkstückoberfläche, wurden jeweils fünf Vickerseindrücke mit einer Prüfkraft von 0,098 N positioniert und ausgewertet. In Bild 4.30 ist der Mittelwert aus den fünf Härtewerten je Oberflächenabstand dargestellt.

Nach Bearbeitung mit der zweikanaligen kryogenen Kühlschmierung wurden insbesondere mit dem größeren CO_2-Massenstrom von $\dot{m}_{CO2}$ = 230 g/min tendenziell höhere Härtewerte festgestellt als bei den anderen Kühlschmierstrategien. Bei der einkanaligen kryogenen Kühlschmierung waren die Härtewerte, vor allem beim geringeren CO_2-Massenstrom von $\dot{m}_{CO2}$ = 170 g/min, tendenziell am geringsten.

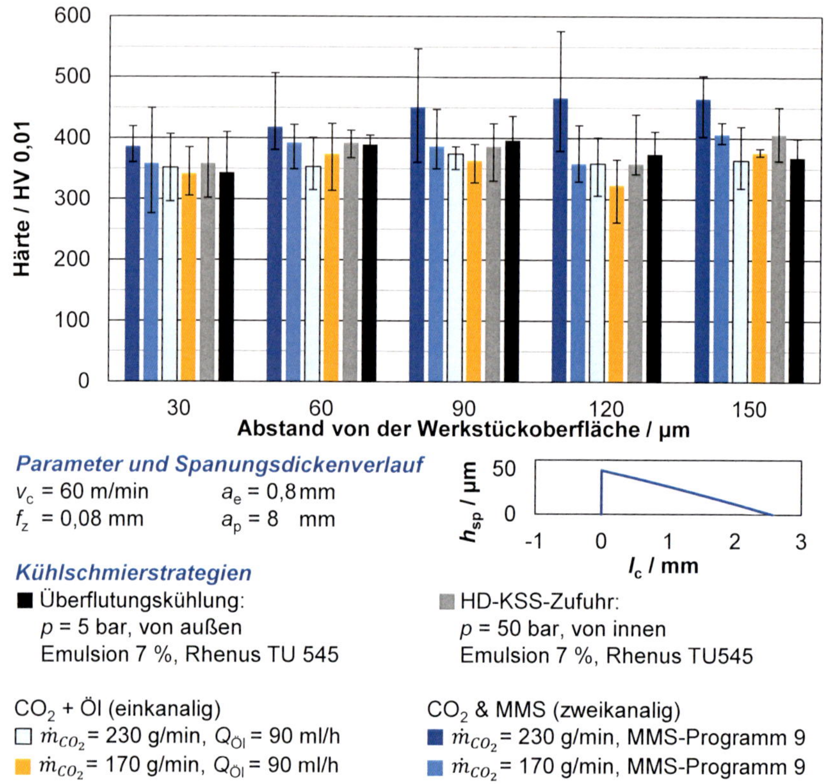

Bild 4.30: Prüfung der Mikrohärte in der Werkstückrandzone nach [KOCH19, S. 66]
Microhardness inspection in the workpiece rime zone according to [KOCH19, p. 66]

Eine mögliche Begründung hierfür ist, dass bei der kryogenen Kühlschmierung eine veränderte thermische und mechanische Belastung der Werkstückrandzone vorliegt als bei den konventionellen Kühlschmierstrategien. Dies konnte anhand von werkzeugseitigen Temperatur- und Aktivkraftmessungen geschlossen werden, die im Kapitel 5.2.2 detailliert beschrieben werden. Aus den Messungen konnte geschlussfolgert werden, dass bei den kryogenen Kühlschmierstrategien tendenziell geringere thermischen und mechanischen Randzonenbelastungen auftreten. Eine geringere thermische Belastung resultiert in höheren Druckeigenspannungen, während eine geringere mechanische Belastung der Randzone zu geringeren Druckeigenspannungen führt. Anhand der Ergebnisse der Härtemessungen ist daher davon auszugehen, dass die aus der zweikanaligen kryogenen Kühlschmierung resultierende thermomechanische Belastung der Randzone tendenziell zu höheren Druckeigenspannungen und somit zu einer Verfestigung der Randzone führt als bei den konventionellen Kühlschmierstrategien. In den nachfolgend beschriebenen Eigenspannungsmessungen konnte dies allerdings nicht bestätigt werden.

Zusätzlich zu den Gefügeuntersuchungen und der Mikrohärteprüfung wurden Eigenspannungsmessungen mittels Röntgenbeugung in der Werkstückrandzone in einem Abstand von der Werkstückoberfläche von 4,5 µm durchgeführt. Die Messungen erfolgten in drei Winkellagen von φ = 0°, φ = 45°, φ = 90°, wobei die Ausrichtung der Werkstücke so gewählt wurde, dass die Winkellage von φ = 0° in Richtung des Vorschubes wies. Die Ergebnisse sind in Bild 4.31 dargestellt.

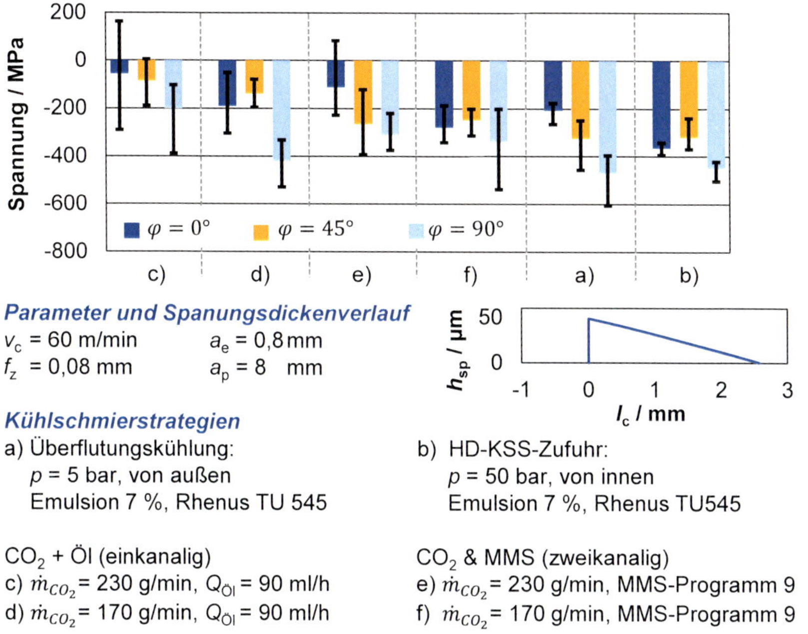

Bild 4.31: Ergebnisse der Eigenspannungsmessungen in der Werkstückrandzone nach [KOCH19, S. 66]

Results of residual stress measurements in the workpiece rim zone according to [KOCH19, p. 66]

In der Werkstückrandzone lagen unabhängig von der Kühlschmierstrategie Druckeigenspannungen vor. Zugeigenspannungen in der Randzone durch die kryogene Kühlschmierung wurde nicht festgestellt. Hinsichtlich der Eigenspannungen in der Werkstückrandzone kann die kryogene Kühlschmierung daher uneingeschränkt angewendet werden.

4.3.4 Experimentelle Untersuchung der kryogenen Kühlschmierung hinsichtlich Spanform

Experimental Investigation of Cryogenic Cooling and Lubrication with regard to Chip Form

Bei der Bewertung der Zerspanbarkeit wird häufig die Spanform als Zerspanbarkeitskriterium bewertet. Für die verschiedenen Kühlschmierstrategien wurden Späne eingesammelt und lichtmikroskopisch dokumentiert. Bild 4.32 sind die lichtmikroskopischen Aufnahmen der Späne für verschiedene Kühlschmierstrategien gegenübergestellt.

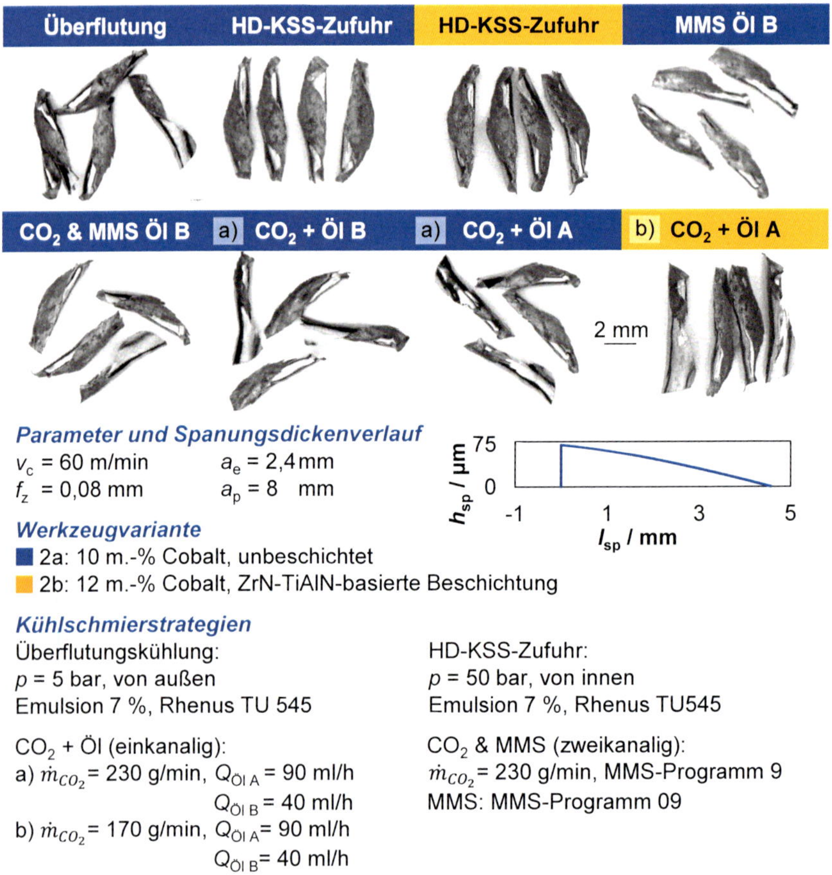

Bild 4.32: Einfluss der Kühlschmierstrategie auf die Spanform nach [KOCH19, S. 60-61]
Influence of the cooling lubrication strategy on the chip form according to [KOCH19, p. 60-61]

Hinsichtlich der Spanform konnten keine wesentlichen Unterschiede zwischen den betrachteten Kühlschmierstrategien festgestellt werden. Grundsätzlich bildeten sich durch den unterbrochenen Schnitt beim Fräsen kurze Späne, die sich in der Regel gut aus der Zerspanzone abtransportieren ließen. Lediglich bei der zweikanaligen Zufuhr von CO_2 und MMS und der MMS ohne CO_2, also den Strategien, bei denen die Zufuhr des MMS-Mediums über die Werkzeugaufnahme erfolgte, kam es bei zunehmenden Werkzeugverschleiß zu Problemen bei der Spanabfuhr. Durch adhäsiv anhaftende Späne bildete sich ein Spänestau in der Spankammer, der zum Werkzeugbruch führte, siehe Bild 4.23. Bei der einkanaligen Zufuhr von CO_2 und Öl traten hinsichtlich der Spanbildung und Spanabfuhr keinerlei Probleme auf. Dies gilt insbesondere auch im Vergleich zur Überflutungskühlung sowie HD-KSS-Zufuhr.

4.3.5 Fazit und Identifikation der relevanten Kenngrößen

Conclusion and Identification of the Relevant Characteristics

Zusammenfassend werden aus den zerspantechnologischen Analysen die folgenden grundlegenden Erkenntnisse abgeleitet:

- Die Zufuhrvariante der kryogenen Kühlschmierung hat wesentlichen Einfluss auf das Verschleißverhalten der Werkzeuge.
- Mit der zweikanaligen Zufuhr von CO_2 und MMS konnten im Vergleich zu den konventionellen Kühlschmierstrategien keine Vorteile erzielt werden.
- Durch die einkanalige Zufuhr von CO_2 und Öl konnten die Standwege im Vergleich zu den konventionellen Kühlschmierstrategien vervierfacht werden.
- Der Ölvolumenstrom und der CO_2-Massenstrom haben erheblichen Einfluss auf das Werkzeugverschleißverhalten.
- Die Eigenschaften der MMS-Öle haben Einfluss auf das Werkzeugverschleißverhalten.
- Werkzeugseitig konnte gezeigt werden, dass sowohl bei beschichteten als auch bei unbeschichteten Werkzeugen aus der einkanaligen kryogenen Kühlschmierung mit CO_2 und Öl Vorteile hinsichtlich des Werkzeugverschleißverhaltens resultierten.
- Ein Einfluss der Zufuhrvariante auf die Oberflächenrauheit, das Randzonengefüge, die Mikrohärteverläufe und die Eigenspannungen in der Randzone wurde nicht festgestellt.

Als eine relevante Kenngröße wird damit die Zufuhrvariante identifiziert. Zur Erklärung der Ursache-Wirkungszusammenhänge ist zunächst eine weiterführende Untersuchung der zweikanaligen und der einkanaligen Zuführung erforderlich. Es muss die Frage beantwortet werden, warum durch die einkanalige Zufuhrvariante Vorteile bezüglich der Werkzeugverschleißverhaltens erzielt wurden und durch die zweikanalige Zufuhrvariante nicht.

Weiterhin zeigen die Ergebnisse auf, dass die Eigenschaften der MMS-Öle einen Einfluss auf das Werkzeugverschleißverhalten haben. Es ist zu prüfen, ob und welche Wechselwirkungen der verschiedenen Öle mit CO_2 bestehen und wie sich diese auf das Werkzeugverschleißverhalten auswirken.

Weitere relevante Kenngrößen sind der Ölvolumenstrom und der CO_2-Massenstrom bei der einkanaligen Zufuhr. In diesem Zusammenhang wird anhand der Ergebnisse die Hypothese aufgestellt, dass ein thermomechanisches Belastungskollektiv existiert, welches bei der Zerspanung des Werkstoffs TiAl6V4 im β-geglühten Zustand in einem optimalen Verschleißverhalten des Werkzeuges resultiert. Es gilt zu klären, wie das thermomechanische Belastungskollektiv durch die Einstellung des Ölvolumenstromes und des CO_2-Massenstromes beeinflusst werden kann.

5 Analyse der Ursache-Wirkungszusammenhänge

Analysis of the Cause-and-Effect Relationships

Dieses Kapitel dient der Beantwortung der zweiten Forschungsfrage:

„Welche Ursache-Wirkungszusammenhänge bestehen zwischen den identifizierten relevanten Prozessparametern und den Zielgrößen?“

Im ersten Teil wird in Kapitel 5.1 anhand experimenteller Untersuchungen die Frage beantwortet, warum sich bei der zerspantechnologischen Untersuchung in Kapitel 4 durch die einkanalige Zufuhrvariante Vorteile bezüglich der Werkzeugverschleißverhaltens ergaben und durch die zweikanalige Zufuhrvariante nicht. Inhalt von Kapitel 5.2 sind die Ergebnisse der Untersuchung der Einflüsse verschiedener Kühlschmierstrategien auf das thermomechanische Belastungskollektiv. Im Fokus standen hierbei der Ölvolumenstrom und der CO_2-Massenstrom bei der einkanaligen Zuführung. Zur Analyse des thermomechanischen Belastungskollektivs erfolgten werkzeugseitige Temperaturmessungen und werkstückseitige Kraftmessungen. Für die Temperaturmessungen wurden Werkzeughalter mit integrierter Sensorik entwickelt. Diese werden in Kapitel 5.2.1 erläutert.

5.1 Analyse der Wechselwirkungen zwischen den Kühl- und Schmiermedien

Analysis of the Interactions between Cooling and Lubrication Media

Bei der zerspantechnologischen Analyse in Kapitel 4 wurde festgestellt, dass sich durch die Anwendung der einkanaligen Zufuhr von CO_2 und Öl die Standwege im Vergleich zur Überflutungskühlung vervierfachen ließen. Bei Anwendung der zweikanaligen Zufuhr von CO_2 und MMS traten im Vergleich zur Überflutungskühlung reduzierte Standwege auf. Zur Klärung der Ursache-Wirkungszusammenhänge wurden die beiden Zufuhrvarianten weiter untersucht. Die Ergebnisse der Untersuchungen werden in den nachfolgenden Kapitel 5.1.1 und 5.1.2 erläutert. Schwerpunkte der Erläuterungen stellen die Wechselwirkungen zwischen den Medienströmen bei der Zufuhr und die Wechselwirkungen zwischen CO_2 und Öl bei der Vermischung dar.

5.1.1 Wechselwirkung zwischen den Medienströmen bei der Zufuhr

Interactions between Media Flows during Supply

Die Ergebnisse der zerspantechnologischen Untersuchung in Kapitel 4 deuten darauf hin, dass bei der Anwendung der zweikanaligen Zufuhr von CO_2 und MMS die Medien ihre Kühl- und Schmierwirkung in der Zerspanzone im Vergleich zur einkanaligen Zufuhr von CO_2 und Öl nicht oder nur eingeschränkt entfalten. Die großen Unterschiede zwischen der einkanaligen und der zweikanaligen Zufuhr bezüglich der Standwege sind ein Indikator hierfür. Um zu untersuchen, ob die Medien in die Zerspanzone gelangen, wurden Sprühbilder angefertigt. Eine analoge Vorgehensweise wurde bereits in Kapitel 4.2.2 zur Analyse der MMS-Zufuhr eingesetzt.

Bei diesem Experiment wurde das Werkzeug in der Werkzeugmaschine gespannt und in einem Abstand von einem Millimeter vor einer mattschwarz lackierten Aluminiumscheibe positioniert. Anschließend wurden CO_2 und MMS zugeführt und das Werkzeug auf einer Kreisbahn mit einem Durchmesser von D = 148 mm bewegt. Die Vorschubgeschwindigkeit und die Drehzahl des Werkzeuges wurden basierend auf den Schnittwerten, welche bei den Zerspanversuchen eingesetzt wurden, ausgewählt. Die entstehenden Sprühbilder erlauben eine qualitative Bewertung der Zufuhr der Medien. Die Vorgehensweise sowie die Ergebnisse für die zweikanalige Zufuhr von CO_2 und MMS sind in Bild 5.1 dargestellt.

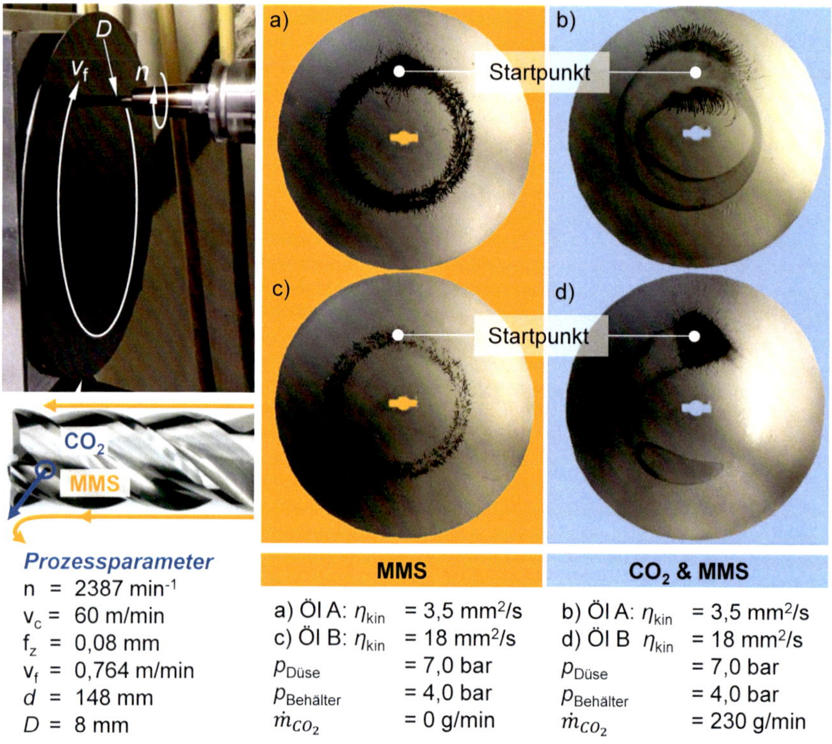

Bild 5.1: Gegenüberstellung von Sprühbildern bei Zuführung von MMS und zweikanaliger Zuführung von CO_2 und MMS nach [BERG18, S. 319; KOCH19, S. 40]
Comparison of spray patterns for MQL- and two channel supply of CO_2 and MQL according to [BERG18, S. 319; KOCH19, p. 40]

Die Fotos a) und c) in Bild 5.1 zeigen die Ergebnisse für die zweikanalige Zufuhrvariante von Öl A bzw. Öl B bei Zufuhr von MMS, wobei auf eine gleichzeitige Zufuhr von CO_2 zunächst verzichtet wurde. Bei der alleinigen Zuführung von MMS trat über dem kreisförmigen Vorschubweg eine gleichmäßige Benetzung der Aluminiumscheibe auf, siehe a) und c) in Bild 5.1. Hinsichtlich der Benetzung sind zwischen den beiden Ölen Unterschiede zu erkennen. Bei Öl A, siehe a), kam es qualitativ zu einer intensiveren Benetzung als bei Öl B, siehe c). Dies kann auf die geringere Viskosität von Öl A

(η = 3,5 mm²/s) im Vergleich zu Öl B (η = 18 mm²/s) zurückgeführt werden, die bei gleichen MMS-Einstellparameter in einem höheren Ölvolumenstrom resultiert. Dies wurde für die einkanalige Zufuhr bereits in Kapitel 4.2.3 nachgewiesen und kann auf die zweikanalige Zufuhr übertragen werden.

In weiteren Experimenten erfolgte die Zuführung von MMS und CO_2 mit der zweikanaligen Zufuhrvariante. Die Fotos b) und d) in Bild 5.1 zeigen die zugehörigen Sprühbilder. Am Startpunkt trat eine Benetzung der Aluminiumscheibe auf. Für den weiteren Vorschubweg war festzustellen, dass die Aluminiumscheibe nur noch sehr eingeschränkt bzw. stellenweise nicht mehr durch Öl benetzt war. Nach dem Einschalten der Medienzufuhr erreichte die MMS etwas schneller als das CO_2 die Werkzeugstirn, sodass sich die MMS im Bereich des Startpunktes auf der Aluminiumscheibe niederschlug. Sobald das CO_2 aus den CO_2-Kanälen austrat und aufgrund des Druckabfalls expandierte gelangte kein MMS-Öl mehr auf die Aluminiumscheibe.

Bei den Zerspanversuchen drückte das expandierende CO_2 das MMS-Medium zur Seite und verhinderte, dass es in die Zerspanzone gelangte. Durch die MMS konnte in der Zerspanzone in diesem Fall keine Schmierwirkung erzielt werden. Dies ist die Ursache für die geringen Standwege, die bei der zerspantechnologischen Untersuchung in Kapitel 4 mit der zweikanaligen Zufuhrvariante erzielt wurden.

Für die einkanalige Zufuhr von CO_2 und Öl wurden ebenfalls Sprühversuche durchgeführt. Die Sprühbilder sind in Bild 5.2 abgebildet. Die Öffnungszeit des Ölventils war konstant auf einen Wert von t_{ein} = 10 ms eingestellt. Wie in Kapitel 4.2.3 beschrieben ist, wird mit der Öffnungszeit des Ventils das zugeführte Ölvolumen pro Schaltdauer beeinflusst. Durch die Schließdauer t_{aus} wird die Häufigkeit bestimmt, mit der das Ölvolumen pro Zeiteinheit zugeführt wird. Beim Erzeugen der in Bild 5.2 dargestellten Sprühbilder erfolgte eine Variation der Schließdauer des Ölventils. Es wurden Schließdauern von t_{aus} = 4 s, t_{aus} = 2 s, t_{aus} = 2 s und t_{aus} = 0,1 s analysiert. Die zugehörigen Schaltfrequenzen f_s und Ölvolumenströme Q wurden mit Gleichung (4-1) und der Ölkennlinie von Öl A, siehe Bild 4.20, ermittelt. Die Werte der Schaltfrequenzen bzw. der Ölvolumenströme betrugen $f_s(t_{aus} = 4\ s) – 0,25$ Hz, $t_s(t_{aus} = 2\ s) = 0,5$ Hz, $f_s(t_{aus} = 1\ s) = 1$ Hz und $f_s(t_{aus} = 0,1\ s) = 9$ Hz bzw. $Q(f_s = 0,25\ Hz) = 2,5$ ml, $Q(f_s = 0,5\ Hz) = 5$ ml, $Q(f_s = 1\ Hz) = 10$ ml und $Q(f_s = 9\ Hz) = 90$ ml.

Die Schaltzeitpunkte des Ventils sind in den Sprühbildern eindeutig zu erkennen. Das über der Einschaltdauer zugeführte Öl benetzt die Scheibe kreisförmig. Während der Schließdauer des Ventils legt das Werkzeug einen von der Vorschubgeschwindigkeit abhängigen Weg zurück, bis das Ölventil erneut geöffnet und Öl zugeführt wird. Ist die Dauer, in der das Ventil geschlossen ist, kürzer, wird bereits nach einem geringeren Vorschubweg erneut Öl zugeführt. Bei den Schaltfrequenzen f_s = 0,25 Hz und f_s = 0,5 Hz sind noch viele Bereiche entlang der Vorschubwege zu erkennen, die nicht oder sehr eingeschränkt mit Öl benetzt sind. Das Sprühbild bei einer Schaltfrequenz von f_s = 1 Hz zeigt dagegen eine deutlich gleichmäßigere Benetzung, auch wenn die einzelnen Schaltzeitpunkte der Ölzufuhr noch zu erkennen sind, siehe c). Das Sprühbild, welches bei einer Schaltfrequenz von f_s = 9 Hz erstellt wurde, zeigt eine sehr gleichmäßige Benetzung mit Öl. Die einzelnen Schaltzeitpunkte des Ölventils sind im Sprühbild nicht mehr zu erkennen, siehe d).

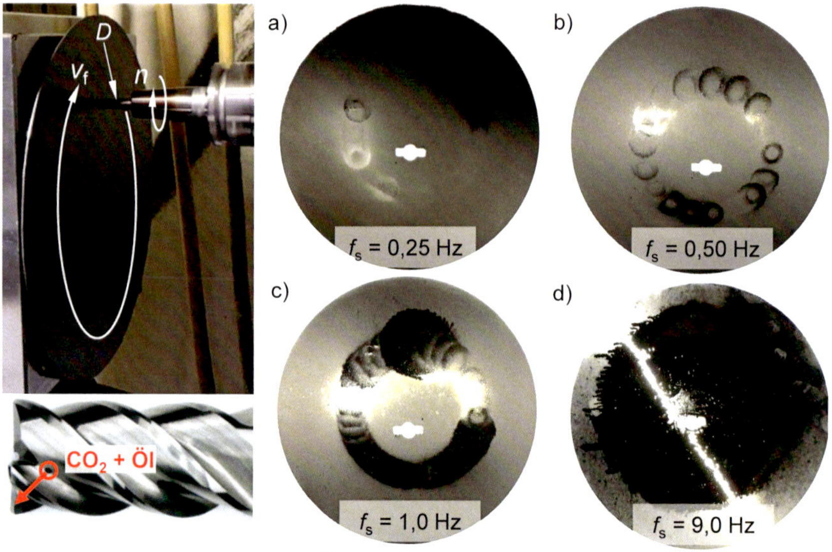

Prozessparameter

n = 2387 min^{-1}
v_c = 60 m/min
f_z = 0,08 mm
v_f = 0,764 m/min
d = 148 mm
D = 8 mm

CO_2 und Ölzufuhr

$\dot{m}_{CO_2}$ = 230 g/min; Öl A: η = 3,5 mm²/s
Variation der Ölzufuhrparameter
a) t_{ein} = 10 ms; t_{aus} = 4000 ms; f_s = 0,25 Hz, $Q_{Öl}$ = 2,5 ml/h
b) t_{ein} = 10 ms; t_{aus} = 2000 ms; f_s = 0,50 Hz, $Q_{Öl}$ = 5,0 ml/h
c) t_{ein} = 10 ms; t_{aus} = 1000 ms; f_s = 1,00 Hz, $Q_{Öl}$ = 10,0 ml/h
d) t_{ein} = 10 ms; t_{aus} = 100 ms; f_s = 9,00 Hz, $Q_{Öl}$ = 90,0 ml/h

Bild 5.2: Sprühbilder nach einkanaliger Zufuhr von CO_2 und Öl – Variation der Schaltfrequenz des Ölventils nach [BERG18, S. 326; BERG19a]
Spray patterns after one channel supply of CO_2 and oil – variation of the switching frequency of the oil valve [BERG18, S. 326; BERG19a]

Die Ergebnisse der zerspantechnologischen Analyse aus Kapitel 4 zeigen, das mit einem höheren Ölvolumenstrom längere Standwege erzielt werden konnten als mit geringeren Ölvolumenströmen. In Kapitel 4 wurde dies bereits auf die geringere Schmierwirkung durch den geringen Ölvolumenstrom zurückgeführt. Die Ergebnisse der Sprühuntersuchungen in diesem Kapitel unterstützen diese Begründung, da als Ursache für die kürzeren Standwege bei kleineren Ölvolumenströmen eine unzureichende Benetzung in der Zerspanzone angenommen werden muss, die in einer unzureichenden Schmierung resultiert.

5.1.2 Wechselwirkung zwischen CO_2 und Öl bei der Vermischung

Interaction between CO_2 und Oil during Mixing

Bei der einkanaligen Zufuhrvariante wurden zwischen den verwendeten Ölen bei der zerspantechnologischen Untersuchung in Kapitel 4 hinsichtlich der betrachteten Zerspanbarkeitskriterien teilweise wesentliche Unterschiede festgestellt. Um zu klären, welche Wechselwirkungen zwischen den Ölen und dem flüssigem CO_2 beim Vermischen auftreten, wurden die Medien in einer Druckkammer vermischt und ihre Wechselwirkungen bewertet. Die nachfolgend dargestellten Ergebnisse wurden zu Teilen bereits veröffentlicht [BERG19a, p. 204; BERG18, S. 323-324; KOCH19, S. 42-44]. Die Druckkammer und die Vorgehensweise beim Vermischen von CO_2 und Öl sind in Bild 5.3 abgebildet.

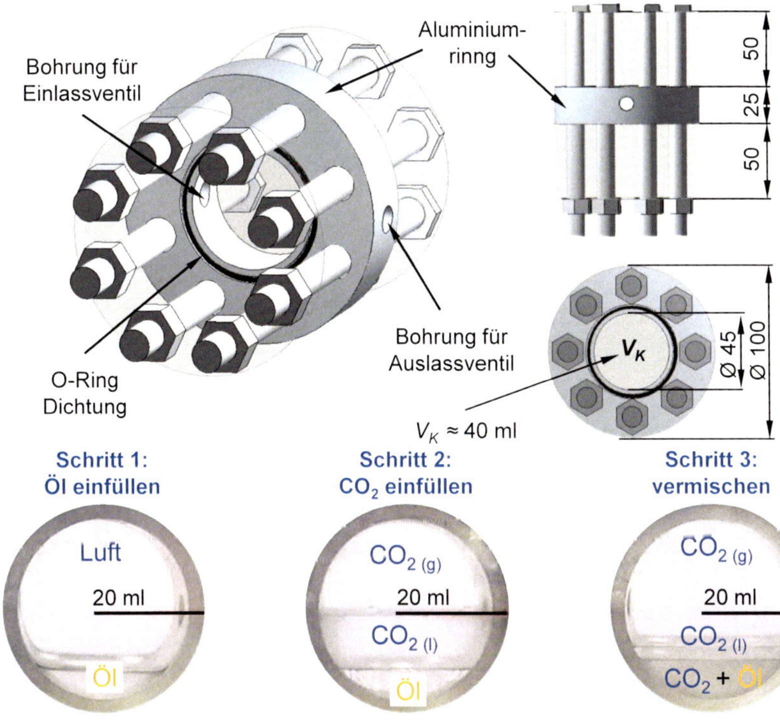

Bild 5.3: Vorgehensweise beim Vermischen von flüssigem CO_2 und Öl nach [BERG19a; BERG18; BERG18, S. 323]

Procedure for mixing liquid CO_2 and oil according to [BERG19a; BERG18, p. 323]

Die Druckkammer bestand aus einem Aluminiumring und zwei Acrylglasscheiben, die mit acht Zylinderschrauben der Größe M12 an dem Ring befestigt wurden. Als Dichtungen zwischen den Scheiben und dem Ring wurde jeweils eine O-Ring Dichtung eingesetzt. Im Aluminiumring waren eine Einlass- und eine Auslassbohrung sowie Bohrungen zum Anschluss eines Manometers und eines Thermoelementes vorgesehen. Der Außendurchmesser der Kammer betrug $d_{A,Ring}$ = 100 mm, der Innendurchmesser war $d_{I,Ring}$ = 45 mm groß und die Breite des Aluminiumringes hatte einen Wert b = 25 mm. Hieraus resultierte ein Kammervolumen von V_K = 40 ml. In einigen Untersuchungen wurde eine Kammer mit einem schmaleren Aluminiumring mit einer Breite von b = 20 mm verwendet. Diese Kammer hatte ein geringeres Volumen von V_K = 32 ml. Zur Untersuchung der Wechselwirkung zwischen flüssigem CO_2 und den in dieser Arbeit eingesetzten Ölen wurde in die Kammer im ersten Schritt Öl eingefüllt. Im zweiten Schritt wurde flüssiges CO_2 in die Kammer eingeleitet. Im dritten Schritt erfolgte ein Vermischen von CO_2 und Öl durch Schütteln der CO_2-Kammer. Für jedes der in Kapitel 4.2.3 eingeführten Öle wurden drei Volumenverhältnisse von Öl zu CO_2 betrachtet 1/3, 1/1 und 3/1. Durch die Acrylglasscheiben konnten der Innenraum der Kammer und die Wechselwirkungen zwischen CO_2 und Öl beobachtet werden. Zur Dokumentation und Analyse wurden Videos aufgezeichnet. In Bild 5.4 sind Momentaufnahmen jeweils nach Beendigung der drei Schritte „Öl einfüllen“, „CO_2 einfüllen“ und „vermischen“ für Öl A dargestellt.

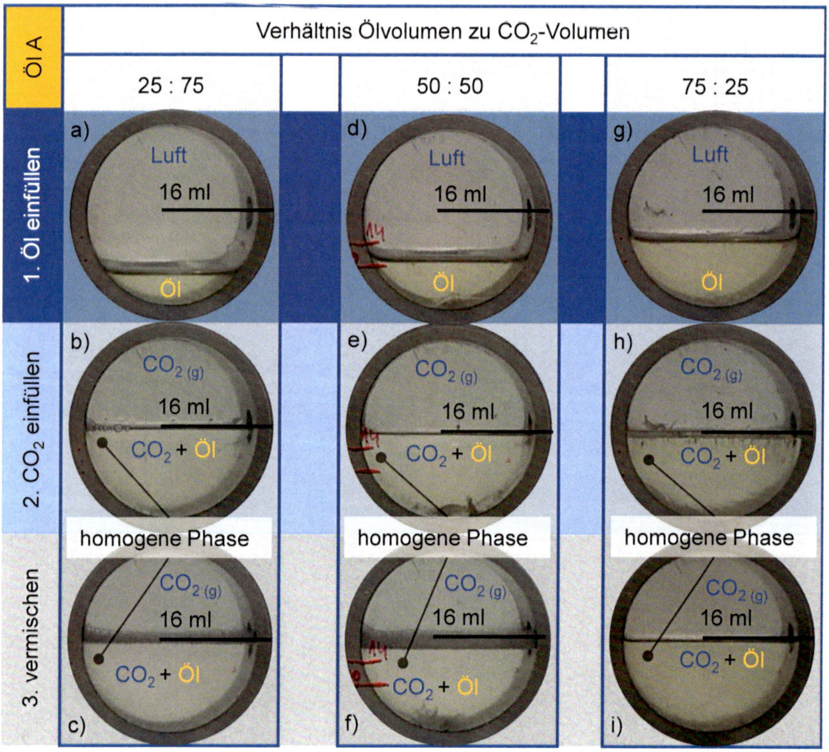

Bild 5.4: Verhalten von Öl A beim Vermischen mit CO_2 nach [BERG18, S. 324; BERG19a, KOCH19, S. 43]

Characteristics of oil A when mixing with CO_2 according to [BERG18, p. 324; BERG19a; KOCH19, p. 43]

Zu Beginn befindet sich Luft in der Kammer. Es wird zunächst Öl eingefüllt, das sich im unteren Bereich der Kammer sammelt, siehe a), d) und g) in Bild 5.4. Um die Volumenverhältnisse von 1/3, 1/1 und 3/1 einzustellen, wurden jeweils unterschiedliche Ölvolumina eingefüllt. Im Fall a) betrug das Ölvolumen $V_{Öl}$ = 4 ml, im Fall d) $V_{Öl}$ = 8 ml und im Fall g) $V_{Öl}$ = 12 ml. Anschließend wurde CO_2 in die Kammer geleitet. Da sich in der CO_2-Leitung zu Beginn gasförmiges CO_2 befindet, welches die Luft verdrängt, füllt sich die Kammer zunächst mit gasförmigen CO_2. Anschließend füllt sich die Kammer mit flüssigem CO_2. Es wird so lange flüssiges CO_2 in die Kammer geleitet, bis das Öl und das CO_2 zusammen das halbe Kammervolumen ausfüllen. Bei Öl A ist unabhängig vom Verhältnis zu erkennen, dass das Öl und das CO_2 bereits nach dem Einfüllen eine homogene Phase bilden, siehe Bild 5.4 b), e) und h). Durch das Schütteln der Kammer im dritten Schritt ändert sich dieser Zustand nicht, siehe Bild 5.4 c), f) und i). Das Gesamtvolumen beider Phasen bleibt konstant.

In analoger Darstellungsweise zu Bild 5.4 sind in Bild 5.5 die Ergebnisse der Untersuchungen von Öl B dargestellt. Anders als bei Öl A, schwimmt das flüssige CO_2 beim Einfüllen auf Öl B auf.

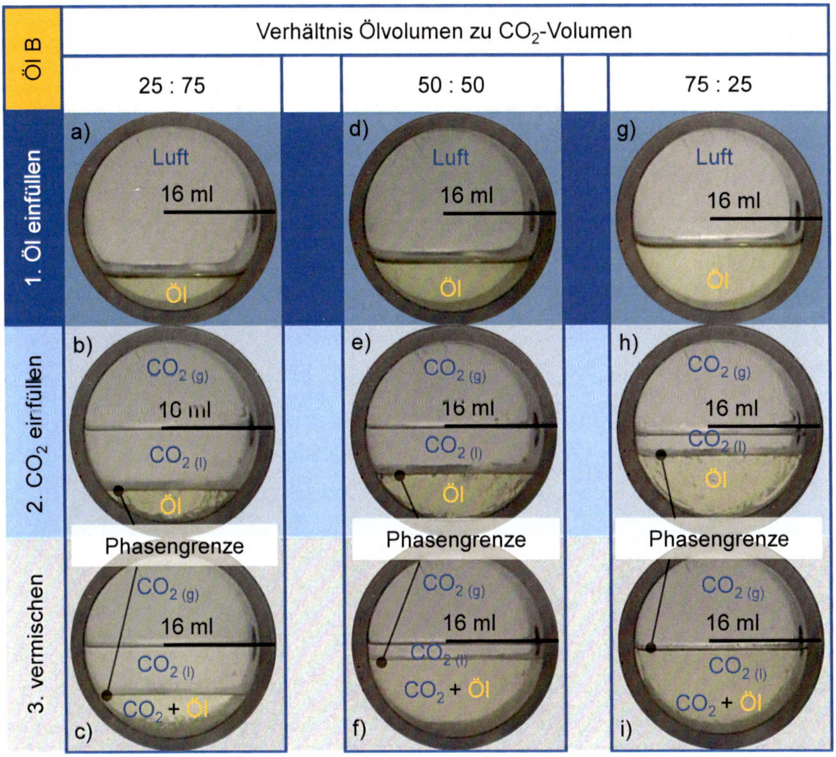

Bild 5.5: Verhalten von Öl B beim Vermischen mit CO_2 nach [BERG18, S. 324; BERG19a, KOCH19, S. 43]
Characteristics of oil B when mixing with CO_2 according to [BERG18, p. 324; BERG19a; KOCH19, p. 43]

Es bilden sich zwei Phasen, die durch eine erkennbare Phasengrenze voneinander getrennt sind, Bild 5.5 b), e), h). Im Öl sind „Schlieren" zu erkennen, die auf eine Löslichkeitsreaktion zwischen Öl B und dem CO_2 hinweisen. Weiterhin ist zu erkennen, dass durch das Vermischen im 3. Schritt das Volumen der oberen Phase im Vergleich zum 2. Schritt abnimmt, während das Volumen der unteren Phase zunimmt, Bild 5.5 c), f) und i). Je größer das eingefüllte Ölvolumen ist, desto stärker ist dieser Effekt zu beobachten. Eine Änderung des Gesamtvolumens beider Phasen ist nicht zu erkennen.

In Bild 5.6 sind die Ergebnisse der Untersuchungen für Öl C dargestellt. Wie bei Öl B schwimmt das flüssige CO_2 auf Öl C auf und es bilden sich zwei getrennte Phasen, die über eine Phasengrenze voneinander getrennt sind. Beim Vermischen von Öl C mit CO_2 trat ein weiterer Effekt auf, Bild 5.6.

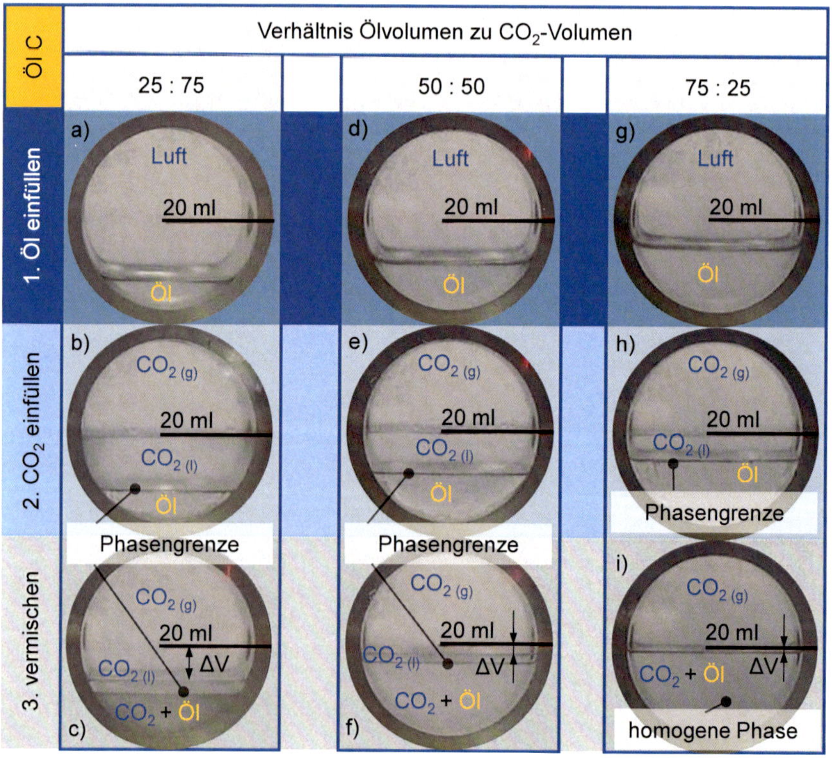

Bild 5.6: Verhalten von Öl C beim Vermischen mit CO_2
Characteristics of oil C when mixing with CO_2

Der Vergleich der Zustände nach Schritt 2 und Schritt 3 ergibt, dass das Gesamtvolumen beider Phasen von Schritt 2 zu Schritt 3 abnimmt, Bild 5.6 c), f) und i). Gleichzeitig nimmt das Volumen der oberen Phase ab und der unteren Phase zu. Der Effekt, dass das Volumen der oberen Phase abnimmt, ist wie bei Öl B bei einem größeren

Verhältnis aus Öl und CO_2 stärker zu beobachten. Die Abnahme des Gesamtvolumens ist im Gegensatz dazu bei kleineren Verhältnissen aus Öl und CO_2 stärker, vergl. Bild 5.6 c), f) und i).

Die Untersuchungen zu den Ölen D und E, welche in Kapitel 4.2.3 zusätzlich zu den Ölen A, B und C eingeführt wurden, sind im Anhang A3 dargestellt, da sie über die bereits beschriebenen Beobachtungen hinaus keine weiteren Erkenntnisse brachten. Sie zeigten ein zu Öl C vergleichbares Verhalten beim Vermischen mit CO_2.

Beim Vermischen von Öl und flüssigem CO_2 traten drei Effekte auf. Im ersten Fall bildeten Öl und flüssiges CO_2 nach dem Vermischen eine homogene Phase. Im zweiten Fall waren nach dem Vermischen zwei getrennte Phasen zu erkennen. Das Volumen der Phase aus flüssigem CO_2 war nach dem Vermischen kleiner als vorher, während das Volumen der anderen Phase entsprechend zunahm. Der Effekt war bei größeren Verhältnissen von Öl zu CO_2 stärker ausgeprägt. Das Gesamtvolumen veränderte sich nicht. Im dritten Fall trat zusätzlich eine Verringerung des Gesamtvolumens auf, die bei kleinen Verhältnissen von Öl zu CO_2 stärker zu beobachten war.

Mischungen werden in der Chemie unterteilt in heterogene und homogene Mischungen bzw. Lösungen von zwei oder mehreren verschiedenen Stoffen. Beim Mischen zweier oder mehrerer Flüssigkeiten können heterogene Mischungen entstehen, die sich durch die Bildung mehrerer Phasen auszeichnen. Homogene Mischungen bilden eine einheitliche Phase, die überall die gleiche Zusammensetzung hat. Beim Vermischen von Gasen entstehen stets homogene Mischungen. Ähnlich wie bei Gasen ist es auch möglich, dass sich beim Vermischen zweier Flüssigkeiten homogene Mischungen bilden. [LIND79, S. 69-70]

Unter Lösungen versteht man einphasige, homogene Mischungen zweier oder mehrerer Stoffe, wobei die Homogenität der Mischung bis in den molekularen Bereich hineinreicht. Dies bedeutet, dass sich aufgrund einer gewissen chemischen Ähnlichkeit zwischenmolekulare Anziehungskräfte zwischen den Molekülen des Lösungsmittels und dem gelösten Stoff ausbilden, welche von einer vergleichbaren Größenordnung wie die zwischenmolekularen Anziehungskräfte zwischen den Molekülen innerhalb des Lösungsmittels und den Molekülen innerhalb des gelösten Stoffes sind. [LIND79, S. 72-73]

Grundsätzlich lösen sich Stoffe mit unpolarem Molekülcharakter in Lösungsmitteln mit unpolarem Molekülcharakter und polare Stoffe in Lösungsmitteln mit polarem Molekülcharakter. Beispiel hierfür sind organische Stoffe (z. B. Fette) in organischen Lösungsmitteln, bei denen Van-der-Waals Kräfte als zwischenmolekulare Anziehungskräfte wirken. Kochsalz löst sich in Wasser, wobei sich Ion-Dipolbindungen ausbilden. Ein weiteres Beispiel ist die Lösung von Ethanol in Wasser. An der funktionelle OH-Gruppe am Ethanolmolekül bilden sich aufgrund von Elektronenverschiebungen wegen unterschiedlicher Elektronegativitäten partielle Ladungen, welche die Ausbildung von Wasserstoffbrücken ermöglichen und somit eine gute Löslichkeit von Ethanol in Wasser bewirken.

Wie die vorhergehenden Ausführungen zeigen, ist es zur Beurteilung der Wechselwirkungen zwischen CO_2 und den MMS-Ölen erforderlich, die jeweiligen Moleküle im Hinblick auf die wirkenden zwischenmolekularen Anziehungskräfte zu analysieren.

Das CO_2-Molekül hat eine lineare und symmetrische Molekülstruktur. Die Strukturformel des CO_2-Moleküls und die mesomere Grenzstruktur, welche die Grenzen der Bindungsverhältnisse im CO_2-Molekül beschreibt, sind in Bild 5.7 abgebildet. Da die Ladungsschwerpunkte im Molekül zusammenfallen, kompensieren sich die polarisierten Schwerpunkte gegenseitig und das Molekül hat nach außen keinen Dipolcharakter. Aufgrund der unterschiedlichen Elektronegativität der Sauerstoffatome (EN = 3,5) und des Kohlenstoffatoms (EN = 2,5) verschieben sich die Elektronenpaarbindungen in Richtung der Sauerstoffatome, sodass positive und negative Partialladungen an den Molekülenden vorliegen. In unmittelbarer Umgebung kann sich das CO_2 Molekül wie ein polares Molekül verhalten und mit Molekülen, die aufgrund ihrer Struktur ebenfalls Partialladungen aufweisen, hohe Wechselwirkungen eingehen [LIND79, S. 42; FAHL02, S. 103 ff.]

Strukturformel Mesomere Grenzstruktur

δ^-: negative Partialladung δ^+: positive Partialladung

Bild 5.7: Strukturformel und mesomere Grenzstruktur des CO_2-Moleküls
Structural formula and mesomeric limit structure of the CO_2-molecule

Kühlschmierstoffe und Minimalmengenschmiermedien in der Zerspanung werden eingeteilt in nichtwassermischbare Kühlschmierstoffe und wassermischbare Kühlschmierstoffe. Die wassermischbaren Kühlschmierstoffe werden eingeteilt in emulgierbare Kühlschmierstoffe, die mit Wasser eine Kühlschmierstoffemulsion bilden und in wasserlösliche Kühlschmierstoffe, die mit Wasser eine Kühlschmierstofflösung bilden [KLOC18, S. 252 ff; DIN13; MANG01, S. 361 ff.; GFT03, S. 4 ff]. Als Basisflüssigkeiten werden Mineralöle, Hydrocracköle, Polyalpholefine, Fettalkohole, Carbonsäurester sowie Polyglykole eingesetzt [GFT03, S. 4 ff]. Hierbei handelt es sich um Kohlenwasserstoffe mit entsprechenden funktionellen Gruppen. Zwischen Kohlenwasserstoffketten, die einen unpolaren Molekülcharakter aufweisen, wirken als zwischenmolekulare Anziehungskräfte Van-der-Waals Kräfte. Ladungsverschiebungen innerhalb der funktionellen Gruppen aufgrund unterschiedlicher Elektronegativitäten der Molekülelemente können zu partiellen Ladungen, Polaritäten und zur Ausbildung von Dipol-Dipol-Bindungen bzw. Wasserstoffbrückenbindungen führen.

Umfangreiche Untersuchungen und Ergebnisse zu Wechselwirkungen zwischen Öl und CO_2 wurden von FAHL 2002 veröffentlicht [FAHL02]. Er betrachtete die Mischbarkeit verschiedener Öle mit CO_2 im Zusammenhang der Entwicklung geeigneter Schmieröle für Kälte und Arbeitsmaschinen mit CO_2 als Arbeitsstoff. Hierzu führte er umfangreiche Experimente mittels eine Hochdrucksichtzelle durch. Darüber hinaus analysierte er die die Molekülstruktur verschiedener Schmieröle unter anderem in

Hinblick auf den chemischen und geometrischen Aufbau sowie die Polarität. Eine vollständige Löslichkeit stellte er bei seinen Untersuchungen nicht fest. Allerdings beobachtete er, dass hinsichtlich der Löslichkeit verschiedener Öle in CO_2 deutliche Unterschiede bestehen, die er auf die Anzahl polarer Molekülgruppen, auf den molekularen Aufbau, die Ladungsverteilung sowie die Größe, die Beweglichkeit und Ausrichtung der Ölmoleküle im Molekülverband zurückführte. Die Löslichkeit nahm mit einer geringeren Anzahl polarer Molekülgruppen ab. FAHL schloss, dass die löslichkeitsbestimmenden inter- und intramolekularen Wechselwirkungskräfte durch stark elektronegative Struktureinheiten hervorgerufen werden, die zur Bildung von Wasserstoffbrückenbindungen führen können. Als weiteren Grund für Unterschiede im Löslichkeitsverhalten zwischen den Ölen nennt er sterische Effekte, die aufgrund der räumlichen Ausdehnung des Moleküls die Bildung von Wasserstoffbrücken verhindern. Weiterhin vermutete er, dass die Protonenaktivität der Ölmoleküle sowie Quadrupolkräfte eine maßgebende Rolle bei den Löslichkeitseffekten spielen. [FAHL02, S. 112]

Die vorgestellten Erkenntnisse von FAHL lassen sich auf die Untersuchungen der Mischbarkeit der in dieser Arbeit eingesetzten Öle mit CO_2 übertragen. Alle Öle zeigten eine Löslichkeit in flüssigem CO_2, jedoch sind deutliche Unterschiede im Hinblick auf das Löslichkeitsverhalten festzustellen. Öl A löste sich bei allen Volumenverhältnissen. Die Öle B, C, D und E zeigten eine begrenzte Löslichkeit. Das bedeutet, dass die Lösung ab einem bestimmten Volumenverhältnis gesättigt ist. Da sich mit größerem Verhältnis von Öl- zu CO_2-Volumen das Volumen der Mischphase vergrößert ist davon auszugehen, dass mehr Öl mehr CO_2 lösen kann. Die Unterschiede zwischen den Ölen hinsichtlich der Löslichkeit müssen basierend auf den Erkenntnissen von FAHL auf die Anzahl polarer Molekülgruppen, auf den molekularen Aufbau, die Ladungsverteilung sowie die Größe, die Beweglichkeit und Ausrichtung der Ölmoleküle im Molekülverband zurückführt werden. Das Volumen, das die Öle C, D, E zusammen mit dem flüssigen CO_2 nach dem Vermischen einnahmen, war kleiner als die Summe der Volumina beider Flüssigkeiten vor dem Vermischen. Dies kann mit der Ausbildung zusätzlicher zwischenmolekularer Anziehungskräfte begründet werden, sodass die Moleküle weniger Raum einnehmen. Dies ist ein bekanntes Phänomen, welches beispielsweise auch bei der Vermischung von Wasser und Ethanol beobachtet werden kann.

Weitere Untersuchungen zur Wechselwirkung zwischen Öl und CO_2 wurden von GRGURAŠ et al. und von JAEGER veröffentlicht [GRGU19; JAEG21]. Beide betrachteten die Wechselwirkungen vor dem Hintergrund CO_2 und Öl als Mischung einkanalig dem Zerspanprozess zur Kühlung und Schmierung zuzuführen.

GRGURAŠ et al. verwendeten eine vergleichbare Druckkammer und untersuchten die Wechselwirkung vier verschiedener Öle mit flüssigem CO_2 nach analoger Vorgehensweise wie in der vorliegenden Arbeit. Es wurden unterschiedliche Löslichkeiten der Öle in flüssigem CO_2 festgestellt. Diese wurden mit unterschiedlichen Polaritäten der Moleküle der untersuchten Öle begründet. Die Öle mit polaren Molekülcharakter zeigten im Vergleich zu denen mit unpolarem Molekülcharakter eine bessere Löslichkeit in flüssigem CO_2. Zusätzlich setzten sie eine Hochgeschwindigkeitskamera zur

Aufnahme des austretenden Mediumstrahles ein und analysierten diesen hinsichtlich der Größe der Öltropfen und der Verteilung. Bei den Ölen mit polarem Molekülcharakter stellten sie im Vergleich zu den Ölen mit unpolarem Charakter kleinere Öltropfen mit einem Durchmesser von 2 µm und eine gleichmäßigere Verteilung fest. Eine Verringerung des Gesamtvolumens beim Vermischen mit flüssigem CO_2 wurde bei keinem der betrachteten Öle beobachtet. [GRGU19, p. 3-6]

JAEGER untersuchte ebenfalls verschiedene Öle im Hinblick auf die Wechselwirkungen mit flüssigem CO_2 [JAEG21, S. 59-74]. Hierfür setzte er eine ähnliche Hochdrucksichtzelle wie FAHL ein [JEAG21, FAHL02]. Er beobachtete ein schmierstoffabhängiges Lösungsverhalten und stellte fest, dass zum Transport des Schmiermediums mit flüssigem CO_2 eine kurzfristige Einlösung des Mediums zwingend erforderlich ist [JAEG21, S. 73]. Bohruntersuchungen in der Nickelbasislegierung Inconel 718 mit Durchmesser d = 1,4 mm zeigten, dass die Verwendung schlecht löslicher Schmiermedien zu einem Werkzeugversagen innerhalb weniger Bohrungen führte, während der Einsatz gut löslicher Medien zu einer deutlichen Leistungssteigerung führte [JAEG21, S. 158]. JAEGER beobachtete weiterhin, dass diese Leistungssteigerungen ebenfalls schmierstoffabhängig waren und begründet diesen Zusammenhang mit der Temperaturabhängigkeit der Hochdruckadditive im Minimalmengenschmieröl [JAEG21, S. 158-159]. Nach JAEGER führt die Kühlwirkung des CO_2 zu einem Wirkungsverlust der Hochdruck-Additive, welche erst bei höheren Temperaturen aktiviert werden [JAEG21, S. 158]. Minimalmengenschmieröle mit temperaturunabhängig wirksamen Verschleißschutzadditiven wirkten sich bei der Bohrbearbeitung der Nickelbasislegierung Inconel 718 positiv aus [JAEG21, S. 158].

Zusammenfassend wird festgehalten, dass für die einkanalige kryogene Kühlschmierung mit flüssigem CO_2 und Öl besondere Anforderungen an die Öle gestellt werden. Hierzu gehören eine gute Löslichkeit und hohe Schmierwirkung auch bei tiefen Temperaturen in Folge der Verwendung von CO_2 als Kühlmedium. Für eine gute Löslichkeit ist es erforderlich, dass sich zwischen den CO_2- und den Öl-Molekülen zwischenmolekulare Anziehungskräfte ähnlicher Größenordnung ausbilden. Polaritäten aufgrund von Elektronenverschiebungen wegen unterschiedlicher Elektronegativitäten der Atome in funktionellen Gruppen der Ölmoleküle befördern die Löslichkeit von Öl in CO_2. Eine gute Löslichkeit wirkt sich zudem positiv auf die Größe der Öltropfen sowie die Verteilung im Mediumstrahl aus. Hieraus resultiert eine gute Benetzung der Zerspanzone, welche in einer guten Schmierwirkung resultiert. Neben der grundsätzlichen Löslichkeit ist eine schnelle Einlösung in das CO_2 erforderlich, damit das Öl transportiert werden kann.

Für die in dieser Arbeit eingesetzten Öle wurde anhand von Mischversuchen in einer Druckkammer nachgewiesen, dass grundsätzlich eine Löslichkeit in CO_2 vorlag. Zwischen den Ölen wurden jedoch deutlich Unterschiede bezüglich der Löslichkeit festgestellt. Während für Öl A eine vollständige Löslichkeit beobachtet wurde, lag bei den anderen Ölen eine beschränkte Löslichkeit vor. Im Vergleich zu den Löslichkeitsuntersuchungen wurden bei den zerspantechnologischen Untersuchungen deutlich geringe

Ölmengen eingesetzt ($\dot{m}_{CO2}$ = *230 g/min* und $Q_{Öl}$ = *100* ml/h*)*. Für alle in dieser Arbeit verwendeten Öle kann somit von einer ausreichenden Löslichkeit in flüssigem CO_2 für die Verwendung bei der einkanaligen kryogenen Kühlschmierung ausgegangen werden. Alle Öle begannen sich bereits beim Einfüllen des flüssigen CO_2 mit dem Öl zu vermischten. Öl A vermischte sich ohne Schütteln der Druckkammer bereits beim Einfüllen des flüssigen CO_2 vollständig. Bei den anderen Ölen war zum Abschluss des Lösungsvorganges ein Schütteln der Kammern erforderlich. Zusammen mit den Ergebnissen der Sprühbilder aus Kapitel 5.1 sowie den Ergebnissen der Zerspanuntersuchungen in Kapitel 4 und Kapitel 5.3 kann von einer ausreichenden Lösegeschwindigkeit der Öle in das CO_2 ausgegangen werden, sodass die Öle bei der einkanaligen Zufuhr durch das CO_2 bis in die Zerspanzone transportiert werden. Öl A zeigte die besten Ergebnisse im Hinblick auf die Löslichkeit und eine sehr schnelle Einlösung in die CO_2-Phase. In der zerspantechnologischen Untersuchung aus Kapitel 4 wurden sowohl mit Öl A als auch mit Öl B sehr gute Ergebnisse im Vergleich zur konventionellen Kühlschmierung mit Emulsion erzielt.

5.2 Analyse des thermomechanischen Belastungskollektives

Analysis of the Thermomechanical Tool Load

In Kapitel 4 wurden der Ölvolumenstrom und der CO_2-Massenstrom als relevante Kenngrößen identifiziert und es wurde die Hypothese aufgestellt, dass ein thermomechanisches Belastungskollektiv des Werkzeuges existiert, welches bei der Zerspanung des Werkstoffes TiAl6V4 zu einem optimalen Verschleißverhalten der Werkzeuge führt. Inhalt dieses Kapitels ist daher die Analyse, ob und wie durch die gezielte Einstellung des CO_2-Massenstroms und des Ölvolumenstromes das thermomechanische Belastungskollektiv beeinflussbar ist.

Werkzeugseitige Temperaturmessungen und werkstückseitige Kraftmessungen dienten zu Beurteilung des thermomechanischen Lastkollektives. Bei den Temperaturmessungen kamen selbst entwickelte Werkzeughalter mit integrierter Sensorik zur Temperaturmessung zum Einsatz. Diese werden im nachfolgenden im Kapitel 5.2.1 beschrieben. Die Kraftmessungen erfolgten piezoelektrisch mit einer Kraftmessplattform. Detaillierte Informationen zur Kraftmessungen sind in Kapitel 5.2.2 zu finden. Schwerpunkt von Kapitel 5.2.2 stellt die Analyse des Einflusses der Kühlschmierstrategie auf das thermomechanische Belastungskollektiv dar.

In den nachfolgenden Kapiteln 5.2.3 und 5.2.4 werden anschließend für die einkanalige Zufuhr von CO_2 und Öl die Einflüsse ausgewählter Schnittparameter sowie die Einflüsse des CO_2-Massenstromes und des Ölvolumenstromes auf das thermomechanische Belastungskollektiv analysiert und beschrieben.

5.2.1 Entwicklung von Werkzeughaltern mit integrierter Sensorik zur Temperaturmessung während der Fräsbearbeitung

Development of Tool Holders with Integrated Sensors for Temperature Measurement during Milling Operations

Die Messung der Zerspantemperatur erfolgte zur Beurteilung der thermischen Werkzeugbelastung. Vor diesem Hintergrund war es die Zielsetzung, die Temperatur möglichst wirkstellennah zu erfassen. Weitere Anforderungen waren eine interne Zufuhr der Kühlschmiermedien durch den Werkzeughalter, eine möglichst einfache Integration der Messtechnik, die Verwendungsmöglichkeit bei verschiedenen Kühlschmierstrategien und eine benutzerfreundliche Bedienung. Verschiedene Werkzeughalter mit integrierter Sensorik sind bereits am Markt verfügbar. Hierzu gehören unter anderem der COROMANT CAPTO® DHT PLUS der Firma SANDVIK, der SPIKE der Firma PROMICRON oder der ITENDO der Firma SCHUNK [SAND20; PROM24; SCHU24]. Forschungsseitig beschäftigte man sich im Projekt BaZMod mit der Entwicklung einer herstellerneutralen Schnittstelle für die Daten- und Energieübertragung [ANON17]. Keines der am Markt verfügbaren Systeme erfüllte die Anforderungen, die in dieser Arbeit an den Werkzeughalter mit integrierter Sensorik gestellt wurden. Insbesondere die möglichst wirkstellennahe Temperaturmessung mit gleichzeitiger Zufuhr der kryogenen Kühlschmiermedien durch den Werkzeughalter war bei keinem der am Markt verfügbaren Systeme gegeben. Aus diesem Grund wurden entsprechende Werkzeughalter entwickelt.

Den Ausgangspunkt stellte ein Messerkopffräser vom Typ Cryo.tec® F4042.6903229 der Firma WALTER mit einem Durchmesser von D = 40 mm dar [KOCH19, S. 24]. Dieses Werkzeug wurde ausgewählt, da es aufgrund seiner Größe die Möglichkeit bietet, zum einen die Sensorik für die Temperaturmessungen zu integrieren und zum anderen den Vergleich zwischen der einkanaligen Zufuhr von CO_2 und Öl und der zweikanaligen Zuführung von CO_2 und MMS zu betrachten. Das Werkzeug wurde ursprünglich für die zweikanalige Zufuhr von CO_2 und MMS durch zwei separate Kanäle entwickelt. Es bietet jedoch auch die Möglichkeit, die einkanalige Zufuhr von CO_2 und Öl zu realisieren. In diesem Falle erfolgt die Zufuhr der Medien nur durch den CO_2-Kanal, während der Kanal für das MMS ungenutzt bleibt. Bei der zerspantechnologischen Untersuchung in Kapitel 4 wurden Schaftfräser mit einem Durchmesser von D = 8 mm eingesetzt. Aufgrund des deutlichen größeren Durchmessers von D = 40 mm des Werkzeughalters mit integrierter Sensorik, tritt eine veränderte Eingriffssituation auf, die bei der Interpretation der Ergebnisse berücksichtigt werden muss. Wie sich die Eingriffssituation durch einen größeren Werkzeugdurchmesser und die Änderung von Schnittparametern verändert, wurde bereits in Kapitel 2.1.1 anhand von den Bildern 2.11 und 2.12 erläutert.

Es wurden Schneidplatten vom Typ ADMT120408R-F56 der Firma WALTER aus dem Schneidstoff WSM45X TIGER-TEC SILVER® verwendet [KOCH19, S. 24; AUGS19, p. 34]. Die Spezifikationen der Schneidplatte sind in Tabelle 5-1 zusammengefasst.

Tabelle 5-1: Spezifikation der Schneidplatte ADMT120408R-F56 WSM45X nach [WALT24]
Specification of the cutting insert ADMT120408R-F56 WSM45X according to [WALT24]

Toleranzklasse	M
Anzahl der Schneiden	2
Schneidplattenbreite l_2	8,4 mm
Schneidplattenlänge l	13,6 mm
Schneidplattendicke s	4,76 mm
Hauptfreiwinkel α	15°
Nebenfreiwinkel α_2	20°
Eckenradius r_ε	0,8 mm
Länge Wiper-Schneidkante b	1,2 mm
CVD-Beschichtung	MT-Ti(C,N) und α-Al_2O_3 Mehrlagenbeschichtung

Bei dem Schneidstoff WSM45 X handelt es sich gemäß Herstellerangaben um ein Hartmetallsubstrat mit einer mehrlagigen MT-Ti(C,N) und α-Al_2O_3 CVD-Beschichtung [WALT10, S. 3; KOCH19, S. 24]. Von den Schneidplatten wurde ein Gefügeschliff angefertigt. Eine lichtmikroskopische Aufnahme des Gefüges ist Bild 5.8 dargestellt. Es sind die verschiedenen Schichten zu erkennen. Die gesamte Schichtdicke beträgt ca. d_s = 10 µm.

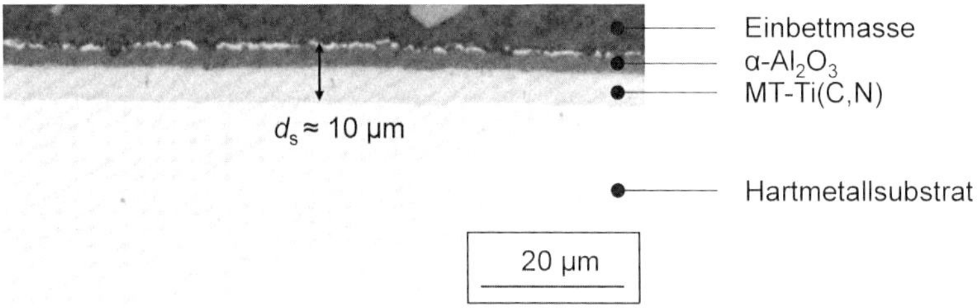

Bild 5.8: Schliffbild des Schneidstoffes WSM45X mit Schichtaufbau nach [WALT10, S. 3]
Microsection of grade WSM45X with coating architecture according to [WALT10, S. 3]

Die Temperaturmessungen erfolgten mit einem Thermoelement mit der Bezeichnung 12-K-150-118-0,5-2I-3P2LHS-0,2M B50KX des Herstellers TC MESS- & REGELTECHNIK GMBH. Es handelte sich hierbei um ein Mantelthermoelement des Typs K – Nickel-Chrom / Nickel-Aluminium mit der Toleranzklasse 2, d. h. die zulässige Grenzabweichung beträgt ± 2,5 °C. Die Messspitze war isoliert ausgeführt und die Mantelrohrlänge betrug 150 mm. Der Durchmesser war d_{therm} = 0,5 mm. Das Thermoelement wurde aufgrund des Messbereiches ausgewählt, der bei Thermoelementen von Typ K 0°C bis 1100°C beträgt. Wegen des geringen Durchmessers von d_{therm} = 0,5 mm war die maximale Betriebstemperatur des eingesetzten Thermoelementes auf T_{max} = 800 °C begrenzt. Der geringe Durchmesser des Thermoelementes und die Mantelrohrlänge von 150 mm wurden vor dem Hintergrund einer guten Integrierbarkeit in das Zerspanwerkzeug ausgewählt. Da Thermoelemente in der Regel bis zu einem Radius, der das Fünffache ihres Manteldurchmessers beträgt, verbogen werden dürfen, war das

Thermoelement für die schwer zugängliche Messstelle gut geeignet. Die Positionierung des Thermoelements in der Schneidplatte und im Zerspanwerkzeug ist in Bild 5.9 dargestellt. Zur Positionierung des Thermoelementes in der Schneidplatte wurde in der Schneidplattenrückseite mittels Mikroerosion eine Bohrung mit einem Durchmesser von d = 0,6 mm eingebracht. Die Ausrichtung und Tiefe der Bohrung wurde so gewählt, dass die Messspitze des Thermoelements möglichst nah an der Schneidenecke und in möglichst geringem Abstand von der Spanfläche positioniert werden konnte. Der Bohrungsmittelpunkt wurde hierzu 0,8 mm vom Rand der Schneidplatte positioniert und ca. 150-200 µm unterhalb der Spanfläche.

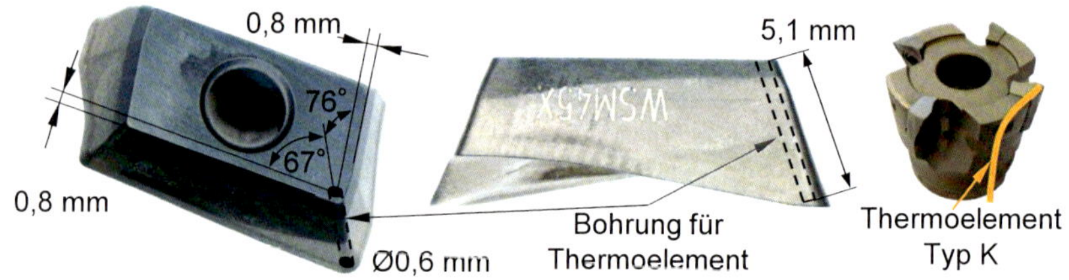

Bild 5.9: Positionierung eines Thermoelementes in der Schneidplatte nach [KOCH19, S. 24; AUGS19, p. 35; KLOC17, S. 322]
Positioning of a thermocouple in the cutting insert according to [KOCH19, S. 24; AUGS19, p. 35; KLOC17, S. 322]

Ein weiterer Grund für die Auswahl des geringen Mantelrohrdurchmessers war die Ansprechzeit, die beschreibt, in welcher Zeit 62,3 % des zu messenden Temperatursprunges erreicht werden. Die Ansprechzeit nimmt mit dem Mantelrohrdurchmesser ab. Für das ausgewählte Thermoelement betrug die Ansprechzeit t = 0,03 s. Zur Erfassung der an den beiden Leiterenden des Thermoelementes aufgrund des Seebeck-Effektes anliegenden temperaturabhängigen Thermospannung musste das analoge Signal folgende Schritte durchlaufen: Signalkonditionierung, Analog-Digital-Wandlung, Datenübertragung, und Datenspeicherung. Da das Fräswerkzeug bei der Datenerfassung wegen der Schnittgeschwindigkeitsbewegung rotierte, musste die Übertragung der Messdaten kabellos erfolgen. Zur Umsetzung der genannten Schritte wurden zwei Varianten einer Werkzeugaufnahme umgesetzt.

Die erste Variante basierte auf einem kabellosen FM/PCM-Sender der Firma MANNER SENSORTELEMETRIE, siehe Bild 5.10 a). Dieses System besteht aus einem Rotor und einem Stator. Der zweigeteilte Rotor wird auf einer Werkzeugaufnahme vom Typ HSK 63.A in langer Ausführung montiert. Um den Durchmesserunterschied zwischen Werkzeugaufnahme und Rotor auszugleichen, wurde eine Aluminiumhülse eingesetzt. Das Thermoelement wurde an den Rotor angeschlossen, der die Thermospannung mit einer Abtastrate von f_s = 6620 Hz aufzeichnete und auf einen Spannungsbereich von ± 10 V skalierte, um Übertragungsverluste zu reduzieren. Mit einer Frequenz von f_{sende} = 13,56 MHz wurde das skalierte Signal anschließend an den Stator übertragen und zur Auswertung an einen Computer mit Datenerfassungssoftware weitergeleitet. Vor der Versuchsdurchführung wurde das Ausgangssignal des Rotors mit Hilfe einer Präzisionsspannungsquelle geprüft und kalibriert. Diese wurde anstelle des

Thermoelementes mit dem Sender verbunden und ermöglichte es, die zu verschiedenen Temperaturen zugehörigen Spannungen eines Thermoelementes vom Typ K einzustellen und die Ausgangswerte des Systems zu überprüfen. [KOCH19, S. 24; AUGS19, p. 35; AUGS21, p. 122]

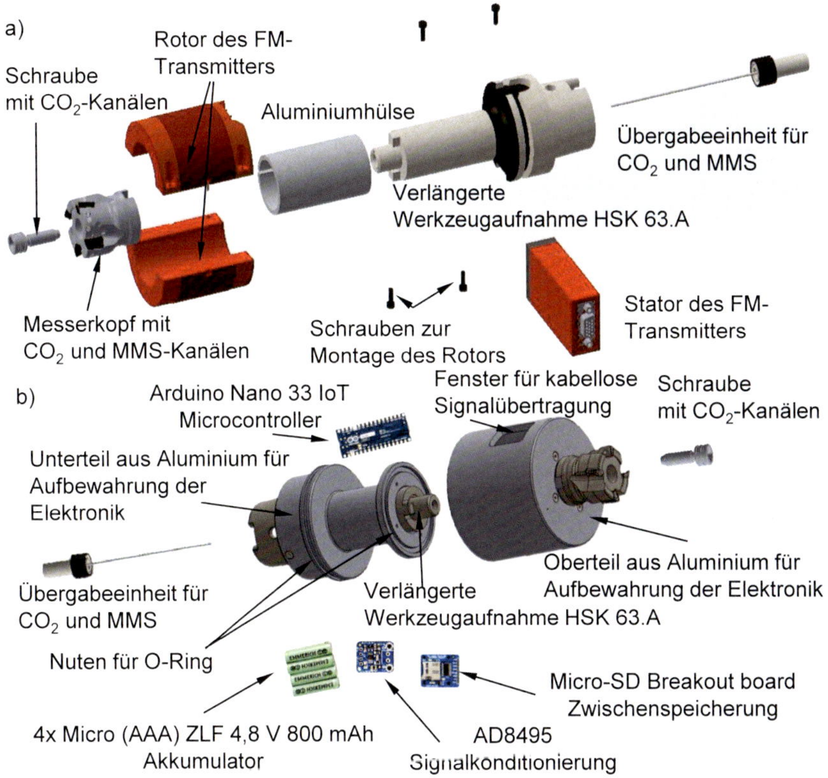

Bild 5.10: Aufbau der Werkzeughalter mit integrierter Sensorik zur Temperaturmessung a) nach [KOCH19, S. 24]
Design of the two holders with integrated sensors for temperature measurement a) according to [KOCH19, S. 24]

Die zweite Variante basierte auf einem Microcontroller des Typs Arduino Nano 33 IoT, siehe Bild 5.10 b). Das analoge Signal des Thermoelementes wurde mittels eines Verstärkers vom Typ AD8495 der Firma ANALOG DEVICES verstärkt und linearisiert. Bei der Verstärkung des Signals wurde die Nichtlinearität des Thermoelements berücksichtigt. Darüber hinaus wurde die Temperatur der Kaltstelle kompensiert. Das Signal wurde analog an den Microcontroller weitergegeben, der die Digitalisierung des Signals durchführte und die Werte auf einer Micro-SD Karte abspeicherte. Dadurch, dass die Analog-Digital-Wandlung erst durch den Microcontroller vorgenommen wurde, konnten mit dem System eine Abtastrate von 710 Hz realisiert werden. Verstärker mit integrierter Analog-Digital-Wandlung ermöglichen nur deutlich geringere Abtastraten. Über das integrierte WLAN 802.11n-Modul bzw. über Bluetooth 4.1 Low Energy konnten die Werte außerdem kabellos ausgelesen werden. Mit einer Präzisionsspannungsquelle wurde ebenfalls überprüft, ob das Temperaturmesssystem die korrekten Temperaturwerte anzeigte. Für die Stromversorgung wurde ein Akkumulator verwendet. Zur Aufbewahrung der Elektronik wurden zwei Aluminiumteile konstruiert, die an einer HSK A.63 Werkzeugaufnahme in langer Ausführung befestigt wurden und einen abgeschlossenen Raum bildeten. Die beiden Aluminiumteile waren mit Hilfe von O-Ring Dichtungen gegen das Eindringen von KSS abgedichtet, sodass der Werkzeughalter uneingeschränkt bei allen Kühlschmierstrategien eingesetzt werden konnte. Für die kabellose Signalübertragung war im oberen Aluminiumteil ein Fenster vorgesehen, in das eine Scheibe aus Acrylglas eingeklebt wurde, sodass die Status-LED des Microcontrollers im montierten Zustand geprüft werden konnte. Außerdem wurde die kabellose Signalübertragung durch das Sichtfenster verbessert. Die beiden Varianten der Werkzeughalter mit integrierter Sensorik bieten jeweils sowohl Vor- als auch Nachteile. Mit Variante 1 konnte mit f_S = 6620 Hz im Vergleich zu Variante 2 mit f_S = 710 Hz eine deutlich höhere Abtastrate realisiert werden. Variante 1 war jedoch bei KSS-Zufuhr sehr störanfällig, während Variante 2 uneingeschränkt bei der Verwendung der Überflutungskühlung und der HD-KSS-Zufuhr eingesetzt werden konnte. Da beide Systeme die Temperaturen mit den gleichen Thermoelementen des Typs K bestimmten und mit einer Präzisionsspannungsquelle überprüft wurden sind die Messergebnisse untereinander vergleichbar. Beide Werkzeughalter ermöglichten die einkanalige Zufuhr von CO_2 und Öl sowie die zweikanalige Zufuhr von CO_2 und MMS, Bild 5.11.

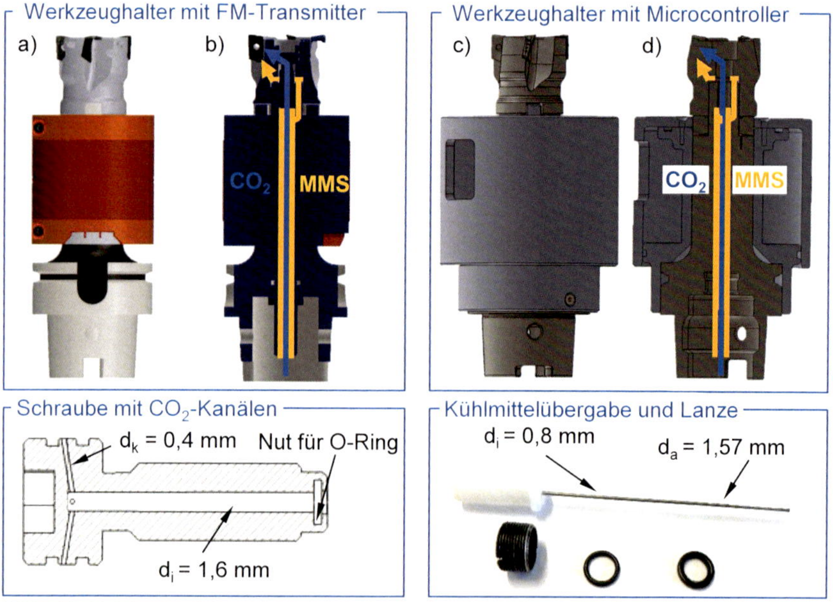

Bild 5.11: Zufuhr von CO_2 und MMS durch die Werkzeughalter mit integrierter Sensorik a) und b) nach [BERG18, S. 318; KOCH19, S. 23]

Supply of CO_2 and MQL through the tool holders with integrated sensors a) and b) according to [BERG18, p. 318; KOCH19, p. 23]

5.2.2 Einfluss der Kühlschmierstrategie auf das thermomechanische Belastungskollektiv

Influence of the Cooling and Lubrication Strategy on the Thermomechanical Tool Load

In diesem Kapitel werden die Ergebnisse der Zerspanversuche vorgestellt, anhand derer der Einfluss der Kühlschmierstrategie auf das thermomechanische Belastungskollektiv untersucht wurde. Die beiden Werkzeughalter mit integrierter Sensorik zur Temperaturmessung, welche in Kapitel 5.2.1 eingeführt wurden, kamen in den Zerspanversuchen zum Einsatz. Zusätzlich erfolgte eine werkstückseitige Messung der Zerspankraft. Hierzu wurde eine piezoelektrisches Dreikomponenten-Dynamometer vom Typ 9255b der Firma KISTLER verwendet. Die Verstärkung des Kraftsignals erfolgte mit einem Ladungsverstärker des Typs 5019 der Firma KISTLER. Es wurde eine Abtastrate von f_s = 5 kHz ausgewählt. Bei den Untersuchungen wurde der Werkstoff TiAl6V4 im β-geglühten Zustand zerspant, der bereits in Kapitel 4.3.1 charakterisiert wurde. In Tabelle 5-2 sind die bei den Untersuchungen angewendeten Schnittparameter zusammengefasst.

Tabelle 5-2: Angewendete Schnittparameter und Kühlschmierstrategien
Applied cutting parameters and cooling lubrications strategies

Schnittgeschwindigkeit v_c	v_c = 40 bzw. 60 m/min
Vorschub f_z	f_z = 0,1 bzw. 0,12 mm
Eingriffsbreite a_e	a_e = 25 mm
Schnitttiefe a_p	a_p = 4 mm
Anschnittstrategie	Kreisbogenanschnitt mit halbiertem Vorschub
Kühlschmierstrategien	Trockenbearbeitung, Überflutungskühlung, Hochdruck-KSS-Zufuhr, Minimalmengenschmierung, zweikanalige Zufuhr von CO_2 und MMS, einkanalige Zufuhr von CO_2 und Öl

Bei allen Versuchen wurde ein Kreisbogenanschnitt mit halbiertem Vorschub verwendet, da dieser gegenüber einem konventionellen Anschnitt einen reduzierten Werkzeugverschleiß zur Folge hat [KLOC18]. Zu den untersuchten Kühlschmierstrategien gehörten die Überflutungskühlung, die HD-KSS-Zufuhr, die einkanalige Zufuhr von CO_2 und Öl, die zweikanalige Zufuhr von CO_2 und MMS, die MMS-Zufuhr, die CO_2-Zufuhr und die Trockenbearbeitung.

In Bild 5.12 sind ausgewählte Ergebnisse der Temperaturmessungen bei einer Schnittgeschwindigkeit von v_c = 40 m/min dargestellt, welche mit den beiden verschiedenen Werkzeughaltern ermittelt wurden. Bild 5.12 a) zeigt die Verläufe der Werkzeugtemperaturen, die mit dem Werkzeughalter gemessen wurden, der auf der Datenübertragung mittels FM-Transmitter basierte. Diese Messergebnisse wurden im Abschlussbericht des öffentlich geförderten Projektes „Steigerung der Produktivität beim Bohren und Fräsen schwer zerspanbarer Werkstoffe durch den Einsatz einer inneren Kryo/MMS-Zufuhr – InKryo bereits veröffentlicht [KOCH19]. Für diese Werkzeugvariante sind die Messergebnisse der Kühlschmierstrategien Überflutungskühlung, Zufuhr von CO_2 und MMS Öl A, Zufuhr von CO_2, Zufuhr von MMS Öl A und die Trockenbearbeitung dargestellt.

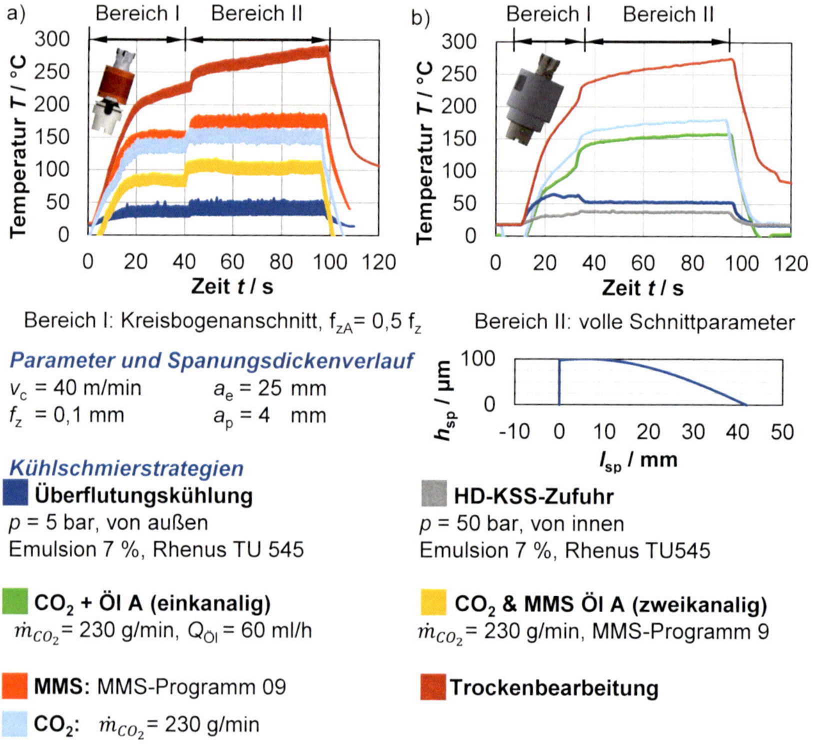

Bild 5.12: Temperaturmessungen in Abhängigkeit von der Kühlschmierstrategie - a) nach [KOCH19, S. 26]

Temperature measurement depending on the cooling lubrication strategy - a) according to [KOCH19, p. 26]

In Bild 5.12 b) sind die Verläufe der Werkzeugtemperaturen gezeigt, die mit dem Werkzeughalter gemessen wurden, bei dem ein Mikrocontroller eingesetzt wurde. Mit diesem Werkzeughalter wurden die Kühlschmierstrategien HD-KSS-Zufuhr, Überflutungskühlung, einkanalige Zufuhr von CO_2 und Öl A, Zufuhr von CO_2 und Trockenbearbeitung untersucht. Weitere Informationen zu den Kühlschmierstrategien sind in der Legende unterhalb von Bild 5.12 zusammengefasst.

Die Verläufe stellen die am Thermoelement gemessene Temperatur über der Zeit t dar. In allen Temperaturverläufen sind zwei Bereiche zu erkennen. Im Bereich I baut sich aufgrund des Kreisbogenanschnittes der Spanungsquerschnitt auf und es wird nur der halbe Vorschub pro Zahn f_z eingesetzt, sodass die Temperaturen geringer sind als im Bereich II. Im Bereich II ist das Werkzeug vollständig im Eingriff und der Vorschub wird auf einen Vorschub pro Zahn von f_z = 0,1 mm gesteigert. Das Temperaturniveau im Bereich II ist höher als im Bereich I. [KOCH19, S. 26]

In Bild 5.12 a) ist zu erkennen, dass sich bei der Trockenbearbeitung die höchsten Temperaturen einstellten. Weiterhin nahm die Temperatur bei der Trockenbearbeitung kontinuierlich mit fortschreitender Bearbeitungszeit zu. Es wurde eine Maximaltemperatur von T_{max} ≈ 290 °C erreicht. Bei den anderen Kühlschmierstrategien stellte sich ein nahezu konstantes Temperaturniveau ein. Durch die Anwendung der MMS war es möglich, die Temperaturen im Vergleich zur Trockenbearbeitung erheblich zu reduzieren. Im Bereich II betrug die Werkzeugtemperatur im Mittel ca. T ≈ 175 °C. Die Zufuhr von CO_2 mit einem Massenstrom von $\dot{m}_{CO2}$ = 230 g/min resultierte in einer weiteren Verringerung der Werkzeugtemperatur im Bereich II auf einen Wert von T ≈ 150 °C. Eine weitere Temperaturreduktion auf einen Wert von T ≈ 100 °C konnte durch die kombinierte zweikanalige Zufuhr von CO_2 mit einem Massenstrom von $\dot{m}_{CO2}$ = 230 g/min und von MMS Öl A mit MMS-Programm 9 (siehe Kapitel 4.2.2) erzielt werden. Die geringsten Temperaturen traten bei der Überflutungskühlung auf. Die Temperatur im Bereich II betrug im mittel T ≈ 40 °C. [KOCH19, S. 26]

Die Temperaturverläufe in Bild 5.12 b), zeigen ebenfalls, dass die höchsten Temperaturen bei der Trockenbearbeitung auftraten und dass die Temperatur bei der Trockenbearbeitung mit der Bearbeitungszeit zunahmen. Die Maximaltemperatur betrug T_{max} ≈ 270 °C. Bei den anderen Kühlschmierstrategien stellte sich ein nahezu konstantes Temperaturniveau ein. Die CO_2-Zufuhr führte bei einem CO_2-Massenstrom von $\dot{m}_{CO2}$ = 230 g/min zu einer im Vergleich zur Trockenbearbeitung deutlich reduzierten Werkzeugtemperatur von T ≈ 175 °C. Mit Hilfe der einkanaligen Zufuhr von CO_2 mit einem Massenstrom von $\dot{m}_{CO2}$ = 230 g/min und Öl mit einem Ölvolumenstrom von Q = 60 ml/h war es möglich, die mittlere Werkzeugtemperatur weiter zu senken auf einen Wert von T ≈ 150 °C. Die Werkzeugtemperatur bei der Überflutungskühlung betrug ca. T ≈ 50 °C, während bei der zielgerichteten HDD-KSS-Zufuhr eine noch geringere Temperatur von T ≈ 40 °C gemessen wurde.

Die Temperaturverläufe, welche jeweils mit den beiden Werkzeughaltern gemessen wurden, zeigten bei der Trockenbearbeitung eine sehr gute Übereinstimmung, vergl Bild 5.12.a) und Bild 5.12.b). Bei der CO_2-Zufuhr ist das Temperaturniveau, welche mit dem Werkzeughalter mit Mikrocontroller gemessen wurde (Bild 5.12.a)), um etwa ΔT ≈ 25 °C höher als das Temperaturniveau, welches mit dem Werkzeughalter mit FM-Transmitter bestimmt wurde (Bild 5.12.b)). Beim Vergleich der einkanaligen Zufuhr von CO_2 und Öl mit der zweikanaligen Zufuhr von CO_2 und MMS stellt man fest, dass bei der einkanaligen Zufuhr das Temperaturniveau ΔT ≈ 50 °C höher war als bei der zweikanaligen Zufuhr. Bei der Überflutungskühlung waren nur geringe Unterschiede zwischen den Temperaturverläufen zu erkennen, die mit den jeweiligen Werkzeughaltern bestimmt wurden.

Zwischen den untersuchten Kühlschmierstrategien wurden ehebliche Unterschiede in Bezug auf die Werkzeugtemperatur festgestellt. Um weiterführende Aussagen zur Beeinflussung des thermomechanischen Belastungskollektives treffen zu können, wurden die mittleren Temperaturen im Bereich II zusammen mit dem Mittelwert der Aktivkraft analysiert. Die Aktivkraft wurde hierzu nach Gleichung (5-1) als die resultierende Kraft der gemessenen Kraftkomponenten in Richtung des Vorschubes F_v und normal zur Vorschubrichtung F_{nv} bestimmt [DIN82, S. 7]. Die Ergebnisse sind in Bild 5.13 dargestellt.

$$F_a = \sqrt{F_v^2 + F_{nv}^2} \tag{5-1}$$

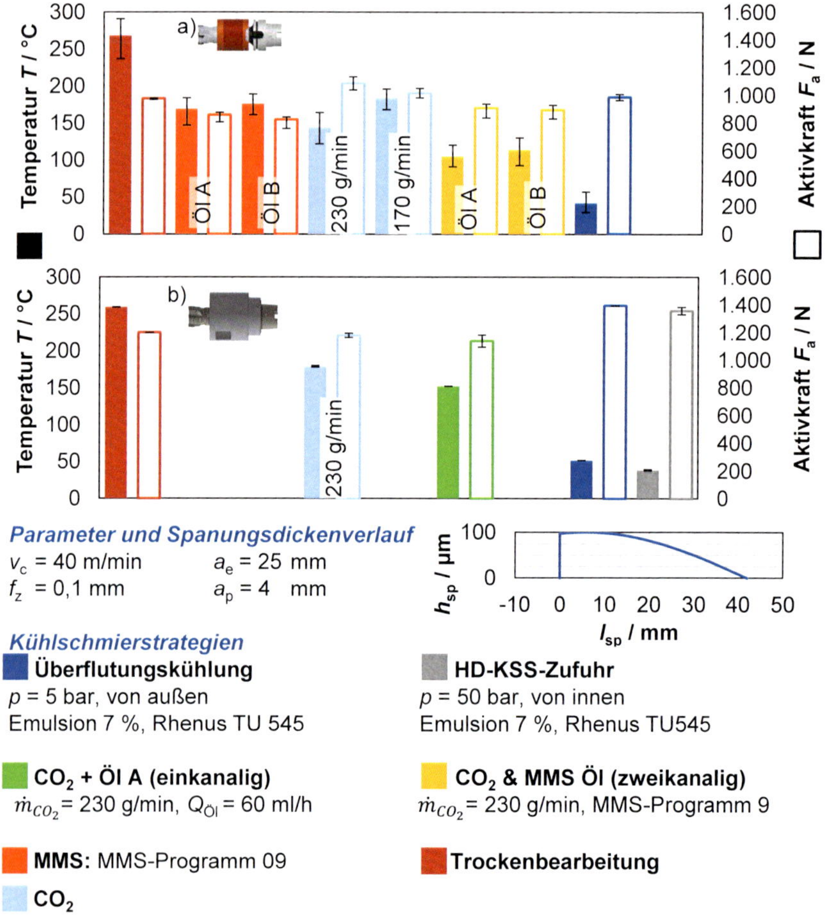

Bild 5.13: Werkzeugtemperatur und Aktivkraft in Abhängigkeit von der Kühlschmierstrategie - a) nach [KOCH19, S. 27]

Tool temperature and active force depending on cooling and lubrication strategy - a) according to [KOCH19, p. 27]

Es ist festzustellen, dass durch die MMS die Temperaturen um 35 % und die Aktivkraft um 10 % - 15 % im Vergleich zur Trockenbearbeitung abnahmen, Bild 5.13 a). Dies lässt den Schluss zu, dass die Temperaturreduktion primär durch eine verringerte Reibung zwischen Werkzeug und Span aufgrund der Schmierwirkung des MMS-Mediums zurückgeführt werden kann. Zwischen den Ölen A und B konnten keine wesentlichen Unterschiede festgestellt werden. [KOCH19, S. 27]

Weiterhin ist zu erkennen, dass durch die CO_2-Kühlung mit einem Massenstrom von $\dot{m}_{CO2}$ = 230 g/min eine Verringerung der Temperatur um 46 % im Vergleich zur Trockenbearbeitung erzielt wurde. Gleichzeitig steigerte sich die Aktivkraft um 5 % - 10 %. Ursächlich für die reduzierte Temperatur ist die Kühlwirkung des CO_2. Wegen der gesteigerten Aktivkraft ist von einer Schmierwirkung des CO_2 nicht auszugehen. Darüber hinaus kann ein Einfluss des CO_2-Massenstromes auf die Werkzeugtemperatur und Aktivkraft festgestellt werden. Eine Verringerung des CO_2-Massenstromes von $\dot{m}_{CO2}$ = 230 g/min auf $\dot{m}_{CO2}$ = 170 g/min führte zu einer um 21 % höheren Temperatur und zu einer um 5 % niedrigeren Aktivkraft. Mit einem Wert von F_a = 1016 N war diese immer noch geringfügig größer als bei der Trockenbearbeitung, wo die Aktivkraft einen Wert F_a = 975 N annahm. Ursache, für die im Vergleich zur Trockenbearbeitung erhöhten Aktivkräfte bei CO_2-Zufuhr, ist die einer temperaturbedingten Werkstofferweichung in der Zerspanzone entgegenwirkende Kühlwirkung des CO_2. Im Gegensatz dazu ist bei der Trockenbearbeitung von einer temperaturbedingten Werkstofferweichung auszugehen, mit der sich die reduzierten Aktivkräfte begründen lassen. [KOCH19, S. 27]

Die zweikanalige Zufuhr von CO_2 und MMS ermöglicht es, die Kühlwirkung des CO_2 mit der Schmierwirkung der MMS zu kombinieren, sodass die Temperatur im Vergleich zur Trockenbearbeitung um 61 % reduziert werden kann. Der Betrag der Aktivkraft liegt zwischen den Beträgen der Aktivkräfte bei der Minimalmengenschmierung und der CO_2-Kühlung. Wesentliche Unterschiede zwischen den Ölen A und B wurden nicht festgestellt. [KOCH19, S. 27]

Bei der einkanaligen Zufuhr von CO_2 und Öl wurden im Vergleich zur zweikanaligen Zufuhr von CO_2 und MMS höhere Temperaturen und Aktivkräfte gemessen. Auch bei der einkanaligen Zufuhr ist zu erkennen, dass sich die Kühlwirkung des CO_2 mit der Schmierwirkung des Öls kombinieren lässt.

Bei der konventionellen Überflutungskühlung ist die Aktivkraft F_a im Vergleich zur CO_2-Kühlung um ca. 5 % geringer. Dies lässt sich mit der zusätzlich zur sehr guten Kühlwirkung auftretenden Schmierwirkung begründen. [KOCH19, S. 27]

Bei der HD-KSS-Zufuhr wurden die geringsten Temperaturen gemessen. Im Vergleich zur Überflutungskühlung wurden etwa um 5 % reduzierte Aktivkräfte gemessen. Die geringeren Temperaturen können auf die größeren KSS-Volumenströme aufgrund des höheren KSS-Druckes im Vergleich zur Überflutungskühlung zurückgeführt werden [LAKN21b, S. 138 ff.]. Aufgrund der zielgerichteten Zufuhr verbessert sich außerdem die Schmierwirkung und die Aktivkraft nimmt ab [LAKN21b, S. 138 ff.]

Weitere eigene Untersuchungen stützen die Ergebnisse hinsichtlich des Einflusses der Kühlschmierstrategie auf das thermomechanische Belastungskollektiv, obwohl abweichende Schnittparameter eingesetzt wurden. Es wurde eine Schnittgeschwindigkeit von $v_c = 40$ m/min, eine Zahnvorschub von $f_z = 0{,}14$ mm, eine Schnitttiefe von $a_p = 2{,}5$ mm und eine Eingriffsbreite von $a_e = 15$ mm angewendet. [AUGS21, S. 128]

PRAETZAS et al. untersuchten den Einfluss der Kühlschmierstrategien Nassbearbeitung, zweikanalige Zufuhr von CO_2 und MMS, MMS und Trockenbearbeitung auf die Werkzeugtemperatur und die Aktivkraft beim Schaftfräsen von TiAl6V4 mit Werkzeugen mit einem Durchmesser von D = 10 mm [PREA18]. Zur Temperaturmessung wurde ein Thermoelement verwendet. Abweichend zu den Untersuchungen in der vorliegenden Arbeit war das Thermoelement allerdings mittig im Schaftfräser positioniert und nicht wirkstellennah unterhalb der Spanfläche. Die Zufuhr der Medien erfolgte von außen über eine externe Düse. Eine einkanalige Zufuhr von CO_2 und Öl, die reine Zufuhr von CO_2, unterschiedliche CO_2-Massenströme und Öl-Volumenströme, verschiede MMS-Öle sowie Variationen von Schnittparametern wurden nicht betrachtet.

STERLE untersuchte in Tribometeruntersuchungen den Einfluss verschiedener Kühlschmierstrategien auf den Reibungskoeffizienten und die Temperatur. Er stellte fest, dass sich der Reibungskoeffizient durch die einkanalige Zufuhr von CO_2 und Öl im Vergleich zu Emulsion von etwa 0,3 auf 0,12 reduzierte [STER22, p. 89]. Die geringsten Reibungskoeffizienten erzielte er bei der einkanaligen Zufuhr von CO_2 in Kombination mit dem Festschmierstoff MoS_2. Darüber hinaus stellte er fest, dass die Zufuhr von CO_2 und die einkanalige Zufuhr von CO_2 und Öl bzw. MoS_2 in den Tribometeruntersuchungen zu einer deutlichen Temperaturreduktion im Vergleich zu den Kühlschmierstrategien Überflutungskühlung und Trockenbearbeitung führte [STER22, p. 89]. Allerdings betrachtete er im Unterschied zur vorliegenden Arbeit den Werkstoff 42CrMo4. Für den Werkstoff 42CrMo4 konnte er die positiven Effekte der einkanaligen Zufuhr von CO_2 und Öl bzw. MoS_2 beim Schaftfräsen mit innerer Zufuhr auf einem Bearbeitungszentrum übertragen und stellte im Vergleich zur Überflutungskühlung einen reduzierten Freiflächenverschleiß fest [STER22, p. 92]. Messungen der Werkzeugtemperatur und der Aktivkraft bei den Fräsuntersuchungen wurden nicht durchgeführt. Zusätzlich konnte STERLE die Erkenntnisse aus den Tribometeruntersuchungen auf das robotergeführte Bohren des Werkstoffes 42CrMo4 mit interner Zufuhr von CO_2 und Öl bzw. MoS_2 übertragen und stellte fest, dass sich im Vergleich zur Trockenbearbeitung Vorteile hinsichtlich der Werkzeugtemperatur und Zerspankraft ergaben [STER22, p. 117]. Trotz der unterschiedlichen Versuchsbedingungen stützen die Ergebnisse von PRAETZAS et al. und STERLE die hier vorgestellten Erkenntnisse bezüglich der Temperatur und der Aktivkraft in Abhängigkeit von der Kühlschmierstrategie. In diesem Kapitel wurde nachgewiesen, dass mit der Auswahl der Kühlschmierstrategie gezielt das thermomechanische Belastungskollektiv beeinflusst werden kann.

5.2.3 Einfluss der Schnittparameter auf das thermomechanische Belastungskollektiv

Influence of Cutting Parameters on the Thermomechanical Tool Load

In Bild 5.14 sind die Werkzeugtemperaturen und die Aktivkräfte für verschiedene Kühlschmierstrategien bei unterschiedlichen Schnittgeschwindigkeiten dargestellt. Der Einfluss der Kühlschmierstrategie auf die Werkzeugtemperatur und die Aktivkraft wurde bereits im Kapitel 5.2.2 diskutiert.

Für alle Kühlschmierstrategien ist erwartungsgemäß zu erkennen, dass bei einer Steigerung der Schnittgeschwindigkeit von v_c = 40 m/min auf v_c = 60 m/min eine deutliche Zunahme der Werkzeugtemperatur auftrat. Die Werkzeugtemperatur nimmt in Folge der Schnittgeschwindigkeitserhöhung um ca. 35 °C - 40 °C zu. Bei der HD-KSS-Zufuhr ist nur eine geringe Zunahme der Temperatur um wenige Grad zu erkennen.

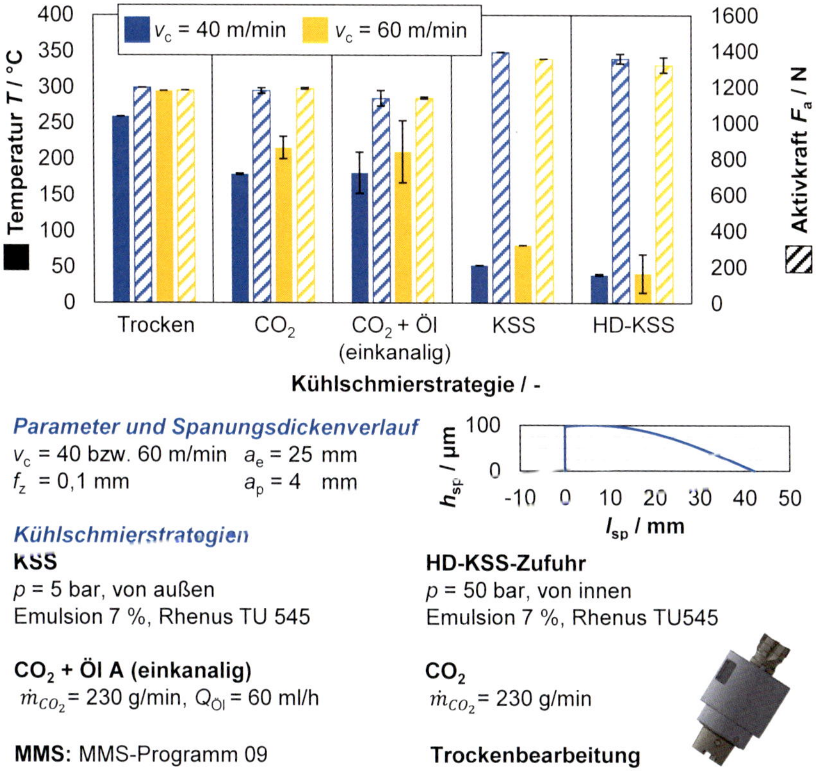

Bild 5.14: Einfluss der Schnittgeschwindigkeit auf die Werkzeugtemperatur und Aktivkraft
Influence of the cutting speed on tool temperature and active force

Im Hinblick auf die Aktivkraft kommt es unabhängig von der Kühlschmierstrategie in Folge der gesteigerten Schnittgeschwindigkeit tendenziell zu einer Abnahme um ca. 5 %.

Wie bereits in Kapitel 2.1.1 beschrieben wurde, ist es beim Fräsen grundsätzlich möglich die Vorschubgeschwindigkeit und Schnittgeschwindigkeit unabhängig voneinander festzulegen. Aufgrund der in der Anwendung üblichen kinematischen Kopplung von Schnitt- und Vorschubgeschwindigkeit, Gleichungen (2-5) und (2-6), verändert sich durch eine höhere Schnittgeschwindigkeit der Verlauf der Spanungsdicke nicht. Die an der Schneide wegen der Spanungsdicke wirkende mechanische Belastung bleibt somit konstant. Aus der höheren Schnittgeschwindigkeit resultiert jedoch eine höhere Schnitt- und damit Wirkleistung bei der Zerspanung, siehe Gleichung (2-1) und Tabelle 2-1, siehe Seite 24. Da diese beim Zerspanen durch die Reibung und Scherung größtenteils in Wärme umgewandelt wird, steigen die Temperaturen im Span, Werkstück und Werkzeug mit dem Steigern der Schnittgeschwindigkeit an [VIER59, S. 35; KLOC18, S. 75].

Weiterhin reduziert sich die Eingriffsdauer bei höheren Schnittgeschwindigkeiten, sodass weniger Zeit zur Wärmeabfuhr zur Verfügung steht und sich die Reibpartner stärker aufheizen [KLOC18. S. 74]. Die beschriebenen Zusammenhänge spiegeln sich in den höheren gemessenen Werkzeugtemperaturen bei den höheren Schnittgeschwindigkeiten wider. Als Begründung für die leicht reduzierten Aktivkräfte bei der größeren Schnittgeschwindigkeit kann eine temperaturbedingte Werkstofferweichung dienen.

Neben der Schnittgeschwindigkeit hat der Vorschub einen wesentlichen Einfluss auf das thermomechanische Belastungskollektiv. Aus diesem Grunde wurden Messungen der Werkzeugtemperatur und der Aktivkraft bei verschiedenen Vorschüben durchgeführt. Die Ergebnisse der Messungen sind für verschiedene Kühlschmierstrategien in Bild 5.15 dargestellt.

Tendenziell ist zu erkennen, dass unabhängig von den verschiedenen Kühlschmierstrategien trotz des höheren Vorschubes nur geringe Änderungen der Werkzeugtemperaturen auftraten. Allerdings ist durch den höheren Vorschub erwartungsgemäß eine deutliche Zunahme der Aktivkräfte festzustellen. Durch den höheren Vorschub verändert sich der Spanungsdickenverlauf. Wie in Kapitel 2.1.1 erläutert, nimmt die Spanungsdicke zu und es tritt eine höhere mechanische Schneidenbelastung auf, siehe Seite 24.

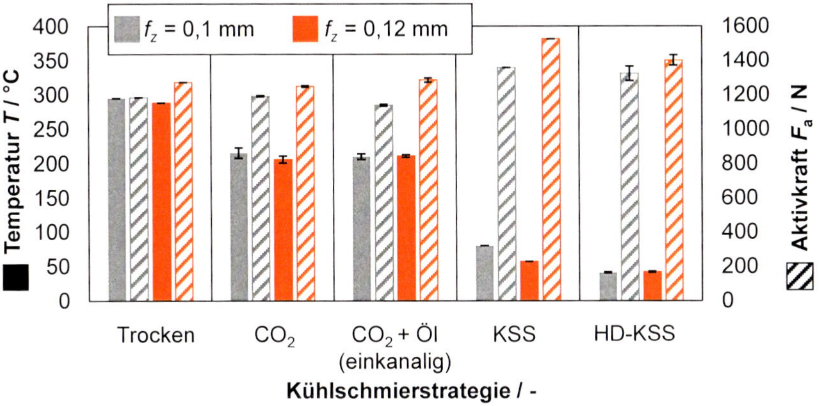

Parameter und Spanungsdickenverlauf

v_c = 60 m/min a_e = 25 mm

f_z = 0,1 bzw. 0,12 mm a_p = 4 mm

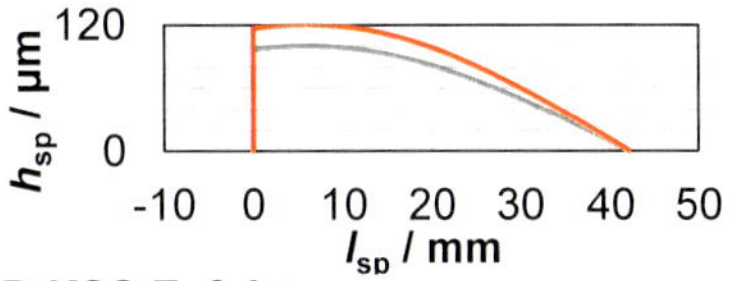

Kühlschmierstrategien

KSS

p = 5 bar, von außen

Emulsion 7 %, Rhenus TU 545

HD-KSS-Zufuhr

p = 50 bar, von innen

Emulsion 7 %, Rhenus TU545

CO_2 + Öl A (einkanalig)

$\dot{m}_{CO_2}$ = 230 g/min, $Q_{Öl}$ = 60 ml/h

CO_2

$\dot{m}_{CO_2}$ = 230 g/min

MMS: MMS-Programm 09

Trockenbearbeitung

Bild 5.15: Einfluss des Vorschubes auf die Werkzeugtemperatur und die Aktivkraft
Influence of the feed rate on tool temperature and active force

Trotz der durch den Vorschub gesteigerten mechanischen Schneidenbelastung und in der Folge erhöhten Reibung zwischen Span und Werkzeug ist eine höhere Werkzeugtemperatur nicht festzustellen. In Kapitel 2.1.1 wurde dieses Phänomen bereits diskutiert. Zum einen ist dies mit dem mit der Steigerung des Vorschubes ebenfalls steigenden Spanmassenstrom zu begründen, der die Wärmeabfuhr über den Span beeinflusst. Zum anderen ändert sich durch einen größeren Vorschub die Kontaktfläche zwischen Span und Werkzeugspanfläche, die eine maßgebliche Bedeutung für Reibungs- und Übergangsphänomene zwischen Span und Werkstück hat, kaum [BUSC14, S. 49].

5.2.4 Einfluss des CO_2-Massenstromes und des Ölvolumenstromes auf das thermomechanische Belastungskollektiv

Influence of CO_2-mass Flow Rate and Oil Volume Flow Rate on the Thermomechanical Tool Load

Im Fazit von Kapitel 4 wurde der CO_2-Massenstrom als relevante Kenngröße der einkanaligen Zufuhr von CO_2 und Öl identifiziert. In diesem Zusammenhang wurde anhand der Ergebnisse in Kapitel 4 die Hypothese aufgestellt, dass ein thermomechanisches Belastungskollektiv existiert, welches bei der Zerspanung des Werkstoffs TiAl6V4 im β-geglühten Zustand in einem optimalen Verschleißverhalten des Werkzeuges resultiert. Als Fragestellung wurde abgeleitet, wie das thermomechanische Belastungskollektiv durch die Einstellung des CO_2-Massenstromes beeinflusst werden kann. Zur Klärung dieser Fragestellung wurden die Werkzeugtemperaturen und die Aktivkraft bei unterschiedlichen CO_2-Massenströmen gemessen und analysiert. Zusätzlich zum CO_2-Massenstrom erfolgte eine Variation der Schnittgeschwindigkeit. Die Ergebnisse sind in Bild 5.16 zusammengefasst.

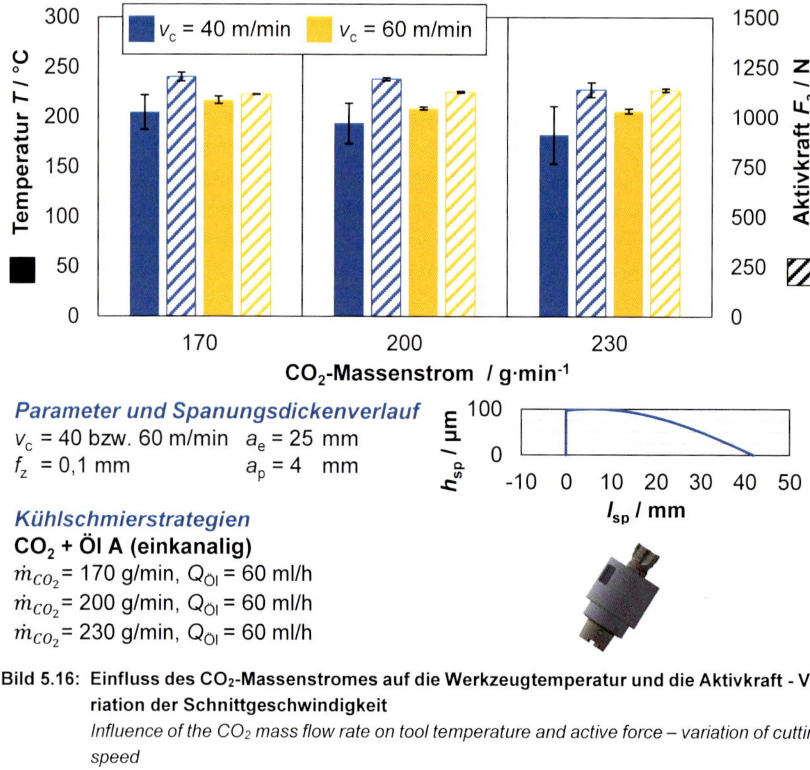

Bild 5.16: Einfluss des CO_2-Massenstromes auf die Werkzeugtemperatur und die Aktivkraft - Variation der Schnittgeschwindigkeit

Influence of the CO_2 mass flow rate on tool temperature and active force – variation of cutting speed

Für beide Schnittgeschwindigkeiten ist festzustellen, dass durch die Steigerung des CO_2-Massenstromes tendenziell eine Reduktion der Werkzeugtemperaturen auftrat.

Durch die Zufuhr einer größeren CO_2-Menge pro Zeiteinheit ist es möglich, mehr Wärme aus der Zerspanzone abzuführen. Ein Einfluss des CO_2-Massenstromes auf die Aktivkraft konnte nicht festgestellt werden. Durch die Steigerung des CO_2-Massenstromes ist es folglich möglich, die Temperatur im Zerspanprozess gezielt zu beeinflussen.

Zur Analyse des Einflusses des Ölvolumenstromes auf das thermomechanische Belastungskollektiv erfolgten Messungen der Werkzeugtemperatur und der Aktivkraft bei unterschiedlichen Ölvolumenströmen. Für zwei verschiedene Schnittgeschwindigkeiten sind die Messergebnisse in Bild 5.17 zusammengefasst.

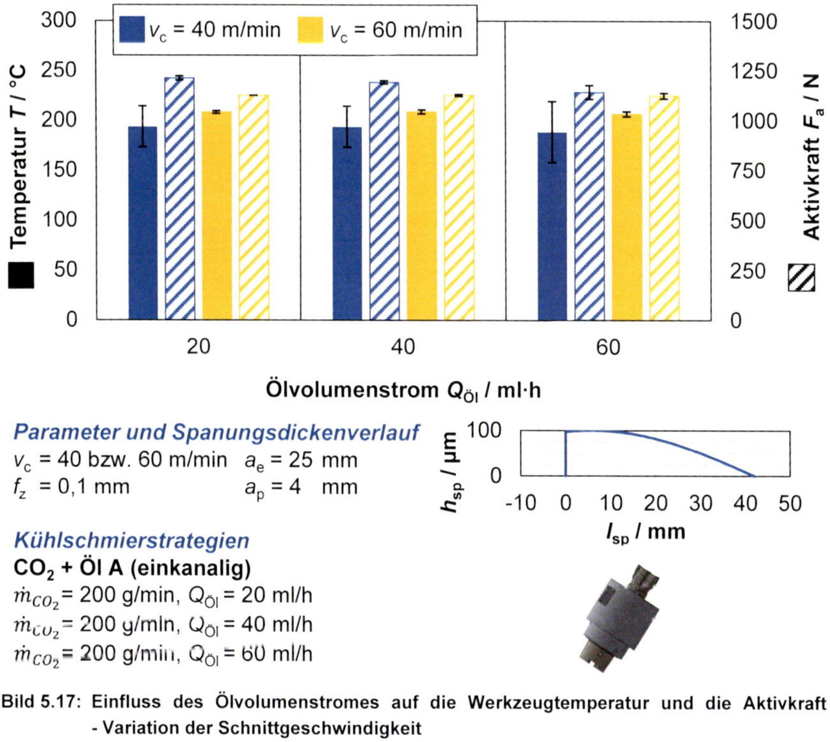

Bild 5.17: Einfluss des Ölvolumenstromes auf die Werkzeugtemperatur und die Aktivkraft - Variation der Schnittgeschwindigkeit

Influence of the oil volume flow rate on tool temperature and active force – variation of cutting speed

Bei der geringeren Schnittgeschwindigkeit von v_c = 40 m/min nahm die Aktivkraft mit einer Steigerung des Ölvolumenstromes ab. Ein wesentlicher Einfluss des Ölvolumenstromes auf die Werkzeugtemperatur und die Aktivkraft bei einer Schnittgeschwindigkeit von v_c = 60 m/min konnte nicht festgestellt werden.

Die Erkenntnisse dieses Kapitels werden gestützt durch weitere eigene Versuchsergebnisse, die sich allerdings hinsichtlich der Schnittparameter von den vorliegenden Versuchen unterschieden [AUGS21, p. 128-129]. Bei diesen Untersuchungen wurden eine Schnittgeschwindigkeit von v_c = 40 m/min, ein Zahnvorschub von f_z = 0,14 mm, eine Schnitttiefe von a_p = 2,5 mm und eine Eingriffsbreite von a_e = 15 mm angewendet [AUGS21, S. 128]. Es wurde festgestellt, dass die Steigerung des CO_2-Massenstromes von $\dot{m}_{CO2}$ = 170 g/min auf $\dot{m}_{CO2}$ = 230 g/min zu einer deutlich reduzierten Werkzeugtemperatur führte [AUGS21, S. 129]. Die Reduktion der Temperatur wurde mit einem verbesserten Kühleffekt bei größerem CO_2-Massentrom erklärt. Eine Schmierwirkung des CO_2 wurde nicht festgestellt. Über den Ölvolumenstrom konnte die Schmierung beeinflusst werden [AUGS21, p. 128].

5.2.5 Fazit zur Analyse der Ursache-Wirkungszusammenhänge

Conclusion on the Analysis of Cause-and-Effect Relationships

Im ersten Teil von Kapitel 5 wurden Wechselwirkungen zwischen dem CO_2 und den MMS-Ölen untersucht. Schwerpunkte bildeten Untersuchungen, welche die Zufuhr der Medien in die Zerspanzone betrafen, sowie Untersuchungen zur Löslichkeit verschiedener MMS-Öle in CO_2. Folgende Erkenntnisse wurden erarbeitet:

- Anhand von Sprühversuchen konnte gezeigt werden, dass bei der zweikanaligen Zufuhrvariante beim Schaftfräsen die MMS nicht in ausreichendem Maße in die Zerspanzone gelangte. Bei dieser Zufuhrvariante erfolgte die CO_2-Zufuhr durch das Werkzeug, während die MMS aus der Werkzeugaufnahme austrat und in axialer Richtung am Werkzeug vorbeiströmte. Das am CO_2-Auslass austretende und expandierende CO_2 verhinderte die MMS-Zufuhr.
- Im Gegensatz zur zweikanaligen Zufuhrvariante konnte für die einkanalige Zufuhrvariante nachgewiesen werden, dass das MMS-Öl die Zerspanzone erreichte. Der Nachweis erfolgte ebenfalls mit Hilfe von Sprühversuchen. Weiterhin wurde der Einfluss der Schaltfrequenz des Ölventils auf die Benetzung der Zerspanzone mit Öl beschrieben.
- Für eine gute Löslichkeit ist es erforderlich, dass sich zwischen den CO_2- und den Öl-Molekülen zwischenmolekulare Anziehungskräfte ähnlicher Größenordnung ausbilden. Polaritäten in funktionellen Gruppen der Ölmoleküle wirken förderlich auf die Löslichkeit von Öl in CO_2 [FAHL02].
- Eine gute Löslichkeit beeinflusst die Größe der Öltropfen sowie die Verteilung im Mediumstrahl. Hieraus resultiert eine gute Benetzung der Zerspanzone, welche in einer guten Schmierwirkung resultiert. [GRGU19, p. 3-6]
- Neben der grundsätzlichen Löslichkeit ist eine schnelle Lösung des Öls ins CO_2 erforderlich, damit das Öl mit Hilfe des CO_2 transportiert werden kann. [JAEG21]
- Für die in dieser Arbeit eingesetzten Öle wurde anhand von Mischversuchen in einer Druckkammer eine grundsätzliche Löslichkeit in CO_2 belegt. Zwischen den Ölen wurden jedoch deutlich Unterschiede bezüglich der Löslichkeit festgestellt. Während Öl A eine vollständige Löslichkeit aufwies, lag bei den anderen Ölen eine beschränkte Löslichkeit vor.
- Alle in dieser Arbeit verwendeten Öle waren für die Verwendung bei der einkanaligen kryogenen Kühlschmierung ausreichend löslich in flüssigem CO_2.

Im zweiten Teil von Kapitel 5 erfolgte die Analyse des thermomechanischen Belastungskollektivs. Hierzu wurden zunächst Werkzeughalter mit integrierter Sensorik zur Temperaturmessung in der Schneide entwickelt und realisiert. Anschließend wurden die Werkzeughalter in Zerspanversuchen eingesetzt. Zusätzlich zu den Temperaturmessungen wurde die Aktivkraft gemessen. Die folgenden Erkenntnisse sind festzuhalten:

- Die untersuchten Kühlschmierstrategien hatten erheblichen Einfluss auf die Werkzeugtemperatur und die Aktivkraft. Die höchsten Temperaturen wurden bei der Trockenbearbeitung gemessen. Die geringsten Temperaturen traten bei Anwendung der HD-KSS-Zufuhr auf. Allerdings wurden bei der HD-KSS-Zufuhr die höchsten Aktivkräfte gemessen. Die Zufuhr von CO_2 und MMS bzw. Öl resultierte im Vergleich zu allen anderen Kühlschmierstrategien in den geringsten Aktivkräften. Nur bei der HD-KSS-Zufuhr und der Emulsionskühlung traten geringere Werkzeugtemperaturen als bei der Zufuhr von CO_2 und MMS bzw. Öl auf. Diese Effekte konnten auf die Kühlwirkung des CO_2, die Schmierwirkung des MMS-Öls sowie die temperaturbedingte Werkstofferweichung zurückgeführt werden.
- Die Schnittparameter Schnittgeschwindigkeit und Vorschub zeigten bei allen Kühlschmierstrategien einen deutlichen Einfluss auf die Werkzeugtemperatur und die Aktivkraft. Eine Erhöhung der Schnittgeschwindigkeit führte erwartungsgemäß zu einer Erhöhung der Werkzeugtemperatur. Eine Steigerung des Vorschubes führte erwartungsgemäß zu höheren Aktivkräften.
- Mit der Einstellung des CO_2-Massenstromes kann die Kühlwirkung und somit die Zerspantemperatur gezielt beeinflusst werden. Mit einer Steigerung des CO_2-Massenstromes traten reduzierte Zerspantemperaturen auf.
- Die Einstellung des Ölvolumenstromes ermöglicht es die Schmierung in der Zerspanzone und mechanische Belastung der Schneide zu beeinflussen. Höhere Ölvolumenströmen führten tendenziell zu geringeren Aktivkräften.

6 Erklärungsmodell für die kryogene Kühlschmierung beim Fräsen

Explanation Model of Cryogenic Cooling Lubrication in Milling

Im vorliegenden Kapitel werden die Erkenntnisse dieser Arbeit in ein Erklärungsmodell überführt und zusammengefasst. Hiermit wird die dritte Forschungsfrage beantwortet:

> „Wie kann ein Modell zur Erklärung der identifizierten Ursache-Wirkungszusammenhänge zwischen den Stell-, Stör- und Zielgrößen abgeleitet werden?“

Basis des Modells bilden die in Kapitel 4.2 eingeführten Stell-, Stör- und Zielgrößen der kryogenen Kühlschmierung beim Fräsen. Diese stellen den Betrachtungsrahmen des Modells dar. Zielsetzung des Modells ist eine vereinfachte Darstellung, Zusammenfassung, Bewertung und Erklärung der identifizierten Ursache-Wirkungszusammenhänge zwischen den Stell-, Stör und Zielgrößen. Auf dieser Grundlage werden zum Abschluss des Kapitels Gestaltungsregeln für die Anwendung der Technologie der kryogenen Kühlschmierung beim Fräsen von Titan abgeleitet. Bei dem Modell handelt es sich daher um ein empirisch begründetes regelbasiertes Anwendungsmodell.

Zunächst erfolgte eine Strukturierung des Erklärungsmodells in sechs Teilmodelle, siehe Bild 6.1. Als Teilmodelle wurden die Werkzeugmakrogeometrie, der Werkstoff, die Schnittparameter, die Spanungsgeometrie, das thermomechanische Belastungskollektiv und die Zielgrößen definiert. Anschließend erfolgte eine Zuordnung der relevanten Stell-, Stör- und Zielgrößen zu den passenden Teilmodellen. Die Teilmodelle wirken aufeinander, sind voneinander abhängig und beeinflussen sich gegenseitig. Diese Abhängigkeiten sind in Bild 6.1 durch entsprechende Pfeile zwischen den Teilmodellen verdeutlicht.

Im Folgenden werden die verschiedenen Teilmodelle vorgestellt. Das Teilmodell „Werkstoff“ beinhaltet die Werkstoffeigenschaften Wärmeleitfähigkeit und Festigkeit. Beide Eigenschaften beeinflussen in starkem Maße das thermomechanische Belastungskollektiv. Eine geringe Wärmeleitfähigkeit führt zu hohen Zerspantemperaturen und eine hohe Werkstofffestigkeit zu hohen Zerspankräften. Die in dieser Arbeit zerspante Titanlegierung TiAl6V4 hat eine geringe Wärmeleitfähigkeit und hohe Werkstofffestigkeit und gehört deswegen zu den schwer zerspanbaren Werkstoffen. In Kapitel 4.3.1 wurde der Werkstoff detailliert charakterisiert. Wie in Kapitel 4.1.4 beschrieben, kamen zur Zerspanung der Titanlegierung TiAl6V4 in dieser Arbeit, dem Stand der Technik entsprechend, Werkzeuge mit angepasster Werkzeugmikro- und -makrogeometrie zum Einsatz. Darüber hinaus wurden beschichtete und unbeschichtete Hartmetallsubstrate mit unterschiedlichen Kobaltgehalten verwendet. Sowohl mit den beschichteten als auch mit den unbeschichteten Werkzeugen konnten im Hinblick auf die Potenziale der kryogenen Kühlschmierung, insbesondere beim Werkzeugverschleiß, vielversprechende Ergebnisse erzielt werden. Es wurden für die kryogene Kühlschmierung geeignete Schaftfräswerkzeuge identifiziert.

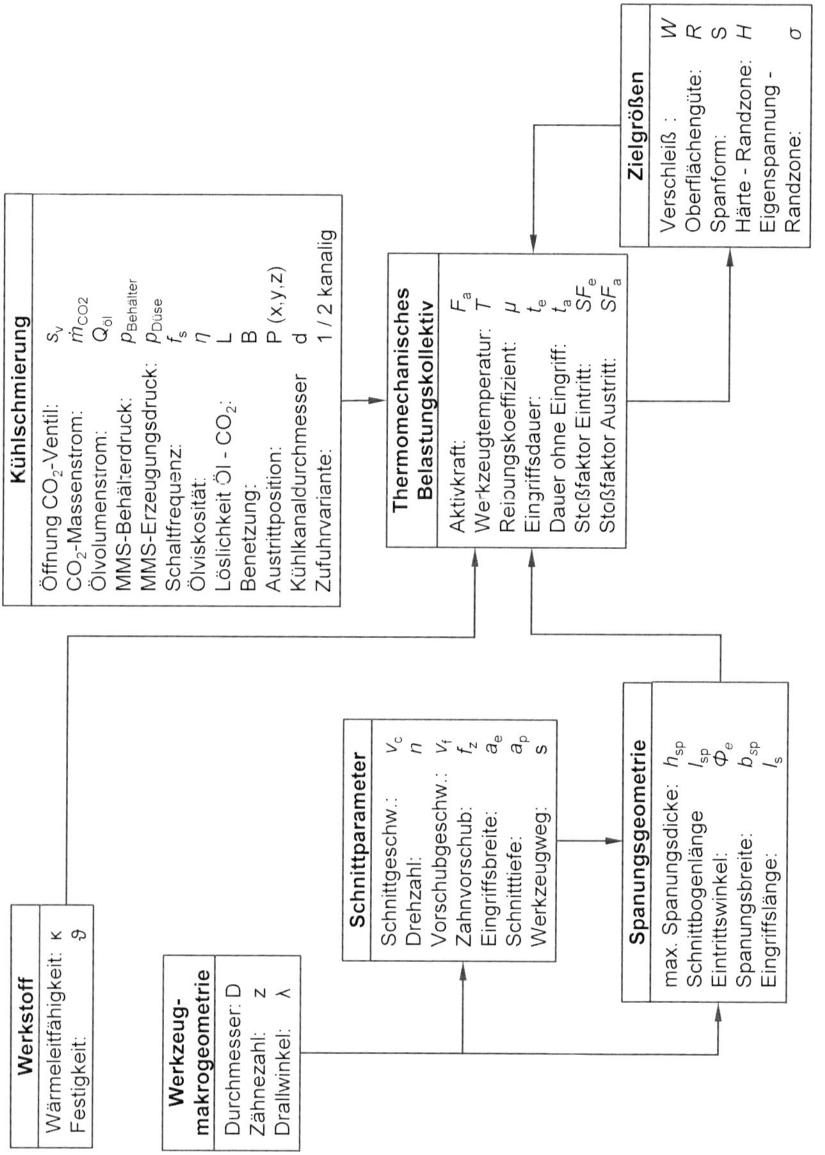

Bild 6.1: Strukturierung des Erklärungsmodells in Teilmodelle
Structurization of the explanation model in submodels

Die Werkzeugauslegung stellte allerdings nicht den Schwerpunkt der vorliegenden Arbeit dar und bedarf zukünftig weiterführender Untersuchungen. Auf eine Integration der Werkzeugmikrogeometrie und des Schneidstoffes sowie der Beschichtung in das Modell wurde aus diesem Grund verzichtet. Da die Werkzeugmakrogeometrie einen wesentlichen Einfluss auf die Schnittparameter und die Spanungsgeometrie hat, siehe Kapitel 2.1.1, berücksichtigt das Teilmodell „Werkzeugmakrogeometrie“ den Werkzeugdurchmesser, die Zähnezahl und den Drallwinkel.

Das Teilmodell „Schnittparameter“ beinhaltet die Vorschubgeschwindigkeit, die Schnittgeschwindigkeit, die Werkzeugdrehzahl, den Vorschub pro Zahn und die Eingriffsbreite und Schnitttiefe. Da die Eingriffsbreite und Schnitttiefe vom Werkzeugweg abhängen, ist dieser ebenfalls im Teilmodell „Schnittparameter“ eingeordnet. Das Teilmodell „Schnittparameter“ wirkt einerseits direkt und andererseits indirekt auf das Teilmodell „Thermomechanisches Belastungskollektiv“. Die indirekte Wirkung resultiert aus der Spanungsgeometrie, welche durch die Definition der Schnittparameter festgelegt wird. Der Einfluss der Schnittparameter auf die Spanungsgeometrie und die Bedeutung für das Belastungskollektiv wurde in Kapitel 2.1.1 diskutiert. Die Beschreibung der genannten Abhängigkeiten im Erklärungsmodell erfolgte mit Hilfe des Teilmodells „Spanungsgeometrie“, welches aus den Größen maximale Spanungsdicke, Schnittbogenlänge, Schneideneintrittswinkel, Spanungsbreite und Länge der Schneide im Eingriff (auch als Eingriffslänge bezeichnet), besteht.

Für die „Kühlschmierung“ wurde ein eigenes Teilmodell eingeführt, welches die Zusammenhänge berücksichtigt, die die Kühlung und Schmierung betreffen. Hierzu gehören die Größen zur Einstellung des CO_2-Massenstromes und des Ölvolumenstromes, siehe Kapitel 4.1. Dies sind für die einkanalige Zufuhrvariante die Schaltfrequenz des Ölventils und der Öffnungsgrad des CO_2-Ventils. Weitere wichtige Einflussgrößen, welche sich nur indirekt durch die Auswahl des Öles beeinflussen lassen, sind die Löslichkeit des Öles in CO_2 und die Viskosität des Öles. Die in Kapitel 5 dargestellten Versuchsergebnisse haben gezeigt, dass die Löslichkeit einen wesentlichen Einfluss auf die Benetzung der Zerspanzone hat. Die Viskosität beeinflusst zusammen mit der Schaltfrequenz des Ölventils den Ölvolumenstrom, siehe Kapitel 4.2.3. Aus diesem Grunde wurden sowohl die Öleigenschaften Löslichkeit und Viskosität als auch die Benetzung in das Modell aufgenommen. Für die zweikanalige Zufuhrvariante mussten darüber hinaus die MMS-Zufuhrbedingungen berücksichtigt werden, deren Analyse in Kapitel 4.2.2 erfolgte. Hierzu gehören der MMS-Behälterdruck sowie der MMS-Düsendruck. Weiterhin wurden die Position der Kühlkanalaustritte und der Kühlkanaldurchmesser in das Teilmodell aufgenommen. Die zugehörigen Erkenntnisse wurden in Kapitel 4.1 und Kapitel 4.3 erarbeitet und vorgestellt.

Das zentrale Element des Erklärungsmodells stellt das Teilmodell „Thermomechanisches Belastungskollektiv“ dar. Die bisher genannten Teilmodelle beeinflussen alle indirekt oder direkt das thermomechanische Belastungskollektiv. Die Größen, welche die thermomechanische Belastung und ihren zeitlichen Verlauf im Modell repräsentieren sind die Aktivkraft, die Werkzeugtemperatur, der Reibungskoeffizient, die Eingriffsdauer, die Dauer in der sich die Schneide nicht im Eingriff befindet und abkühlen kann sowie die Stoßfaktoren für den Eintritt und den Austritt der Schneide. Die Grundlage für die modellhafte Beschreibung des thermomechanischen Belastungskollektives bilden die empirischen Untersuchungen und Analysen aus Kapitel 5.2 und die Diskussion zum Beanspruchungskollektiv aus Kapitel 2.1.1.

Für die bereits in Kapitel 5.2.3 definierten „Zielgrößen“ Werkzeugverschleiß, Oberflächengüte, Spanform sowie Härte und Eigenspannungen in der Randzone wurde ein separates Teilmodell eingeführt, das im gesamten Modell nur abhängig vom Teilmodell „Thermomechanisches Belastungskollektiv“ ist. Das Modell berücksichtigt, dass durch einen erhöhten Werkzeugverschleiß die Zerspantemperaturen ansteigen. Das Teilmodell „Zielgrößen“ beeinflusst demnach das Teilmodell „Thermomechanisches Belastungskollektiv“.

Um eine Bewertung der Wirkungsintensitäten innerhalb der Teilmodelle und zwischen den Teilmodellen vorzunehmen, wurde in Anlehnung an die Arbeiten von SANGERMANN, LUNG und LAKNER jeweils eine Intensitäts-Beziehungs-Matrix aufgestellt, Bild 6.2. [SANG13, S. 139; LUNG19, S. 121; LAKN21b, S. 124]

In den Zeilen und Spalten stehen jeweils die Elemente der Teilmodelle. Zusätzlich wurden Elemente aus anderen Teilmodellen, die auf das zu bewertende Teilmodell wirken, in die Spalte eingetragen. Pfeile kennzeichnen teilmodellübergreifende Elemente, sodass Ursache-Wirkungs-Ketten entstehen. Die Intensität des Ursache-Wirkungszusammenhangs von der Zeile auf die Spalte wurde bewertet und farblich gekennzeichnet. Eine Darstellung der Zeilen und Spalten, bei denen keine Ursache-Wirkungszusammenhänge vorlagen, erfolgte nicht, um die Übersichtlichkeit zu verbessern.

Die Ursache-Wirkungszusammenhänge wurden in starke (2), schwache (1) und keine Intensität (0) untergliedert. Zusätzlich wurde gekennzeichnet, ob der Ursache-Wirkungszusammenhang und die zugehörige Intensitätsbewertung aus dem Stand der Technik bekannt (*), über eigene Untersuchungen empirisch begründet (•) oder abgeleitet bzw. vermutet (♦) ist. Die auf Basis eigener Untersuchungen empirisch begründeten Zusammenhänge und Wirkungsintensitäten finden sich insbesondere in den Teilmodellen „Kühlschmierung“, „Thermomechanisches Belastungskollektiv“ und „Zielgrößen“ wieder. Zur abschließenden Gesamtbewertung der Wirkungsintensitäten wurden in jedem Teilmodell für jedes Element die Zeilen- und Spaltensummen der Wirkungsintensitäten gebildet. Je höher die Zeilensumme ist, desto stärker wirkt das zugehörige Element auf andere Elemente. Je höher die Spaltensumme ist, desto stärker ist die Abhängigkeit von anderen Elementen. Es wurden vier Elementklassen eingeführt. Träge Elemente haben weder eine starke Wirkung noch eine starke Abhängigkeit von anderen Elementen. Aktive Elemente haben einen großen Einfluss auf andere Elemente aber nur eine geringe Abhängigkeit. Reaktive Elemente sind stark von anderen Elementen abhängig, haben aber nur einen geringen Einfluss und die kritischen Elemente haben einen großen Einfluss und eine große Abhängigkeit. Anhand dieser Klassifizierung ist es möglich, Elemente zu identifizieren, mit denen das System gezielt beeinflusst werden kann.

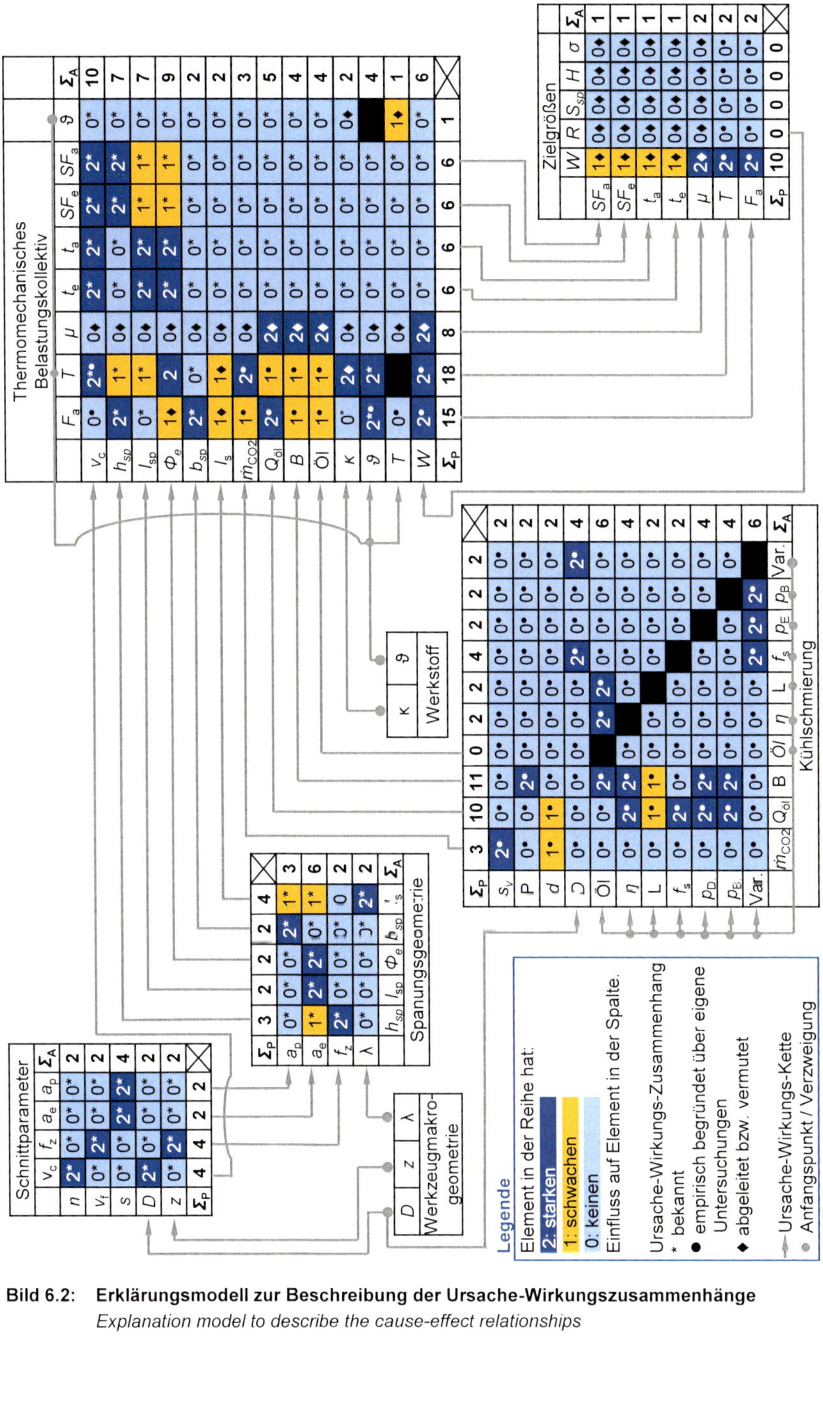

Bild 6.2: Erklärungsmodell zur Beschreibung der Ursache-Wirkungszusammenhänge
Explanation model to describe the cause-effect relationships

Es muss berücksichtigt werden, dass die ermittelten Zahlenwerte eine auf den Versuchsergebnissen basierte subjektive Einschätzung darstellen und nicht als Messwerte zu verstehen sind [LUNG19; S. 122; ULRI95, S. 150]. In Bild 6.3 sind Modellelemente anhand ihrer Auswirkung und Abhängigkeit in einer Vierfeldermatrix den genannten Elementklassen zugeordnet [ULRI95, S. 146].

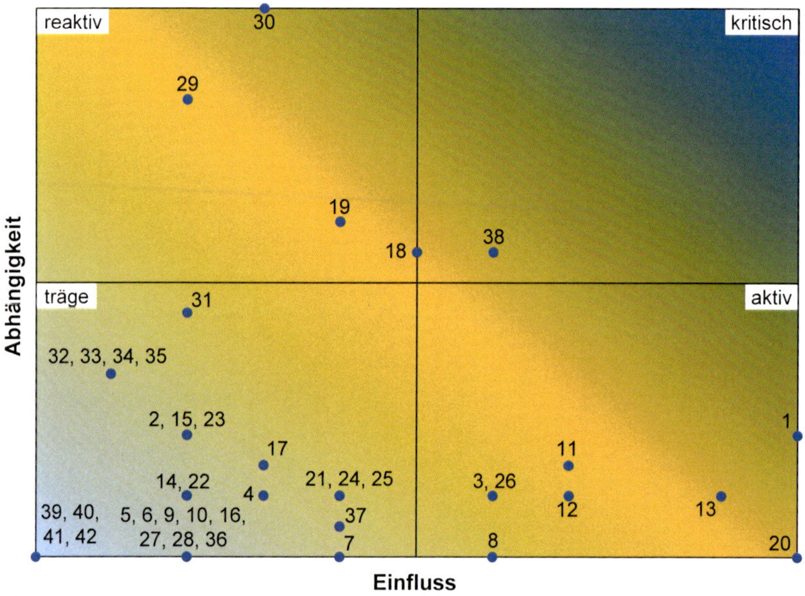

Schnittparameter
1 Schnittgeschwindigkeit
2 Zahnvorschub
3 Eingriffsbreite
4 Schnitttiefe
5 Drehzahl
6 Vorschubgeschwindigkeit
7 Werkzeugweg

Werkzeug
8 Werkzeugdurchmesser
9 Zähnezahl
10 Drallwinkel

Spanungsgeometrie
11 Spanungsdicke
12 Spanungslänge
13 Eintrittswinkel
14 Spanungsbreite
15 Eingriffslänge

Kühlschmierung
16 Öffnung CO_2-Ventil
17 CO_2-Massenstrom
18 Ölvolumenstrom
19 Benetzungsgrad
20 Öl
21 Viskosität
22 Löslichkeit
23 Schaltfrequenz
24 MMS-Düsendruck
25 MMS-Behälterdruck
26 Variante
27 Austrittsposition
28 Kühlkanaldurchmesser

Thermomechanisches Belastungskollektiv
29 Aktivkraft
30 Werkzeugtemperatur
31 Reibungskoeffizient
32 Zeit im Eingriff
33 Zeit außer Eingriff
34 Stoßfaktor Eintritt
35 Stoßfaktor Austritt

Werkstoff
36 Wärmeleitfähigkeit
37 Festigkeit

Zielgrößen
38 Werkzeugverschleiß
39 Oberflächenqualität
40 Spanform
41 Härte
42 Eigenspannungen

Bild 6.3: Auswirkung und Abhängigkeit der Modellelemente
Impact and dependency of the model elements

Der Darstellung ist zu entnehmen, dass zu den aktiven Elementen die Schnittgeschwindigkeit, die Eingriffsbreite, der Werkzeugdurchmesser, die Spanungsdicke, die Spanungslänge, der Eintrittswinkel, das Öl und die Zufuhrvariante gehören. Diese ausgewählten Elemente der Teilsysteme Schnittparameter, Werkzeugmakrogeometrie, Spanungsgeometrie und Kühlschmierung ermöglichen es folglich, das System stark zu beeinflussen. Allerdings kann insbesondere die Spanungsgeometrie nur indirekt über die Festlegung der Schnittparameter beeinflusst werden.

Die meisten Elemente sind träge Elemente. Insbesondere die Stellgrößen der Kühlschmierung, zu denen unter anderem der Ölvolumenstrom und der CO_2-Massenstrom gehören sind als träge klassifiziert. Allerdings haben die Kühlschmierparameter innerhalb der Klasse einen vergleichsweisen großen Einfluss.

Die Werkzeugtemperatur und die Aktivkraft sind als reaktive Elemente klassifiziert. Als einziges kritisches Element ist die Zielgröße Werkzeugverschleiß eingeordnet.

Anhand des vorgestellten Erklärungsmodells lassen sich für die Anwendungsfall der kryogenen Fräsbearbeitung der Titanlegierung TiAl6V4 die nachfolgenden Gestaltungsempfehlungen ableiten:

- Das thermomechanische Belastungskollektiv beim Fräsen der Titanlegierung TiAl6V4 kann in stärkerem Maße durch die Spanungsgeometrie und die Schnittgeschwindigkeit beeinflusst werden als durch die Parameter der kryogenen Kühlschmierung. Bei der Prozessauslegung sind daher zunächst Schnittparameter auszuwählen, die eine prozesssichere Zerspanung ermöglichen.
- Die Anpassung des Ölvolumenstromes und des CO_2-Massenstromes sollte im zweiten Schritt erfolgen. Über die Auswahl der Parameter der kryogenen Kühlschmierung ist eine gezielte Beeinflussung des thermomechanischen Belastungskollektives möglich. Die Steigerung des CO_2-Massenstromes erlaubt eine Reduktion der Werkzeugtemperatur und über den Ölvolumenstrom kann die mechanische Belastung der Schneidkante verringert werden. In der Folge ist es möglich, das Verschleißverhalten der Werkzeuge deutlich zu verbessern. Wie in Kapitel 4 gezeigt wurde, war es möglich eine Vervierfachung der Standwege im Vergleich zur Überflutungskühlung zu erzielen.
- Bei kleinen Werkzeugdurchmessern ist die einkanalige Zufuhr von CO_2 und Öl zu bevorzugen, da die Werkzeugquerschnittsfläche durch die geringere Anzahl an Kühlkanälen weniger stark geschwächt wird und die Werkzeuge stabiler sind. Grundsätzlich haben sowohl die einkanalige Zufuhr von CO_2 und Öl als auch die zweikanalige Zufuhr von CO_2 und MMS das Potenzial ein verbessertes Verschleißverhalten beim Fräsen der Titanlegierung TiAl6V4 zu erzielen. In der vorliegenden Arbeit wurde bei der zweikanaligen Variante die MMS über die Stirnfläche der Werkzeugaufnahme zugeführt. Es konnte gezeigt werden, dass das MMS-Medium durch das austretende CO_2 nicht in die Zerspanzone gelangen konnte.
- Neben dem Werkzeugdurchmesser ist bei der Auswahl der Zufuhrvariante die aufgrund der Eingriffssituation vorliegende Gesamtbelastung des Werkzeuges zu berücksichtigen.

- Der Auswahl des MMS-Öls muss bei der einkanaligen Zufuhr erhebliche Aufmerksamkeit gewidmet werden. Insbesondere die Löslichkeit beeinflusst wesentlich die Benetzung in der Zerspanzone. Dies kann zu deutlichen Unterschieden in Bezug auf das thermomechanische Belastungskollektiv und dem Werkzeugverschleiß führen.

7 Ökonomische und ökologische Technologiebewertung

Economic and Ecological Technology Evaluation

Die Entscheidung für oder gegen die Anwendung einer innovativen Technologie ist davon abhängig, welche technologischen, ökonomischen und ökologischen Vorteile sich im Vergleich zu konventionellen und bewährten Technologien bieten. Die ökonomischen und technologischen Aspekte stehen bei der Bewertung häufig im Vordergrund. Wie bereits in der Einleitung beschrieben wurde, gewinnen ökologische Kriterien allerdings zunehmend an Bedeutung. Die technologische Bewertung der kryogenen Kühlschmierung aus den Kapiteln 4 bis 6 wird daher im vorliegenden Kapitel 7 durch eine ökonomische und ökologische Bewertung ergänzt. Hierdurch wird die 4. Forschungsfrage beantwortet:

> „Wie ist die kryogene Kühlschmierung unter ökologischen und ökonomischen Gesichtspunkten im Vergleich zu konventionellen Kühlschmierstrategien zu bewerten?"

Als Bewertungsgrundlage werden drei Szenarien analysiert. Szenario eins ist die konventionelle Überflutungskühlung. Szenario zwei stellt die innere HD-KSS-Zufuhr dar. Als drittes Szenario wird die einkanalige innere Zufuhr von CO_2 und Öl definiert. Die Bewertung jedes Szenarios erfolgt für die Fräsbearbeitung eines Bauteils aus der Titanlegierung TiAl6V4 mit einem Werkzeugdurchmesser D = 8 mm. Bei der Analyse wird von einem zu zerspanenden Werkstoffvolumen von V_Z = 500 cm^3 pro Werkstück ausgegangen. Typische Anwendungsfälle finden sich bei der Fräsbearbeitung von Bauteilen für die Luft- und Raumfahrt oder Medizintechnik. Hierzu gehören beispielweise Flügelbeschläge, Fahrwerksträger, Strukturbauteile oder Knochenplatten. Im ersten Teil des Kapitel 7 erfolgt zunächst die ökonomische Bewertung. Die ökologische Bewertung ist Inhalt des zweiten Teils.

7.1 Ökonomische Bewertung

Economic Evaluation

Als Ansatz für die ökonomische Bewertung dient die Berechnung der Fertigungskosten je Werkstück K_F. Diese setzen sich aus den Lohn- und Lohnnebenkosten K_L, den Maschinenkosten K_M, den Werkzeugkosten K_W und den Restfertigungsgemeinkosten zusammen, Gleichung (7-1) [KLOC18, S. 447].

$$K_F = K_L + K_M + K_W + K_X \quad (7\text{-}1)$$

Nachfolgend wird das Vorgehen zur Berechnung der einzelnen Kostenanteile vorgestellt. Im ersten Schritt werden die Maschinenkosten bestimmt.

Maschinenkosten

Diese werden nach Gleichung (7-2) als Produkt aus dem Maschinenstundensatz K_{MH} und der Maschinenbelegungszeit t_{bM} je Bauteil berechnet.

$$K_M = K_{MH} \cdot t_{bM} \tag{7-2}$$

Die Belegungszeit der Werkzeugmaschine pro Bauteil t_{bM} setzt sich aus der Zerspanzeit je Werkstück t_z, der Werkstückwechselzeit t_{WST}, der Werkzeugwechselzeit je Werkstück t_{WZW} und der Rüstzeit je Werkstück t_r zusammen, Gleichung (7-3). Verteilzeiten werden durch einen Verteilzeitzuschlag berücksichtigt $z_{Verteil}$. Es wird davon ausgegangen, dass die Maschine in der Pause des Maschinenbedieners durchläuft.

$$t_{bM} = (t_z + t_{WZW} + t_{WST}) \cdot (1 + z_{Verteil}) + t_r \tag{7-3}$$

Den größten Anteil an der Belegungszeit hat die Zerspanzeit t_z. Diese wird mit Hilfe des zu zerspanenden Werkstoffvolumens V_z und dem Zeitspanvolumen Q bestimmt. Um den Einfluss werkstückgeometrieangepasster Werkzeugbahnen und Vorschübe auf die Zerspanzeit t_z einzukalkulieren, fließt ein Zuschlagsfaktor z_{Bahn} mit in die Berechnung ein, Gleichung (7-12).

$$t_z = \frac{V_z}{Q} \cdot (1 + z_{Bahn}) \tag{7-4}$$

Das Zeitspanvolumen Q wird hierbei basierend auf den Schnittparametern und der Werkzeugmakrogeometrie bestimmt, welche bei der zerspantechnologischen Analyse in Kapitel 4.3 angewendet wurden. Die Werte sind in Tabelle 7-1 zusammengefasst.

Tabelle 7-1: Schnittwerte und Werkzeugmakrogeometrie
Cutting parameters and tool macrogeometry

Schnittgeschwindigkeit	v_c	60 m/min
Vorschub pro Zahn	f_z	0,08 mm
Schnitttiefe	a_p	8,00 mm
Eingriffsbreite	a_e	2,40 mm
Werkzeugdurchmesser	D	8 mm
Zähnezahl	z	4
Drehzahl	$n = v_c \cdot (\pi \cdot D)^{-1}$	2387,32 min^{-1}
Vorschubgeschwindigkeit	$v_f = f_z \cdot z \cdot n$	0,76 m/min
Zeitspanvolumen	$Q = a_p \cdot a_e \cdot v_f$	14,67 $cm^3 \cdot min^{-1}$

Die Anzahl der Werkzeugwechsel w multipliziert mit der Werkzeugwechselzeit t_{WZ} ergibt die Werkzeugwechselzeit pro Werkstück t_{WZW}, Gleichung (7-5). Die Anzahl der Werkzeugwechsel erhält man, in dem man den Quotienten aus der Zerspanzeit je Werkstück t_z und der Standzeit T bildet.

$$t_{WZW} = w \cdot t_{WZ} = \frac{t_z}{T} \cdot t_{WZ} \tag{7-5}$$

In Abhängigkeit von der Kühlschmierstrategie wurden die in der zerspantechnologischen Analyse aus Kapitel 4.3 empirisch ermittelten Standwege L_f verwendet, um mit Hilfe der Vorschubgeschwindigkeit v_f die zugehörige Standzeit T zu ermitteln, Gleichung (7-6).

$$T = \frac{L_f}{v_f} \tag{7-6}$$

In Tabelle 7-2 sind die empirisch ermittelten Standwege L_f und die zugehörigen Standzeiten T in Abhängigkeit von der Kühlschmierstrategie zusammengefasst. Aufbauend auf den ausgewählten Szenarien für die ökonomische Bewertung sind Werte für die konventionelle Überflutungskühlung (KSS), die Hochdruck-Kühlschmierstoff-Zufuhr (HD-KSS) und die einkanalige innere Zufuhr von CO_2 und Öl dargestellt.

Tabelle 7-2: Empirisch ermittelter Standweg L_f und Standzeit T
Empirically determined tool life travel path L_f and tool life T

	KSS	HD-KSS	CO_2 und Öl
Standweg L_f	13,60 m	18,30 m	52,00 m
Standzeit T	17,80 min	23,95 min	68,07 min

Die Ergebnisse der Berechnung der Belegungszeit der Werkzeugmaschine pro Werkstück t_{bM} in Abhängigkeit von der Kühlschmierstrategie ist in Tabelle 7-3 dargestellt. Für die werstückgeometrieabhängige Bahnplanung wurde ein Zuschlagsfaktor von 10 % berücksichtigt. Der Zuschlagsfaktor für die Verteilzeit betrug 10 %. Bezüglich der Werkstückwechselzeit t_{WST} erfolgte die Annahme, dass der Werkstückwechsel automatisiert erfolgt. Auf dieser Grundlage fand eine Werkstückwechselzeit von t_{WST} = 3 min Berücksichtigung. Unter der Annahme, dass die Werkzeugmaschine für den Werkzeugwechsel über ein Werkzeugmagazin mit ausreichend gerüsteten und voreingestellten Werkzeugen verfügt, erfolgte die Abschätzung, dass ein Werkzeugwechsel innerhalb von t_{WZ} = 0,5 min automatisiert durchgeführt werden kann.

Tabelle 7-3: Ergebnisse der Berechnung der Belegungszeit der Werkzeugmaschine pro Werkstück t_{bM}
Results of calculation of machine tool operating time per part t_{bM}

	KSS	HD-KSS	CO_2 u. Öl
Zuschlagsfaktor Bahnplanung z_{Bahn}	10 %		
Zuschlagsfaktor Verteilzeit $z_{Verteil}$	10 %		
Zerspanzeit pro Werkstück t_z	37,50 min		
Werkstückwechselzeit t_{WST}	3,00 min		
Werkzeugwechselzeit t_{WZ}	0,50 min		
Schichtdauer T_S	480 min		
Rüstzeit pro Schicht T_r	30 min		
Anzahl Werkstücke pro Schicht m	9,85	9,91	10,03
Anzahl Werkzeugwechsel pro Werkstück w	2,11	1,57	0,55
Werkzeugwechselzeit pro Werkstück t_{WZW}	1,06 min	0,79 min	0,28 min
Rüstzeit pro Werkstück t_r	3,05 min	3,03 min	2,99 min
Belegungszeit Maschine pro Werkstück t_{bM}	48,75 min	48,44 min	47,84 min

Die Belegungszeit der Werkzeugmaschine pro Werkstück unterscheidet sich zwischen den Kühlschmierstrategien nur geringfügig. Die Unterschiede sind auf das Verschleißverhalten der Werkzeuge zurückzuführen. Da der Werkzeugverschleiß bei der inneren Zufuhr von CO_2 und Öl am geringsten ist, werden im Vergleich zur Überflutungskühlung ca. 25 % weniger Werkzeugwechsel benötigt. Da die Werkzeugwechselzeit mit t_{WZ} = 0,5 min im Vergleich zur Zerspanzeit t_Z kurz ist, wirkt sich diese nur schwach auf die Belegungszeit der Werkzeugmaschine aus.

Der Maschinenstundensatz K_{MH} berechnet sich aus der kalkulatorischen Abschreibung K_A, den kalkulatorischen Zinsen K_Z, den Instandhaltungskosten K_I, den Raumkosten K_R, den Energiekosten sowie der jährlichen Nutzungsdauer nach Gleichung (7-7), [KLOC18, S. 453].

$$K_{\mathrm{MH}} = \frac{K_A + K_Z + K_I + K_R + K_E}{T_N} \tag{7-7}$$

Zur Berechnung der jährlichen kalkulatorischen Abschreibung bestimmt man die Differenz aus Anschaffungswert K_{AW} und Verkaufserlös K_{VE} und dividiert diese durch Abschreibungsdauer t_{ab}, Gleichung (7-8) [KLOC18, S. 453].

$$K_A = \frac{K_{AW} - K_{VE}}{t_{Ab}} \tag{7-8}$$

Der Anschaffungswert berücksichtigt die Kosten zur Beschaffung der Werkzeugmaschine, der zugehörigen Automation sowie weiterer Anlagentechnik für die KSS-Zufuhr. Hierzu gehören KSS-Pumpen, Filtrationsanlagen sowie Absauganlagen. Im Falle der Zufuhr von CO_2 und Öl muss ein Zufuhrsystem für CO_2 und Öl, eine entsprechende Drehdurchführung und Lanze sowie geeignete Werkzeugaufnahmen beschafft werden, siehe Kapitel 4.1. Für die Kühlschmierung mit CO_2 und Öl ist weiterhin die Beschaffung von persönlicher Schutzausrüstung erforderlich, zu der zum Beispiel Handschuhe und Visiere gehören, welche den Maschinenbediener beim Umgang mit tiefkalten Medien schützen. Wie in Kapitel 4.1.5 diskutiert wurde, sind weitere Arbeitssicherheitsmaßnahmen umzusetzen. Zu diesen gehören die Verwendung personenbezogener Gaswarnsensoren. In Tabelle 7-4 sind die genannten Positionen mit den zugehörigen Kostenabschätzungen für jedes Szenario aufgeführt. Die Summe ergibt den Anschaffungswert K_{AW}. Anhand der AfA-Tabelle für den Wirtschaftszweig „Maschinenbau“ (AfA: Absetzung für Abnutzung) des Bundesministeriums der Finanzen wurde eine Abschreibungsdauer von t_{ab} = 6 Jahren für ein Bearbeitungszentrum mit CNC-Steuerung ausgewählt [BUND24]. Weiterhin wurde angenommen, dass der Verkaufserlös K_{VE} nach Ablauf der Nutzungsdauer noch 10 % des Anschaffungswertes beträgt.

Es ist festzustellen, dass sich die Anschaffungskosten aufgrund der Anlagentechnik für die unterschiedlichen Kühlschmierstrategien unterscheiden. Im Vergleich zur Überflutungskühlung ergeben sich bei der Hochdruckkühlung geringfügig höhere Anschaffungskosten, die im Wesentlichen auf eine leistungsstärkere KSS-Pumpe zurückgeführt werden können. Bei der Kühlschmierung mit CO_2 und Öl ergeben sich ca. 5 % höhere Anschaffungskosten im Vergleich zur Überflutungskühlung. Mehraufwände entstehen vor allem durch das erforderliche Zufuhrsystem, zusätzliche Maschinenkomponenten sowie durch zusätzlich zu beachtende Arbeitssicherheitsmaßnahmen.

Tabelle 7-4: Bestimmung der jährlichen kalkulatorischen Abschreibung K_A
Determination of annual calculated depriciation K_A

		KSS	HD-KSS	Öl und CO_2
Anschaffungswert – Summe 1. – 12.	K_{AW}	1.276.000,00 €	1.285.000,00 €	1.335.500,00 €
1. Bearbeitungszentrum		750.000,00 €	750.000,00 €	750.000,00 €
2. Automation		500.000,00 €	500.000,00 €	500.000,00 €
3. KSS-Pumpe		1.000,00 €	10.000,00 €	0,00 €
4. Filtrationsanlage		15.000,00 €	15.000,00 €	0,00 €
5. Absauganlage		10.000,00 €	10.000,00 €	10.000,00 €
6. Schutzausrüstung		0,00 €	0,00 €	500,00 €
7. Gaswarngeräte		0,00 €	0,00 €	1.500,00 €
8. Gaswarnanlage		0,00 €	0,00 €	6.500,00 €
9. Gaslager TRGS 510		0,00 €	0,00 €	5.000,00 €
10. Zufuhrsystem für CO_2 u. Öl		0,00 €	0,00 €	50.000,00 €
11. Drehdurchführung u. Lanze für CO_2 u. Öl		0,00 €	0,00 €	10.000,00 €
12. Werkzeugaufnahmen für CO_2 und Öl		0,00 €	0,00 €	2.000,00 €
Verkaufserlös	K_{VE}	127.600,00 €	128.500,00 €	133.550,00 €
Abschreibungsdauer	t_{ab}	6 Jahre		
Jährliche Kalkulatorische Abschreibung	K_A	191.400,00 €	192.750,00 €	200.325,00 €

Die kalkulatorischen Zinsen werden mit Gleichung (7-9) bestimmt, [KLOC18, S. 454]. Der Anschaffungswert K_{AW} sowie der Verkaufserlös K_{VE} können Tabelle 7-4 entnommen werden. Als Zinssatz wurde mit i = 5,6 % ein aktuell üblicher Wert für Gewerbekredite angenommen [BANK24].

$$K_Z = \left(K_{VE} + \frac{K_{AW} - K_{VE}}{2}\right) \cdot i = \frac{K_{AW} + K_{VE}}{2} \cdot i \qquad (7\text{-}9)$$

Die Ergebnisse der Berechnung der jährlichen kalkulatorischen Zinsen für die drei analysierten Szenarien sind in Tabelle 7-5 zusammengefasst. Analog zur jährlichen Abschreibung K_A ergeben sich bei der HD-KSS-Zufuhr im Vergleich zur

Überflutungskühlung nur geringfügig höhere jährliche kalkulatorische Zinsbeträge, während diese bei der Kühlschmierung mit CO_2 und Öl um ca. 5 % höher sind als bei der Überflutungskühlung.

Tabelle 7-5: Jährlichen kalkulatorischen Zinsbeträge K_Z
Annual calculated interest K_Z

		KSS	HD-KSS	Öl und CO_2
Zinssatz	i	5,6 %		
Jährliche kalkulatorische Zinsen	K_Z	39.300,80 €	39.578,00 €	41.133,40 €

Neben den Kosten, die für die regelmäßige Wartung und Instandhaltung anfallen, sind bei den Instandhaltungskosten K_I die Aufwände zu berücksichtigen, welche wiederkehrend für die Beschaffung von Kühlschmiermedien anfallen. Grundsätzlich gibt es zwischen den Kühlschmierstrategien mit Anwendung konventioneller Kühlschmierstoffe und der Kühlschmierung mit CO_2 und Öl einen wesentlichen Unterschied. Bei den konventionelle Kühlschmierstrategien handelt es sich um Kreislaufkühlschmierungen. Das bedeutet, die KSS-Emulsion wird in die Maschine eingefüllt und wird bis zum Erreichen der Standzeit immer wieder verwendet. Durch Verschleppung des Kühlschmierstoffes mit Spänen und Bauteilen ist es allerdings erforderlich, den Kühlschmierstoff regelmäßig aufzufüllen. Für die Wartung und Pflege und Entsorgung von Kühlschmierstoffen fallen entsprechende Aufwände an.

Im Gegensatz dazu handelt es sich bei der Kühlschmierung mit CO_2 und Öl um eine Verlustkühlschmierung. Sowohl das CO_2 als auch das Öl für die Minimalmengenschmierung können nur einmalig zugeführt und verwendet werden. Das bedeutet, dass die Medien für jede Anwendung neu beschafft werden müssen. Vorteilhaft wirkt sich allerdings aus, dass die Aufwände für die Pflege, Wartung und Entsorgung der Kühlschmierstoffe entfallen.

In Tabelle 7-6 ist die Berechnung der jährlichen Instandhaltungskosten für die konventionelle Überflutungskühlung und die HD-KSS-Zufuhr zusammengefasst. Für die Berechnung wurde angenommen, dass das KSS-Tankvolumen der Werkzeugmaschine $V = 1000$ l umfasst. Preise für KSS-Konzentrat unterscheiden sich je nach Zusammensetzung erheblich. Typische Werte liegen im Bereich zwischen 4,00 und 6,00 € pro Kilogramm KSS-Konzentrat [HERR17, S. 14]. Weitere Quellen geben einen Preis pro Liter KSS-Konzentrat von 10,00 € an [PUSA10c, p. 1215]. Nachfolgen wurde ein Preis für das KSS-Konzentrat von 6,00 € pro Liter herangezogen und von einer KSS-Konzentration von 10 % ausgegangen. Bei einer KSS-Standzeit von 6 Monaten und einer jährlichen Verschleppung von 100 % ergeben sich jeweils 2400,00 € KSS-Beschaffungskosten. Basierend auf den getroffenen Annahmen ergibt sich ein Wasserverbrauch von 3600 l, der bei einem Wasserpreis je Liter von 0,002 € in jährlichen Wasserkosten von 7,20 € resultiert. In der Literatur werden pro Kilogramm KSS 0,15 € Entsorgungskosten angegeben [HERR17, S. 14]. Da ein Kilogramm KSS in etwa einem Liter KSS entspricht, wird für die Entsorgung eines Liters KSS dieser Wert berücksichtig. Hieraus ergeben sich jährliche KSS-Entsorgungskosten von 540,00 €. Insgesamt ergeben sich somit KSS-Beschaffungskosten von 2947,20 €.

Tabelle 7-6: Jährliche KSS-Beschaffungskosten - konventionelle Kühlschmierung
Annual cutting fluid procurement cost - conventional cooling and lubrication

	KSS	HD-KSS
Preis KSS-Konzentrat pro Liter	6,00 €	6,00 €
KSS-Konzentration	10 %	10 %
Preis KSS pro Liter	0,60 €	0,60 €
Tankvolumen	1000 l	1000 l
Standzeit KSS	6 Monate	6 Monate
Jährlicher KSS-Verlust durch Verschleppung	100 %	100 %
Jährlicher Bedarf KSS-Konzentrat in Liter	400 l	400 l
Jährliche KSS-Anschaffungskosten	**2400,00 €**	**2400,00 €**
Jährlicher Wasserverbrauch	3600 l	3600 l
Wasserpreis pro Liter	0,002 €	0,002 €
Jährliche Wasserkosten	**7,2 €**	**7,2 €**
KSS-Entsorgungskosten pro Liter	0,15 €	0,15 €
Jährliche KSS-Entsorgungskosten	**540,00 €**	**540,00 €**
Jährliche KSS-Beschaffungskosten	**2947,20 €**	**2947,20 €**
Jährliche Kosten für die KSS-Wartung	**147,36 €**	**147,36 €**
Sonstige jährliche Wartungskosten	**44.660,00 €**	**44.975,00 €**
Jährliche Instandhaltungskosten K_I	**47.754,56 €**	**48.069,56 €**

Die Kosten für die Wartung und Pflege des KSS wurden in der Kostenabschätzung Pauschal mit 5 % der KSS-Beschaffungskosten berücksichtig. Die Berücksichtigung der sonstigen Kosten für Wartung und Instandhaltung der Werkzeugmaschine, Automation und KSS-Aggregate erfolgte pauschal mit einem Wert 3,5 % des Anlagenbeschaffungswertes, siehe Tabelle 7-4.

Da sich die Kosten für die Kühlschmierung mit CO_2 und Öl anders zusammensetzen als bei den konventionellen Kühlschmierstrategien, ist ihre Berechnung in einer separaten Tabelle dargestellt, siehe Tabelle 7-7. Basierend auf der zerspantechnologischen Untersuchung aus Kapitel 4.3.2 erfolgte die Berechnung der jährlichen CO_2- und Ölverbräuche mit einem CO_2-Massenstrom von 170 g/min und einem Ölvolumenstrom von 80 ml/h. Diese Kühlschmierparameter resultierten in den längsten Werkzeugstandzeiten. Unter der Annahme, dass von den 4800 Stunden jährlicher Nutzungsdauer in der Hälfte der Zeit CO_2 und Öl zur Kühlung und Schmierung des

Zerspanprozesses zugeführt werden muss, ergeben sich ein jährlicher CO_2-Verbrauch von 24.480 kg und ein jährlicher Ölverbrauch von 192 l. Bei einem CO_2-Preis von 0,55 € pro kg und einem Preis von 20,00 € pro Liter MMS-Öl sind KSS-Beschaffungskosten von 13.464,00 € für CO_2 und 3840,00 € für MMS-Öl aufzuwenden.

Tabelle 7-7: Jährliche KSS-Beschaffungskosten – Kühlschmierung mit CO_2 und Öl
Annual cutting fluid procurement cost - cooling and lubrication with CO_2 and oil

	Öl und CO_2
Preis Kohlenstoffdioxid pro kg	0,55 €
Verbrauch Kohlenstoffdioxid pro Stunde	10,2 kg
Stunden mit CO_2-Zufuhr (50 % der Nutzungsdauer)	2400 h
Verbrauch Kohlenstoffdioxid pro Jahr	24.480 kg
Jährliche Beschaffungskosten CO_2	**13.464,00 €**
Preis MMS-Öl pro Liter	20,00 €
Verbrauch MMS-Öl pro Stunde	0,08 ml
Stunden mit MMS-Zufuhr (50 % der Nutzungsdauer)	2400 h
Verbrauch MMS-Öl pro Jahr	192 l
Jährliche Beschaffungskosten MMS-Öl	**3840,00 €**
Sonstige jährliche Wartungskosten	**46.742,50 €**
Jährliche Instandhaltungskosten K_I	**64.046,50 €**

Wie bereits bei den konventionellen Kühlschmierstrategien wurden die sonstigen Kosten für die Wartung und Instandhaltung der Werkzeugmaschine, Automation und KSS-Aggregate pauschal mit einem Wert von 3,5 % des Anschaffungswertes berücksichtigt. Insgesamt ergeben sich jährliche Instandhaltungskosten von 64.742,50 €.

Die jährlichen Instandhaltungskosten bei Kühlschmierung mit CO_2 und Öl sind damit ca. 35 % höher als diese Kosten bei der konventionellen Überflutungskühlung und der HD-KSS-Zufuhr. Als wesentlicher Kostentreiber ist die Beschaffung der Kühlschmierstoffe zu identifizieren.

Zur Berechnung der Raumkosten wird die Aufstellfläche der Maschine mit den jährlichen Quadratmeterkosten multipliziert. Bei einer angenommenen Aufstellfläche von 35 m^2 und jährlichen Kosten pro Quadratmeter von 500,00 € ergeben sich jährliche Raumkosten von K_R = 17.500,00 €. Die Kosten pro Quadratmeter können sich je nach Bauweise der Maschinenhalle erheblich unterscheiden. Zwischen den unterschiedlichen Kühlschmierstrategien ergeben sich im analysierten Fall keine Unterschiede in Bezug auf die Raumkosten.

Die Berechnung der jährlichen Energiekosten je Bauteil ist in Tabelle 7-8 zusammengefasst. Die Energiekosten setzen sich aus einem werkzeugmaschinenbezogenen Anteil für die Maschine und Automation und einem Anteil für die KSS-Aggregate zusammen. Zur Abschätzung des werkzeugmaschinenbezogenen Anteils wurde für alle Kühlschmierstrategien eine durchschnittliche Leistungsaufnahme von 20 kW angenommen. Für ein typisches Bearbeitungszentrum zur Titanzerspanung ist eine Leistungsaufnahme von 20 kW gering, allerdings lässt sich eine typische leichtere Bearbeitung mit einer mittleren Leistungsaufnahme von 20 kW ausführen [BRIN11, S. 97]. Aufgrund des eher geringen Werkzeugdurchmessers von *D* = 8 mm ist, im dargestellten Falle von einer leichteren Bearbeitung auszugehen. Bei einer jährlichen Nutzungsdauer von 4800 Stunden resultieren hieraus 19.200,00 € Energiekosten.

Tabelle 7-8: Bestimmung der jährlichen Energiekosten K_E
Determination of annual energy cost K_E

	KSS	HD-KSS	Öl und CO_2
Strompreis je kWh	0,20 €		
Durchschnittliche Leistungsaufnahme der Werkzeugmaschine	20 kW		
Jährliche Nutzungsdauer	4800 h		
Jährlicher Energiebedarf	96.000 kWh		
Jährliche Energiekosten Werkzeugmaschine	**19.200,00 €**		
Leistungsaufnahme Pumpe	1 kW	3 kW	-
Leistungsaufnahme Filteranlage	0,1 kW	0,1 kW	-
Leistungsaufnahme Absauganlage	2 kW	2 kW	2 kW
Leistungsaufnahme Zufuhrsystem CO_2 und Öl	-	-	0,1 kW
Leistungsaufnahme KSS-Aggregate	3,1 kW	5,1 kW	2,1 kW
Jährliche Nutzungsdauer	4800 h		
Jährliche Energiekosten KSS-Aggregate	**2976,00 €**	**4896,00 €**	**2016,00 €**
Jährliche Energiekosten K_E	**22.176,00 €**	**24.096,00 €**	**21.216,00 €**

Zur Abschätzung des Anteils der KSS-Aggregate wurde in Abhängigkeit von der Kühlschmierstrategie eine durchschnittliche Leistungsaufnahme herangezogen, siehe Tabelle 7-8. Durch die leistungsstärkere Pumpe, welche bei der HD-KSS-Zufuhr erforderlich ist, ergeben sich bei dieser Kühlschmierstrategie etwas höhere Energiekosten als bei der konventionellen Überflutungskühlung. Die geringsten Energiekosten ergeben sich bei der Kühlschmierung mit CO_2 und Öl. Der größte Anteil der Energiekosten ist auf den Energiebedarf der Werkzeugmaschine zurückzuführen. Die Unterschiede der Energiekosten zwischen der HD-KSS-Zufuhr und der Kühlschmierung mit CO_2 und Öl betragen ca. 13 %.

Wie bereits mit Gleichung (7-7) beschrieben, wird der Maschinenstundensatz mit der kalkulatorischen Abschreibung K_A, den kalkulatorischen Zinsen K_Z, den Instandhaltungskosten K_I, den Raumkosten K_R, den Energiekosten K_E und der Jährlichen Nutzungsdauer t_N der Werkzeugmaschine Maschinenstundensatz bestimmt. Anschließend wird der Maschinenstundensatz mit der Belegungszeit der Werkzeugmaschine pro Bauteil multipliziert, um die Maschinenkosten zu erhalten, siehe Gleichung (7-2). Für die drei analysierten Kühlschmierstrategien sind die ermittelten Maschinenkosten in Tabelle 7-9 dargestellt.

Tabelle 7-9: Maschinenkosten K_M
Maschine tool cost K_M

	KSS	HD-KSS	Öl und CO_2
Maschinenstundensatz K_{MH}	66,28 €	67,08 €	71,71 €
Belegungszeit der Werkzeugmaschine pro Bauteil t_{bM}	48,75 min	48,44 min	47,84 min
Maschinenkosten pro Bauteil	**53,85 €**	**54,15 €**	**57,18 €**

Der höchste Maschinenstundensatz ergibt sich für die Kühlschmierung mit CO_2 und Öl. Die Überflutungskühlung hat den geringsten Maschinenstundensatz und die HD-KSS-Zufuhr liegt in der Mitte. Prozentual ist der Maschinenstundensatz bei der Kühlschmierung mit CO_2 und Öl ca. 8 % höher als bei der konventionellen Überflutungskühlung. Dies ist vor allem auf zwei Punkte zurückzuführen. Einerseits stellen die Kühlschmiermedien bei der Kühlschmierung mit CO_2 einen Kostentreiber dar. Da es sich bei der Kühlschmierung mit CO_2 und Öl um eine Verlustkühlschmierung handelt, resultieren die Beschaffungskosten für die Kühlschmiermedien CO_2 und Öl in höheren Instandhaltungskosten als bei den Kühlschmierstrategien mit konventionellen Kühlschmierstoffen, Vergleich Tabelle 7-6 und 7-7. Andererseits treiben bei der Kühlschmierung mit CO_2 und Öl die Anschaffungskosten der zusätzlich benötigen Maschinenkomponenten und Anlagen die Abschreibungs- und Zinskosten im Vergleich zu den konventionellen Kühlschmierstrategien etwas in die Höhe. Insbesondere das Zufuhrsystem für CO_2 und Öl, die Drehdurchführung und Lanze sowie Gaswarnanlagen und persönliche Schutzausrüstung führen zu Mehrkosten, siehe Tabelle 7-4. Wie in Kapitel 4.3.2 nachgewiesen wurde, wirkt sich die Kühlschmierung mit CO_2 und Öl allerdings sehr positiv auf den Werkzeugverschleiß aus, sodass die Anzahl der Werkzeugwechsel deutlich reduziert werden kann, Tabelle 7-3. Hieraus folgt eine reduzierte Belegungszeit der Werkzeugmaschine pro Bauteil t_{bM}, welche die Maschinenkosten wiederum positiv beeinflusst, Tabelle 7-9. Insgesamt ergeben sich bei der Kühlschmierung mit CO_2 und Öl im Vergleich zur konventionellen Überflutungskühlung ca. 6 % höhere Maschinenkosten pro Bauteil.

Lohnkosten

Die Lohnkosten je Werkstück K_L werden nach Gleichung (7-10) als Produkt aus den Lohn- und Lohnnebenkosten pro Stunde K_{LH} und der Arbeitszeit je Einheit t_{Ae} berechnet [KLOC18, S. 447]. Für die Bewertung der Lohnkosten in der vorliegenden Arbeit wird davon ausgegangen, dass zwei Werkzeugmaschinen durch eine Person bedient werden. Die Lohn- und Lohnnebenkosten pro Stunde K_{LH} und Einheit ergeben sich aus den personenbezogenen Lohn- und Lohnnebenkosten pro Stunde K_{LHP} dividiert durch die Anzahl der gleichzeitig bedienten Maschinen n. Die Lohn- und Lohnnebenkosten pro Stunde betrugen im produzierenden Gewerbe in Deutschland 2023 K_{LHP} = 67,00 €.

$$K_L = K_{LH} \cdot t_{Ae} = \frac{K_{LHP}}{n} \cdot t_{Ae} \quad (7\text{-}10)$$

Die Arbeitszeit je Werkstück t_{Ae} setzt sich aus der Grundzeit t_g, der Verteilzeit t_v und der Erholungszeit t_{er} zusammen, Gleichung (7-11). Sie kann bestimmt werden, indem man die Arbeitszeit T_A durch die Anzahl der Einheiten m dividiert, welche in dieser gefertigt wurden. Die Arbeitszeit T_A ergibt sich aus der Differenz zwischen Gesamtzeit T_S und der Pausenzeit T_P.

$$t_{Ae} = t_g + t_v + t_{er} \quad (7\text{-}11)$$

$$t_{Ae} = \frac{T_A}{m} \quad (7\text{-}12)$$

$$T_A = T_S - T_P \quad (7\text{-}13)$$

Die Arbeitszeit je Schicht beträgt T_A = 450 min. Hierbei wurde eine Schichtdauer von T_S = 480 min und eine Pausenzeit von T_P = 30 min berücksichtigt. Weiterhin wird davon ausgegangen, dass die erforderlichen Werkzeuge separat gerüstet, ausgemessen und voreingestellt werden. Die hierzu erforderliche Arbeitszeit pro Werkzeugwechsel wird mit t_{AW} = 5 min abgeschätzt. Die Anzahl der Werkzeugwechsel pro Werkstück in Abhängigkeit von der Kühlschmierstrategie wurde anhand der Ergebnisse der zerspantechnologischen Analysen in Kapitel 4.2.3 festgelegt, siehe Tabelle 7-3.

Unter den aufgeführten Voraussetzungen ergeben sich die in Tabelle 7-9 zusammengefassten Arbeitszeiten pro Werkstück und die zugehörigen Lohn- und Lohnnebenkosten. Da bei Anwendung der Kühlschmierung mit CO_2 und Öl wegen des geringeren Werkzeugverschleißes nur ca. ein Viertel der Werkzeuge benötigt wird, wie bei der konventionellen Überflutungskühlung, sind die mit den Werkzeugwechseln verbundenen Personalaufwände entsprechend geringer. Ein weiterer Effekt ist, dass durch die weniger häufig durchzuführenden Werkzeugwechsel durch die Werkzeugmaschine, in der gleichen Arbeitszeit geringfügig mehr Werkstücke gefertigt werden können. Dies führt dazu, dass sich die Lohn- und Lohnnebenkosten pro Werkstück reduzieren.

Die HD-KSS-Zufuhr wirkt sich ebenfalls positiv auf den Werkzeugverschleiß und die Anzahl der produzierten Werkstücke in der Arbeitszeit aus. Da sich das Verschleißverhalten hierbei nicht so stark verbessert, wie durch die Anwendung der Kühlschmierung mit CO_2 und Öl, ist die Wirkung auf die Lohn- und Lohnnebenkosten nicht so stark ausgeprägt.

Tabelle 7-10: Lohnkosten je Bauteil K_F
Payroll expenses per part K_F

	KSS	HD-KSS	Öl und CO_2
Lohn- und Lohnnebenkosten pro Stunde K_{LH}	67,00 €	67,00 €	67,00 €
Anzahl der bedienten Maschinen n	2	2	2
Arbeitszeit pro Schicht T_A	450 min	450 min	450 min
Anzahl Werkstücke pro Schicht m	9,85	9,91	10,03
Arbeitszeit Maschinenbediener pro Werkstück	22,84 min	22,70 min	21,85 min
Arbeitszeit je Werkzeugwechsel	5 min	5 min	5 min
Anzahl Werkzeugwechsel pro Werkstück	2,11	1,57	0,55
Arbeitszeit Werkzeugvoreinstellung pro Werkstück	10,55 min	7,85 min	2,75 min
Arbeitszeit pro Werkstück t_{Ae}	33,39 min	30,55 min	24,6 min
Lohn- und Lohnnebenkosten pro Bauteil K_L	**37,30 €**	**34,12 €**	**28,11 €**

Werkzeugkosten

Die Werkzeugkosten pro Werkstück K_W können mit Gleichung (7-14) bestimmt werden. Die Anzahl der benötigen Werkzeuge wird aus dem Quotienten aus der Zerspanzeit je Werkstück t_c und der Werkzeugstandzeit T berechnet. Die eingesetzten Werte basieren auf den Zerspanuntersuchungen aus Kapitel 4.3.2. Die Werkzeugkosten je Werkstück K_W erhält man, indem man die Anzahl der benötigten Werkzeuge mit den Kosten pro Werkzeug K_{WT} multipliziert. Es wurde ein Preis pro Werkzeug von K_{WT} = 35,00 € angenommen.

$$K_W = \frac{t_c}{T} \cdot K_{WT} \qquad (7\text{-}14)$$

Eine Übersicht für die Werkzeugkosten bei den drei analysierten Kühlschmierstrategien findet sich in Tabelle 7-11. Wie anhand der Zerspanuntersuchungen in Kapitel 4.3.2 nachgewiesen wurde, führt die Kühlschmierung mit CO_2 und Öl im Vergleich zu den konventionellen Kühlschmierstrategien zu einen deutlich verbesserten Verschleißverhalten. Im Vergleich zur konventionellen Überflutungskühlung konnten die Werkzeugstandzeiten vervierfacht werden, sodass bei der Kühlschmierung mit CO_2 und Öl die Werkzeugkosten pro Bauteil nur ca. 25 % der Werkzeugkosten der konventionellen Überflutungskühlung betragen. Die HD-KSS-Zufuhr wirkt sich ebenfalls sehr positiv auf den Werkzeugverschleiß aus. Wie anhand der Zerspanversuche aus Kapitel 4.3.2 nachgewiesen werden konnte, kann die Standzeit durch die HD-KSS-Zufuhr im

Vergleich zur konventionellen Überflutungskühlung um ca. 35 % gesteigert werden. Die Werkzeugkosten sinken daher entsprechend. Da der Effekt der Kühlschmierung mit CO_2 und Öl sich deutlich stärker auf den Werkzeugverschleiß auswirkt als die HD-KSS-Zufuhr werden die geringsten Werkzeugkosten pro Bauteil bei der Kühlschmierung mit CO_2 und Öl erzielt.

Tabelle 7-11: Werkzeugkosten je Bauteil K_W
Tool cost per part K_F

	KSS	HD-KSS	Öl und CO_2
Anzahl Werkzeuge pro Werkstück	2,11	1,57	0,55
Preis pro Werkzeug	35,00 €	35,00 €	35,00 €
Werkzeugkosten pro Bauteil K_W	**73,72**	**57,79**	**19,28 €**

Mit den ermittelten Maschinenkosten je Bauteil K_M, Lohnkosten je Bauteil K_L, Werkzeugkosten je Bauteil K_W und der Annahme, dass die Restfertigungsgemeinkosten pauschal K_X = 50,00 € pro Bauteil betragen, können mit der Belegungszeit der Maschine pro Bauteil die Fertigungskosten pro Bauteil bestimmt werden, Tabelle 7-12.

Tabelle 7-12: Fertigungskosten je Bauteil K_F
Manufacturing cost per part K_F

	KSS	HD-KSS	Öl und CO_2
Maschinenkosten je Bauteil K_M	53,85 € 25,06 %	54,15 € 28,05 %	57,18 € 36,99 %
Lohnkosten je Bauteil K_L	37,30 € 17,36 %	34,12 € 17,67 %	28,11 € 18,19 %
Werkzeugkosten je Bauteil K_W	73,72 34,31 %	57,79 28,38 %	19,28 € 12,47 %
Restfertigungsgemeinkosten je Bauteil K_X	50,00 € 23,27 %	50,00 € 25,90 %	50,00 € 32,35 %
Fertigungskosten je Bauteil K_F	**214,87 €**	**193,06 €**	**154,57 €**

Die geringsten Fertigungskosten pro Bauteil treten bei der einkanaligen Kühlschmierung mit CO_2 und Öl auf. Die konventionelle Überflutungskühlung resultiert in den höchsten Fertigungskosten pro Bauteil und mit der HD-KSS-Zufuhr können mittlere Fertigungskosten pro Bauteil erzielt werden. Charakteristisch für die Zerspanung der Titanlegierung TiAl6V4 ist der hohe Werkzeugkostenanteil. Dieser beträgt für die HD-KSS-Zufuhr 28,14 % und zeigt eine sehr gute Übereinstimmung mit der industriellen Praxis. So werden in der Literatur für die Zerspanung von Luftfahrtstrukturbauteilen aus TiAl6V4 Werkzeugkostenanteile von 28 % angegeben [SCHL17, S. 306; LANG19, S. 47]

Es ist festzuhalten, dass aufgrund der zusätzlichen Beschaffungskosten für Kühlschmierstoffe, Zufuhrsysteme, Maschinenkomponenten, Gaswarnanlagen und persönlicher Schutzausrüstung die Maschinenkosten je Bauteil bei der einkanaligen

Zufuhr von CO_2 und Öl am höchsten sind. Den stärksten Kostentreiber stellen das CO_2 und das MMS-Öl dar. Diese müssen für jede Anwendung neu beschafft werden, da es sich bei der Kühlschmierung mit CO_2 und Öl um eine Verlustkühlschmierung handelt. Allerdings führen die im Vergleich zu konventionellen Überflutungskühlung vervierfachten Standwege zu reduzierten Werkzeugkosten und reduzierten Personalaufwänden beim Werkzeugwechsel. Die geringere Anzahl der Werkzeugwechsel wirkt sich auch maschinenseitig positiv auf die Anzahl der gefertigten Werkstücke pro Zeiteinheit aus. Insgesamt können die Fertigungskosten pro Bauteil K_F durch die Kühlschmierung mit CO_2 und Öl im Vergleich zur HD-KSS-Zufuhr um ca. 20 % und im Vergleich zur konventionellen Überflutungskühlung um ca. 28 % reduziert werden.

Die ökonomische Bewertung zeigt, dass die einkanalige Kühlschmierung mit CO_2 und Öl im vorgestellten Fall zu einer deutlichen Reduktion der Fertigungskosten führt. Da durch die einkanalige Kühlschmierung mit CO_2 und Öl insbesondere die Werkzeugkosten verringert werden können, eignet sich die Technologie vor allem für die Fräsbearbeitung schwer zerspanbarer Werkstoffe, bei denen ein starker Werkzeugverschleiß auftritt und somit die Werkzeugkosten einen großen Anteil der Fertigungskosten darstellen.

7.2 Ökologische Bewertung

Ecological Evaluation

Die ökologische Bewertung der Technologie der einkanaligen kryogenen Kühlschmierung mit CO_2 und Öl im Vergleich zu den konventionellen Kühlschmierstrategien erfolgte basierend auf einer Umweltstrategiekarte nach BENEDETTO and KLEMES [BENE09, p. 903]. Einen vergleichbaren Ansatz verwendeten bereits PUSAVEC et al. um eine ökologische Bewertung der konventionellen Überflutungskühlung, der HD-KSS-Zufuhr sowie der kryogenen Kühlung mit flüssigem Stockstoff beim Drehen unter ökologischen Aspekten vorzunehmen [PUSA10b, p. 183]. LAKNER benutzte den Ansatz der Umweltstrategiekarte zur ökologischen Bewertung der HD-KSS-Zufuhr beim Fräsen [LAKN21b, p. 133; LAKN21a, p. 364]. Die nachfolgende ökologische Bewertung wurde im Abschlussbericht des Projektes „InKryo – Steigerung der Produktivität beim Bohren und Fräsen schwer zerspanbarer Werkstoffe durch den Einsatz einer inneren Kryo/MMS-Zufuhr“ bereits in ähnlicher Art und Weise veröffentlicht, siehe [KOCH19, S. 73]

Im ersten Schritt erfolgte die Festlegung der Bewertungskategorien. Es wurden die folgenden fünf Kategorien ausgewählt:

- Energieverbrauch zum Betrieb der Anlagentechnik
- Menge der verbrauchten KSS-Medien
- Menge des verbrauchten Filtermaterials
- Volumen der zu entsorgenden Kühlschmiermedien
- Energiebedarf zur Herstellung der Kühlschmiermedien

Für jede der Bewertungskategorien wurden jeweils für die drei bewerteten Kühlschmierstrategien Werte für den Betrieb einer Werkzeugmaschine für ein Jahr ermittelt. Diese sind in Tabelle 7-13 aufgeführt.

Tabelle 7-13: Bewertungskategorien zur ökologischen Bewertung
Evaluation categories for ecological assessment

Bewertungskategorie	KSS	HD-KSS	Öl und CO_2
Energiebedarf	110.880 kWh	120.480 kWh	106.080 kWh
Menge KSS-Medien	4000 l	4000 l	21.000 l
Menge Filtermaterial	35 kg	35 kg	0 kg
Entsorgungsvolumen	3000 l	3000 l	0 l
Energiebedarf KSS-Herstellung	84 kWh	84 kWh	2281 kWh

Die Energiebedarfe zum Betrieb der Werkzeugmaschine, Automation und Anlagentechnik wurden bereits in Kapitel 7.1 ermittelt und Tabelle 7-8 entnommen. Die KSS-Mengen wurden ebenfalls bereits in Kapitel 7.1 bestimmt und basieren auf Tabelle 7-7. Bei der einkanaligen kryogenen Kühlschmierung mit CO_2 und Öl ist kein Filtermaterial erforderlich. Für die konventionellen Kühlschmierstrategien wurde angenommen, dass Filtermaterial mit einem Gewicht von 35 kg benötigt wird [LAKN21b, S. 123; KOCH19, S. 74; LAKN18, S. 108]. Da das CO_2 rückstandslos verdampft und das MMS-Medium in der Regel aufgrund der geringen Volumenströme einfach auf den Bauteilen verbleibt, wurde kein KSS-Entsorgungsvolumen bei der Kühlschmierung mit CO_2 und Öl berücksichtigt. Für die konventionellen Kühlschmierstrategien wurde beim zu entsorgenden KSS-volumen bereits eine jährliche Verschleppung von 100 % berücksichtigt. Zur Berechnung der Energiebedarfe für die Herstellung der konventionellen Kühlschmierstoffe und MMS-Öle wurde pro Liter jeweils 0,021 kWh eingesetzt [KOCH19, S. 74; ZETC14, S. 15]. Dieser Energiewert gilt allerdings nur für die Weiterverarbeitung und nicht für die Förderung und den Transport der Rohstoffe. Für die Verflüssigung von CO_2 werden 93 kWh Energie pro Tonne benötigt [AUSF08, S. 14]. Wichtig ist, dass das CO_2, welches für die Kühlung eingesetzt wird, nicht bei der Zerspanung produziert wird. Die klimaschädliche Wirkung des CO_2 in Form des Treibhauseffektes ist daher nicht der kryogenen Kühlung zuzuschreiben, sondern den Prozessen, in denen das CO_2 entsteht. CO_2 entsteht als Nebenprodukt der chemischen Industrie z. B. bei der Ammoniaksynthese, der Synthesegasproduktion in Raffinerien und bei der Ethylenoxidsynthese [AUSF08, S. 17; KRAM13, S. 9]. Zukünftig könnten Kohlendioxidabscheidungen in Kraftwerken eine Quelle für industriell nutzbares CO_2 sein [KRAM13, S. 9].

Um eine einheitliche Darstellung der in der Umweltstrategiekarte zu ermöglichen, wurden die Werte aus Tabelle 7-13 normiert. Der höchste Wert wurde hierbei zu 100 % definiert. Die normierten Ergebnisse sind in Bild 7.1 abgebildet.

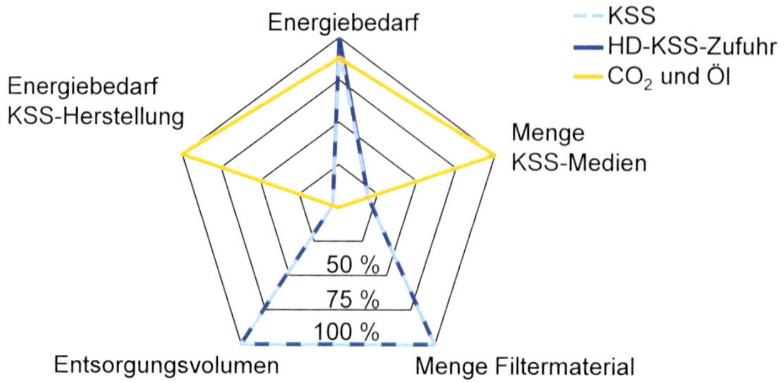

Bild 7.1: Umweltstrategiekarte für die untersuchten Kühlschmierstrategien nach [KOCH19, S. 75]

Environmental performance strategy map of analyzed cooling and lubrication strategies according to [KOCH19, S. 75]

Auf Grundlage der Umweltstrategiekarte können nachfolgende zentrale Aussagen abgeleitet werden. Die konventionellen Kühlschmierstrategien und die einkanalige kryogene Kühlschmierung mit CO_2 und Öl müssen aus der ökologischen Perspektive sehr unterschiedlich bewertet werden. In der Umweltstrategiekarte ist dies daran zu erkennen, dass die Linien, welche die verschiedenen Kühlschmierstrategien repräsentieren, sehr unterschiedliche Bereiche einschließen. Dadurch, dass keine Kühlschmierstoffe und kein Filtermaterial entsorgt werden müssen, bieten sich ökologische Vorteile. Weiterhin wird zum Betrieb der KSS-Aggregate bei der einkanaligen kryogenen Kühlschmierung mit CO_2 und Öl weniger Energie benötigt. Allerdings ist für die Verflüssigung des CO_2 deutlich mehr Energie erforderlich als für die Herstellung konventioneller Kühlschmierstoffe. Zusammengefasst stellt die einkanalige kryogene Kühlschmierung mit CO_2 und Öl eine Kühlschmierstrategie dar, die es trotz des erhöhten Energiebedarfes zur Herstellung der Medien ermöglicht, ökologische Vorteile im Vergleich zu konventionellen Kühlschmierstrategien zu realisieren. [KOCH19, S. 76]

8 Zusammenfassung und Ausblick

Häufig ist es durch die kryogene Kühlschmierung möglich, Zerspanprozesse technologisch, ökonomisch und ökologisch zu verbessern. Im Vergleich zur konventionellen Kühlung und Schmierung ist oftmals eine Steigerung der Produktivität, ein reduzierter Werkzeugverschleiß, kühlschmierstoffbezogene Kosteneinsparungen, eine verbesserte Bauteilqualität sowie eine reduzierte Umweltbelastung und Gefährdung der Mitarbeiter durch KSS-Kontakt realisierbar.

Ungeachtet dieser Potenziale wird die Technologie der kryogenen Kühlschmierung bisher industriell nur selten eingesetzt. Ungeklärte technologische, wissenschaftliche als auch wirtschaftliche Fragestellungen wurden hierfür als eine Ursache identifiziert, da Anwendern das Entscheiden zur Einführung der Technologie oftmals nicht auf Basis wissenschaftlicher Erkenntnisse möglich ist. Die offenen Fragestellungen und die Ausgangslage wurden wie folgt zusammengefasst:

Die Mechanismen, welche den mit dem Einsatz der kryogenen Kühlschmierung vielfach verbundenen Leistungssteigerungen zugrunde liegen, sind nicht vollständig geklärt. Dies gilt insbesondere für die Fräsbearbeitung schwer zerspanbarer Werkstoffe.

Voraussetzung für eine möglichst effektive Kühlung und Schmierung ist das Kühlmedium und das Schmiermedium zielgerichtet in die Zerspanzone zuzuführen. Die Zuführung muss folglich durch die Maschinenspindel, die Werkzeugaufnahmen und die Werkzeuge erfolgen. Bei kleinen Werkzeugdurchmessern z. B. $D \leq 12$ mm ist es nicht immer möglich, die erforderliche Anzahl an Kanälen für die Kühl- bzw. Schmiermedien vorzusehen, da die Werkzeuge durch die Belastung im Zerspanprozess aufgrund der reduzierten Querschnittsfläche brechen können. Ein Ansatz ist daher das kryogene Medium mit dem Schmiermedium zu vermischen und durch einen gemeinsamen Kanal zuzuführen. Erkenntnisse zu Wechselwirkungen zwischen dem kryogenen Medium und dem Schmiermedium und deren Auswirkung auf die Kühl- und Schmierwirkung liegen nicht in ausreichendem Umfang für das Schaftfräsen vor. Umfangreiche Wissenslücken existieren insbesondere auch hinsichtlich der Ursache-Wirkungszusammenhänge zwischen der kryogenen Kühlschmierung und dem thermomechanischen Belastungskollektiv sowie dessen gezielter Beeinflussung. Darüber hinaus bestehen wesentliche Wissensdefizite im Hinblick auf die gemeinsame Betrachtung technologischer, ökonomischer und ökologischer Aspekte der Technologie der kryogenen Kühlschmierung beim Fräsen.

Basierend auf dieser Ausgangssituation war es das Ziel dieser Arbeit, wissenschaftliche Erkenntnisse über die Wirkmechanismen sowie Ursache-Wirkungszusammenhänge der kryogenen Kühlschmierung beim Fräsen von TiAl6V4 zu erarbeiten, die Technologie im Vergleich zu konventionellen Kühlschmierstrategien ökonomisch und ökologisch zu bewerten und somit einen wesentlichen Beitrag zur Beantwortung der genannten Frage- und Problemstellungen zu leisten.

Um hierfür die Voraussetzungen zu schaffen, mussten zunächst Modifikationen an einem Bearbeitungszentrum vorgenommen werden. Für die Zufuhr der Kühl- und

Schmiermedien durch die Werkzeugmaschinenspindel musste die Drehdurchführung ausgetauscht und eine Lanze in das Spindelrohr eingebaut werden. Weiterhin waren angepasste Werkzeugaufnahmen und Werkzeuge erforderlich. Es wurden zunächst die Kühlmedien N_2 und CO_2 untersucht. Aufgrund der einfacheren Handhabbarkeit erfolgte im weiteren Verlauf eine Fokussierung auf CO_2. Weiterhin wurden Arbeitssicherheitsaspekte vorgestellt, die bei der Anwendung der kryogenen Kühlschmierung berücksichtigt werden müssen.

Bei der kombinierten Zufuhr von CO_2 als Kühlmedium und Öl als Schmiermedium wurden zwei Zufuhrvarianten unterschieden. Die zweikanalige Zufuhr erfolgte in getrennten Kanälen. Die Ölzufuhr war druckluftbasiert. Die MMS wurde durch Einspritzen von Öl mittels Druckluft in einen Behälter erzeugt. Die MMS-Zufuhrbedingungen konnten durch Variation des Düsendrucks und des Behälterdrucks beeinflusst werden. Es erfolgte eine qualitative Bewertung mit Hilfe von Sprühversuchen. Für die verwendeten Kühlkanaldurchmesser wurden basierend auf der qualitativen Bewertung und der Herstellerempfehlung geeignete Düsen- und Behälterdrücke identifiziert. Der vom Hersteller angegeben Ölvolumenstrom betrug bis zu Q = 350 ml/h. Für die einkanalige Zufuhr der Medien in einem gemeinsamen Kanal musste das Öl mit dem CO_2 vermischt werden. Das flüssige CO_2 diente als Transportmedium für das flüssige Öl. Das Öl wurde hierzu mittels eines Hochgeschwindigkeitsschaltventils in die CO_2-Leitung geführt. Es bestehen Abhängigkeiten zwischen dem Ölvolumenstrom und der Schaltfrequenz des Ventils sowie der Viskosität des Öles. Für fünf Öle mit unterschiedlichen Viskositäten wurden entsprechende Kennlinien ermittelt, welche bei der einkanaligen Zufuhr die Einstellung eines definierten Ölvolumenstromes ermöglichten.

Die zerspantechnologische Untersuchung adressierte sowohl die zweikanalige als auch die einkanalige kryogene Kühlschmierung beim Schaftfräsen mit Werkzeugdurchmesser von D = 8 mm. Es erfolgte ein Vergleich mit den konventionellen Kühlschmierstrategien Überflutungskühlung, HD-KSS-Zufuhr und MMS. Um die Werkzeuge nicht durch zusätzliche Kanäle zu schwächen, erfolgte bei der zweikanaligen Variante die MMS-Zufuhr über Auslässe an der Stirnseite der Werkzeugaufnahme. Die Zufuhrvariante der kryogenen Kühlschmierung hatte wesentlichen Einfluss auf das Verschleißverhalten der Werkzeuge. Mit der zweikanaligen Zufuhr von CO_2 und MMS konnten im Vergleich zu den konventionellen Kühlschmierstrategien keine Vorteile erzielt werden. Die einkanalige Zufuhr von CO_2 und Öl ermöglichte die Standwege im Vergleich zu den konventionellen Kühlschmierstrategien zu vervierfachen. Der Ölvolumenstrom und der CO_2-Massenstroms zeigten einen erheblichen Einfluss auf das Werkzeugverschleißverhalten. Die Eigenschaften der MMS-Öle haben Einfluss auf das Werkzeugverschleißverhalten. Ein Einfluss der Zufuhrvariante auf die Oberflächenrauheit, das Randzonengefüge, die Mikrohärteverläufe und die Eigenspannungen in der Randzone wurde nicht festgestellt.

Es erfolgte eine Analyse von Ursache-Wirkungszusammenhängen, bei der zunächst Wechselwirkungen zwischen dem CO_2 und den MMS-Ölen erforscht wurden. Schwerpunkte bildeten die Zufuhr der Medien in die Zerspanzone sowie die Löslichkeit verschiedener MMS-Öle in CO_2. Für die zweikanalige Zufuhr von CO_2 und Öl wurde nachgewiesen, dass die stirnseitig an der Werkzeugaufnahme austretende druckluftbasierte Minimalmengenschmierung durch das aus dem Werkzeug austretende CO_2 verdrängt wurde und die Zerspanzone daher nicht erreichte. Für die einkanalige Zufuhr von CO_2 und Öl konnte nachgewiesen werden, dass beide Medien in die Zerspanzone gelangten. Alle in dieser Arbeit eingesetzten MMS-Öle wiesen eine ausreichende Löslichkeit mit CO_2 auf. Zwischen den Ölen traten in Bezug auf das Löslichkeitsverhalten deutliche Unterschiede auf, welche mit unterschiedlichen zwischenmolekularen Anziehungskräften begründet werden konnten. Es erfolgte eine Analyse des Einflusses der verschiedenen Kühlschmierstrategien auf das thermomechanische Belastungskollektiv. Hierzu wurden Werkzeughalter mit integrierter Sensorik zu Temperaturmessung in der Schneide entwickelt und realisiert. Die Werkzeughalter kamen in Zerspanversuchen zum Einsatz. Zusätzlich zu den Temperaturmessungen erfolgten Messungen der Zerspankraft. Die untersuchten Kühlschmierstrategien hatten erheblichen Einfluss auf die Werkzeugtemperatur und die Aktivkraft. Die höchsten Temperaturen traten bei der Trockenbearbeitung auf und die HD-KSS-Zufuhr resultierte in den geringsten Temperaturen. Allerdings wurden bei der HD-KSS-Zufuhr die höchsten Aktivkräfte gemessen. Die Zufuhr von CO_2 und MMS bzw. Öl führte im Vergleich zu allen anderen Kühlschmierstrategien zu den geringsten Aktivkräften. Nur bei der HD-KSS-Zufuhr und der Emulsionskühlung traten geringere Werkzeugtemperaturen als bei der Zufuhr von CO_2 und MMS bzw. Öl auf. Bei der einkanaligen kryogenen Kühlschmierung mit CO_2 und Öl konnte mit der Einstellung des CO_2-Massenstromes die Kühlwirkung in der Zerspanzone gezielt beeinflusst. Die Einstellung des Ölvolumenstromes ermöglichte eine Beeinflussung der Schmierwirkung in der Zerspanzone, sodass die eine Beeinflussung der mechanischen Belastung der Schneide erzielt werden konnte.

Aus den Erkenntnissen wurde ein empirisch begründetes regelbasiertes Anwendungsmodell abgeleitet, anhand dessen eine vereinfachte Darstellung, Zusammenfassung, Bewertung und Erklärung der Ursache-Wirkungszusammenhänge zwischen den Stell, Stör- und Zielgrößen erfolgte.

Den Abschluss der Arbeit bildete die ökonomische und ökologische Bewertung. Die ökonomische Bewertung zeigte, dass die einkanalige Kühlschmierung mit CO_2 und Öl zu einer deutlichen Reduktion der Fertigungskosten führen kann. Da durch die einkanalige Kühlschmierung mit CO_2 und Öl insbesondere die Werkzeugkosten verringert wurden, eignet sich die Technologie vor allem für die Fräsbearbeitung schwer zerspanbarer Werkstoffe, bei denen ein starker Werkzeugverschleiß auftritt und somit die Werkzeugkosten einen großen Anteil der Fertigungskosten darstellen. Aus ökologischer Sicht stellt die einkanalige kryogene Kühlschmierung mit CO_2 und Öl eine Kühlschmierstrategie dar, die es trotz des erhöhten Energiebedarfes zur Herstellung der Medien ermöglicht, ökologische Vorteile im Vergleich zu konventionellen Kühlschmierstrategien zu realisieren.

Als Endergebnis dieser Arbeit konnte die Forschungshypothese verifiziert werden.

Die systematische Analyse der Ursache-Wirkungszusammenhänge zwischen der kryogenen Kühlschmierung durch das Werkzeug und dem thermomechanischen Belastungskollektiv beim Fräsen der Titanlegierung TiAl6V4 ermöglicht es zu erklären, ob und warum diese Technologie im Vergleich zu konventionellen Kühlschmierstrategien eine produktive und ökologisch sinnvolle Alternative darstellt.

Zukünftig sollten die einkanalige kryogenen Kühlschmierung für weitere Werkstoffe und Schneidstoffe untersucht werden, da das werkstoff- und schneidstoffabhängige thermomechanische Belastungskollektiv einen wesentlichen Einfluss auf die Ursache-Wirkungszusammenhänge und insbesondere das Werkzeugverschleißhalten hat. Weitere Leistungssteigerungen durch die kryogene Kühlschmierung können zukünftig mit der Entwicklung geeigneter Beschichtungen realisiert werden.

Summary and Outlook

Cryogenic cooling and lubrication often allow machining processes to be improved technologically, economically and ecologically. Compared to conventional cooling and lubrication, it is frequently possible to achieve an increase in productivity, reduced tool wear, cooling and lubrication related cost savings, improved component quality and a reduced environmental impact and risk to employees through contact with cooling lubricant.

Despite this potential, the technology of cryogenic cooling and lubrication has only occasionally been used industrially. Unresolved technological, scientific and economic issues were identified as one reason, as users are often not able to decide on the implementation of the technology based on scientific findings. The open questions and the initial situation were summarized as follows:

The mechanisms underlying the performance increases often associated with the use of cryogenic cooling and lubrication are not fully understood. This applies in particular to the milling of difficult-to-machine materials.

In order to achieve the most effective cooling and lubrication possible, it is necessary to supply the cooling medium and the lubricating medium to the cutting zone in a controlled way. This means that the media must be supplied through the machine tool's spindle, the tool holders and the tools. With small tool diameters, e.g. $D \leq 12$ mm, it is not always possible to provide the required number of channels for the cooling and lubricating media, as the tools may break due to the load in the machining process due to the reduced cross-sectional area. One approach is therefore to mix the cryogenic and the lubricating medium and supply them through a combined channel. Insufficient knowledge is available on the interaction between the cryogenic medium and the lubricating medium and their effect on the cooling and lubricating effect for end milling. Extensive deficits in knowledge also exist in particular with regard to the cause-effect relationships between cryogenic cooling and lubrication and the thermomechanical load collective and its controlled manipulation. In addition, there are significant knowledge deficits with regard to the combined consideration of technological, economic and ecological aspects of cryogenic cooling and lubrication technology in milling.

Based on this initial situation, the objective of this work was to elaborate scientific knowledge about the mechanisms of action and cause-effect relationships of cryogenic cooling and lubrication during milling of Ti6Al4V, to evaluate the technology economically and ecologically in comparison to conventional cooling and lubrication strategies and thus to make a significant contribution to answering the mentioned questions and problems.

In order to achieve this, modifications first had to be made to a machining center. To supply the cooling and lubrication media through the machine tool's spindle, the rotary union had to be replaced and a lance installed in the spindle tube. Adapted tool holders and tools were also required. Coolant-specific features had to be taken into account when selecting the components. The cooling media N_2 and CO_2 were considered. Due to easier handling, the focus was placed on CO_2. Occupational safety aspects were also presented, which must be taken into account when using cryogenic cooling and lubrication.

For the combined supply of CO_2 as a cooling medium and oil as a lubricating medium a distinction was made between two supply variants. The two-channel supply took place in separate channels. The oil supply was based on compressed air. The MQL was generated by injecting oil into a container using compressed air. The MQL supply conditions could be influenced by varying the injection pressure and the container pressure. A qualitative evaluation was carried out with the use of spray tests. Suitable injection and container pressures were identified for the cooling channel diameters used based on the qualitative assessment and the manufacturer's recommendation. The oil flow rate specified by the manufacturer was up to Q = 350 ml/h. For the single-channel supply of the media in a combined channel, the oil had to be mixed with the CO_2. The liquid CO_2 served as a transport medium for the liquid oil. For this purpose, the oil was led into the CO_2 line by means of a high-speed switching valve. There are dependencies between the oil volume flow and the switching frequency of the valve as well as the viscosity of the oil. Corresponding characteristic curves were determined for five oils with different viscosities, which made it possible to set a defined oil flow rate for the single channel supply.

The machining investigations addressed both dual-channel and single-channel cryogenic cooling and lubrication for end milling with a tool diameter of D = 8 mm. A comparison with the conventional cooling and lubrication strategies of flood cooling, HP coolant supply and MQL was done. To avoid weakening the tools with additional channels, the two-channel variant used MQL supply via outlets on the face of the tool holder. The cryogenic cooling and lubrication supply variant had a significant influence on the wear behavior of the tools. No advantages could be achieved with the two-channel supply of CO_2 and MQL compared to the conventional cooling and lubrications strategies. The single-channel supply of CO_2 and oil made it possible to quadruple the tool life compared to the conventional cooling and lubrication strategies. The oil volume flow rate and the CO_2 mass flow rate had a considerable influence on the tool wear behavior. The properties of the MQL oils have an influence on the tool wear behavior. The outlet position of the cooling lubricant from the tool was selected to ensure the best possible cooling and lubricating effect. No influence of the supply variant on the surface roughness, the rim zone microstructure, the microhardness curves and the residual stresses in the rim zone was determined.

An analysis of cause-and-effect relationships was carried out, initially investigating interactions between the CO_2 and the MQL oils. The focus was placed on the supply of media to the cutting zone and the solubility of various MQL oils in CO_2. For the two-channel supply of CO_2 and oil, it was demonstrated that the compressed air-based minimum quantity lubrication exiting at the front of the tool holder was displaced by the CO_2 exiting from the tool and therefore did not reach the cutting zone. For the single-channel supply of CO_2 and oil, it was demonstrated that both media reached the cutting zone. All MQL oils used in this work exhibited sufficient solubility with CO_2. There were clear differences between the oils in terms of solubility behavior, which could be explained by different intermolecular forces of attraction. The influence of the different cooling lubrication strategies on the thermomechanical load collective was then analyzed. For this purpose, tool holders with integrated sensors for temperature measurement in the cutting edge were developed and realized. The tool holders were then used in machining tests. In addition to the temperature measurements, the cutting force was also measured.

The cooling and lubrication strategies investigated had a considerable influence on the tool temperature and the active force. The highest temperatures occurred during dry machining and the HP coolant supply resulted in the lowest temperatures. However, the highest active forces were measured with the HP coolant supply. The supply of CO_2 and MQL or oil resulted in the lowest active forces compared to all other cooling and lubrication strategies. Only with the HP coolant supply and emulsion cooling lower tool temperatures occurred than with the supply of CO_2 and MQL or oil. In single-channel cryogenic cooling and lubrication with CO_2 and oil, the cooling effect in the cutting zone could be positively influenced as well as the tool temperature by adjusting the CO_2 mass flow rate. Manipulating the oil flow rate enabled fine adjustment of the lubrication effect in the cutting zone, so that the mechanical load on the cutting edge could be influenced in a controlled way.

An empirical rule-based application model was derived from the findings, which was used to simplify, summarize, evaluate and explain the cause-and-effect-relationships between the control, disturbance and target variables.

The work was concluded with an economic and ecological evaluation. The economic evaluation revealed that single-channel cooling and lubrication with CO_2 and oil can lead to a significant reduction in manufacturing costs. Since single-channel cooling and lubrication with CO_2 and oil reduces tool cost in particular, the technology is particularly suitable for milling materials that are difficult-to-machine, where heavy tool wear occurs and tool cost therefore represents a large proportion of manufacturing cost. From an ecological point of view, single-channel cryogenic cooling and lubrication with CO_2 and oil is a cooling and lubrication strategy that allows ecological advantages to be realized compared to conventional cooling and lubrication strategies despite the increased energy requirement for producing the media.

The final result of this work was the verification of the research hypothesis.

The systematic analysis of the cause-effect relationships between the cryogenic cooling and lubrication and the thermomechanical tool load collective during milling of the titanium alloy Ti6Al4V enables to explain whether and why this technology represents a productive and ecologically sensible alternative compared to conventional cooling and lubrication strategies.

In the future, the cause-and-effect relationships of single channel cryogenic cooling and lubrication should be investigated for other materials and cutting materials, as the material and cutting material-dependent thermomechanical load collective has a significant influence on the cause-and-effect relationships and in particular on tool wear behavior. In order to realize further increases of performance using cryogenic cooling and lubrication, the development of suitable coating should also be the focus of future investigations.

9 Literaturverzeichnis

References

[ABEL14] Abele, E., Pfeifer, P., Heep, T.: *Einfluss kryogener Kühlung auf die Zerspanung von Gusseisen.* wt Werkstattstechnik online, Springer VDI, Düsseldorf, Jahrgang 104, H. 1/2, 2014, S. 40-48

[ABEL12] Abele, E., Sieber, M.: *Kohlendioxid schlägt MMS.* WB Werkstatt + Betrieb, Hanser, München, 145. Jahrgang, November 2012, S. 68-72

[ABEL11] Abele, E., Sieber, M.: *CO_2 fördert den Klimaschutz.* WB Werkstatt + Betrieb, Hanser, München, 144. Jahrgang, Oktober 2011, S. 26-29

[ABEL09] Abele, E., Pfeiffer, P., Sieber, M.: *Es schneit im Arbeitsraum.* WB Werkstatt + Betrieb, Hanser, München, 142. Jahrgang, 2009, Oktober 2009, S. 56-59

[ABEL08] Abele, E.; Schramm, B: *Using PCD for machining CGI with a CO_2 coolant system.* In: Production Engineering Research and Development, Vol. 2, 2008. pp. 165-169

[ADLE06] Adler, D. P.; Hii, W. W.-S.; Michalek, D. J.; Sutherland, J.W.: *Examining the Role of cutting fluids in machining and efforts to address associated environmental/health concerns.* In: Machining Science and Technology, Vol. 10, 2006, Issue 1, pp. 23-58

[ALTI00] Altintas, Y.: *Manufacturing Automation – Metal Cutting Mechanics, Machine Tool Vibrations, and CNC Design.* Cambridge University Press, 2000

[AMBR14] Ambrosy, F.; Zanger, F.; Schulze, V.; Jawahir, I.S.: *An Experimental Study of Cryogenic Machining on Nanocrystalline Surface Layer Generation.* In: Procedia CIRP, Vol. 13, 2014, pp. 169-174

[ANON17] Anonym: *Bauteilgerechte Maschinenkonfiguration in der Fertigung durch Cyber-Physische Zusatzmodule. Kurztitel BaZMod.* Forschungsbericht zum Verbundprojekt, 8.11.2017

[ANON15b] Anonym: *Kritische Materialien produktiver bearbeiten.* In: Mav Innovation in der spanenden Fertigung, Nr. 01/02, 2015, S. 56-57

[ANON15a] Anonym: *Kritische Materialien jetzt mit deutlich höherer Produktivität bearbeiten.* In: Unter Span, Machining Innovations Network, Varel, Nr. 01, 2015, S. 33

[ANON14] Anonym: *Kryogene Zerspanung – Der kalte Hauch höchster Performance.* In: werkzeug&formenbau, Ausgabe 05, Januar 2014, S. 66-69

[ANON65] Anonym: *Cryogenic Coolants Speed Titanium Machining.* In: Machinery, July, 1965, pp. 101-102, July, 1965

[ANON53] Anonym: *The CeDeCut Carbon Dioxide Cooling Technique.* In: Machinery, Vol. 83, December, 1953, pp. 1239-1243

[AUGS21] Augspurger, T.; Koch, M.; Lakner, L.; De Bartolomeis, A.; Shokrani, A.; Bergs, T.: *Development of a virtual sensor for the comparison of heat partitions in milling under cryogenic cooling lubrication and high-pressure cutting fluid supply.* In: CIRP Journal of Manufacturing Science and Technology, Vol. 35, 2021, pp. 118-131

[AUGS19] Augspurger, T.; Koch, M.; Klocke, F.; Döbbeler, B.: *Investigation of transient temperature fields in the milling cutter under CO_2 cooling by means of an embedded thermocouple.* In: Procedia CIRP, Vol. 79, 2019, pp. 33-38

[AUGS18] Augspurger, T: *Thermal Analysis of the Milling Process.* Dissertation RWTH Aachen University, Apprimus, Aachen, 1. Auflage, 2018

[AURI14] Aurich, J.C.; Mayer, P.; Kirsch, B.; Eifler, D.; Smaga, M.; Skorupski, R.: *Characterization of deformation induced surface hardening during cryogenic turning of AISI347.* In: CIRP Annals – Manufacturing Technology, Vol. 63, 2014, pp. 65-68

[ARAM14] Aramcharoen, A., Chuan, S.K.: *An experimental investigation on cryogenic milling of Inconel 781 and its sustainability assessment.* In: Procedia CIRP, Vol. 14, 2014, pp. 529-534

[ARNT13] Arntz, K. O.: *Technologie des Mehrachsfräsens von vergütetem Schnellarbeitsstahl.* Dissertation RWTH Aachen University, Apprimus, 2013

[AUSF08] Ausfelder, F.; Bazzanella, D.: *Verwertung und Speicherung von CO_2 – Diskussionspapier.* Dechema e.V, Oktober, 2008

[BART53] Bartle, E.W.: *Reducing Machining Times by the Use of Carbon Dioxide Coolant.* In: Machinery, Vol. 83, pp. 172-174, July, 1953

[BAUA20] Bundesanstalt für Arbeitsschutz und Arbeitsmedizin: *Technische Regel für Gefahrstoffe TRGS 510 Lagerung von Gefahrstoffen in ortsbeweglichen Behältern.* Ausgabe Dezember 2020; https://www.baua.de/DE/Angebote/Regelwerk/TRGS/TRGS-510.html, zuletzt geprüft am 21.01.2024

[BAUA06] Bundesanstalt für Arbeitsschutz und Arbeitsmedizin: *Technische Regel für Gefahrstoffe TRGS 900 Arbeitsplatzgrenzwerte.* Ausgabe Januar 2006; https://www.baua.de/DE/Angebote/Regelwerk/TRGS/TRGS-900.html; zuletzt geprüft am 21.01.2024

[BECH17] Bechteler, W.: *Drehdurchführungen – Entwicklungen mit Hochdruck.* In: Klocke, F.; Döbbeler, B. (Hrsg.): Tagungsband zur 5. Aachener Kühlschmierstoff-Tagung, 1. Auflage, Apprimus, Aachen, 22.-23. November 2017, S. 255-273

[BENE09] De Benedetto, L.; Klemes, J.: *The Environmental Performance Strategy MAP: an integrated LCA approach to support the strategic decision-making process.* In. Journal of Cleaner Production, Vol. 17, 2009, pp. 900-906

[BERG23] Bergs, T.; Brimmers, J.: *Fertigung für eine Kreislaufwirtschaft.* In: Schmitt, R.; Bergs, T.; Brecher, C.; Schuh, G. (Hrsg.): Tagungsband 31. Aachener Werkzeugmaschinen-Kolloquium 2023 Empower Green Production, 1. Auflage, Apprimus, 2023, S. 126-150

[BERG21] Bergs, T.; Gierlings, S.; Augspurger, T.; Ganser, P.; Barth, S.; Fricke, K.; Grünebaum, T.: *Nachhaltige Produktion mit dem Digitalen Zwilling.* In: Bergs, T; Brecher, C.; Schmitt, R.; Schuh, G. (Hrsg.): Tagungsband 30. Aachener Werkzeugmaschinen-Kolloquium 2021 Internet of Production – Turning Data into Sustainability, 1. Auflage, Apprimus, 2021, S. 119-150

[BERG19b] Bergs, T.; Splettstößer, A.; Schraknepper, D.: *Pulsating High-Pressure Cutting Fluid Supply for Chip Control in Finish Turning of Inconel 718.* In: MM Science Journal, Special Issue on HSM2019, 2019, pp. 3200-3205

[BERG19a] Bergs, T.; Pušavec, F.; Koch, M.; Grguraš, D.; Döbbeler, B.; Klocke, F.: *Investigation of the Solubility of Liquid CO_2 and Liquid Oil to Realize an Internal Single Channel Supply in Milling of Ti6Al4V.* In: Procedia Manufacturing, Vol. 33, 2019, pp. 200-207

[BERG18] Bergs, T.; Klocke, F.; Döbbeler, B.; Koch, M.: *Innovative Zuführung kryogener Medien kombiniert mit Minimalmengenschmierung zur Produktivitätssteigerung beim Fräsen.* In: Bergs, T.; Klocke, F.; Döbbeler, B. (Hrsg.): Tagungsband zur 7. Aachener High-Performance-Cutting (HPX) Konferenz, 1. Auflage, Apprimus, 23.-24. Oktober 2018, S. 317-329

[BERM11] Bermingham, M.J., Kirsch, J., Sun, S., Palanisamy, S., Dargusch, M.S.: *New Observations on tool life, cutting forces and chip morphology in cryogenic machining Ti-6Al-4V.* In: Intern. Journal of Machine Tools & Manufacture, Vol. 51, 2011, pp. 500-511

[BECK13] Becker, S.: *Kryogene Kühlung senkt den Verschleiß. METAV 2014 bietet Ausblick auf neue Kühlstrategien.* Presseinformation VDW, 2013

[BIND17] Binder, M.: *Mechanismenbasierte Verschleißsimulation zur integrierten Werkzeug- und Prozessauslegung.* Dissertation, RWTH Aachen University, Apprimus, Aachen, 2017

[BIER18] Biermann, D.; Petuelli, G.; Jaeger, J. P.: *Mit Kälte smart ins Harte.* In: WB Werkstatt + Betrieb, Hanser, München, 151. Jahrgang, April 2018, S. 18-21

[BIER13] Biermann, D., Metzger, M., Hartmann, H., Königsreuther, P.: *Mit der Schneekanone gegen unerwünschte Bohrspäne.* https://www.maschinenmarkt.vogel.de/mit-der-schneekanone-gegen-unerwuenschte-bohrspaene-a-417812/; 01.10.2013

[BIER08] Biermann, D., Felderhoff, F., Heilmann, M.: *CO_2-Prozesskühlung steigert Produktivität bei der Trockenbearbeitung.* MM Maschinenmarkt, Vol. 114, 2008, Nr. 34, S. 24-29

[BIER07] Biermann, D., Kahleyß, F., Heilmann, M.: *Bohren mit CO_2-Prozesskühlung. Kühlschmierstoffkonzept für die Bohrbearbeitung eines Duplex-Stahls.* In: VDI-Z Integrierte Produktion, Jahrgang 149, 2007, Nr. 7/8, S. 78-80

[BLAU15] Blau, P., Busch, K., Dix, M., Hochmuth, C., Stoll, A., Wertheim, R.: *Flushing Strategies for High Performance, Efficient and Environmentally Friendly Cutting.* In: Procedia CIRP, Vol. 26, 2015, pp. 361-366

[BOBZ13] Bobzin, K.: *Oberflächentechnik für den Maschinenbau.* 1. Auflage, Wiley-VCH, Weinheim, 2013

[BOEH14b] Böhm, V., Kroh, R.: *Kryogene Kühlung mit CO_2 reduziert Werkzeugverschleiß.* In: MM Maschinenmarkt, https://www.maschinenmarkt.vogel.de/kryogene-kuehlung-mit-co2-reduziert-werkzeugverschleiss-a-456323/; 19.08.2014

[BOEH14a] Böhm, V.: *Kryogene Kühleffekte.* In: dima, 2014, Nr. 5, S. 24

[BOLJ10] Boljanovic, V.: Metal Shaping Processes: *Casting and Molding; Particulate Processing; Deformation Processes; and Metal Removal.* Industrial Press Inc., New York, 2010

[BREC17] Brecher, C.; Weck, M.: *Werkzeugmaschinen Fertigungssysteme Band 2 – Konstruktion, Berechnung und messtechnische Beurteilung.*, 9. Auflage, Springer-Vieweg, 2017

[BRIN11] Brinken, F.; Bringmann, B.: *Titaniumzerspanung: effizient, präzis, produktiv.* In: Tagungsband Kongress Nachhaltige Produktion, Hrsg.: Neugebauer, R.; Verlag Wissenschaftliche Scripten, 2011, S. 91-100

[BUND24] https://www.bundesfinanzministerium.de/Content/DE/Standardartikel/Themen/Steuern/Weitere_Steuerthemen/Betriebspruefung/AfA-Tabellen/AfA-Tabelle_Maschinenbau.html, Stand 31.07.2024

[BANK24] https://www.bundesbank.de/resource/blob/933636/c42e1f7dcfc42d2010f75382b8af22f7/mL/2024-06-05-mfi-zinsstatistik-download.pdf, Stand 31.07.2024

[BUSC14] Busch, M.: *Methodische Fräsprozessauslegung für die Bearbeitung hochwarmfester Werkstoffe.* Dissertation, RWTH Aachen University, Apprimus, Aachen, 2014

[BYRN93] Byrne, G.; Scholta, E.: *Environmentally Clean Machining Processes – A Strategic Approach.* In: Annals of the CIRP, Vol. 42, 1993, No. 1, pp. 471-474

[CAYL17] Cayli, T.: *Surface Anomalies in Turning of Difficult-to-Cut Materials with High-Pressure Coolant Supply.* Dissertation RWTH Aachen University, Apprimus, Aachen, 2017

[CORD14] Cordes, S.; Hübner, F.; Schaarschmidt, T.: *Next Generation high performance cutting by use of carbon dioxide as cryogenics.* In: Procedia CIRP, Vol. 14, 2014, pp. 401-405

[COUR13] Courbon, C., Pusavec, F., Dumont, F., Rech, J., Kopac, J.: *Tribological behaviour of Ti6Al4V and Inconel718 under dry and cryogenic conditions -Application to the context of machining with carbide tools.* In: Tribology International, Vol. 66, 2013, pp. 72-82

[CRAF99] Craford, R.; Kaminski, J.; Lagerberg, S.; Ljungkrona, O.; Wretland, A.: *Chip control in tube turning using a high-pressure water jet.* In: Proceedings of the Institution of Mechanical Engineers, Vol 213, Part B, 1999, pp. 761-767

[CSOA20] Cryogenic Society of America: *https://cryogenicsociety.org/advertise/*, abgerufen 05.12.2020

[CZIC10] Czichos, H.: *Tribologie Handbuch – Tribometrie, Tribomaterialien, Tribotechnik.* 3. Auflage, Vieweg+Teubner, Wiesbaden, 2010

[DEFI71] De Fillippi, A.; Ippolito, R.: *Face Milling at -180 °C.* In: Annals of the CIRP, Vol. XVIV, 1971 pp. 399-406

[DENK23] Denkena, B.; Bergmann, B.; Picker, T.; Kreaft, M.: *Modeling of stresses at the cutting wedge in the interrupted cut for the design of the cutting edge microgeometry.* In: Procedia CIRP, Vol. 117, 2023, pp. 299-304

[DENK21] Denkena, B.; Krödel, A.; Beblein, S.: *A novel approach to determine the velocity dependency of the friction behaviour during machining by means of digital particle image velocimentry (DPIV).* In: CIRP Journal of Manufacturing Science and Technology, Vol. 32, 2021, pp. 81-90

[DENK20] Denkena, B.; Abele, E.; Brecher, C.; Dittrich, M.-A.; Kara, S.; Mori, M.: *Energy efficient machine tools.* In: CIRP Annals – Manufacturing Technology, Vol. 69, 2020, pp. 646-667

[DENK17] Denkena, B.; Grove, T.; Picker, T.: *Werkstoffspezifische Mikrogeometrie von Fräswerkzeugen.* In: Zeitschrift für wirtschaftlichen Fabrikbetrieb ZWF, Jahrg. 112, 2017, Nr. 7-8, S. 481-483

[DENK14] Denkena, B.; Biermann, D.: *Cutting edge geometries.* In CIRP Annals – Manufacturing Technology, Vol. 63., 2014, pp. 631-653

[DENK11b] Denkena, B; Lucas, A.; Bassett, E.: *Effects of the cutting edge microgeometry on tool wear and its thermomechanical load.* In: CIRP Annals – Manufacturing Technology, Vol. 60, 2011, pp. 73-76

[DENK11a] Denkena, B.; Tönshoff, H.-K.: *Spanen – Grundlagen*, Springer Heidelberg, 3. Auflage, 2011

[DENK05] Denkena, B.; Boehnke, D.; de León-García, L.: *Einfluss der Schneidkantengeometrie auf die Zerspankräfte und auf das Verschleißverhalten.* In: Zeitschrift für wirtschaftlichen Fabrikbetrieb ZWF, Jahrgang 100, Nr. 9, 2005, S. 490-494

[DETE02] Deters, L.; Fischer, A.; Santner, E.; Stolz, U.: *GFT – Arbeitsblatt 7 Tribologie – Verschleiß, Reibung – Definitionen, Begriffe, Prüfung.*, Gesellschaft für Tribologie e.V., Ausgabe August 2002

[DGUV11] Deutsche Gesetzliche Unfallversicherung e.V. (DGUV): *DGUV Regel 109-003 Tätigkeiten mit Kühlschmierstoffen.*, aktualisierte Fassung März 2011

[DHAR07] Dhar, N.R.; Kamruzzaman, M.: *Cutting temperature, tool wear, surface roughness and dimensional deviation in turning AISI-4037 steel under cryogenic condition.* In: International Journal of Machine Tools & Manufacture, Vol.47, 2007, pp. 754-759

[DHAR06] Dhar, N.R.; Islam, S.; Kamruzzaman, M.; Paul, S.: *Wear Behaviour of Uncoated Carbide Inserts under Dry, Wet and Cryogenic Cooling Conditions in Turning C-60 Steel.* In: J. of the Braz. Soc. Of Mech. Sci. & Eng., Vol. XXVIII, No. 2, April-June 2006, pp. 146-152

[DHAR02d] Dhar, N.R.; Nanda Kishore, S.V.; Paul, S.; Chattopadhyay, A.B.: *The effects of cryogenic cooling on chips and cutting forces in turning AISI 1040 and AISI 4320 steels.* In: Proceedings of the Institution of Mechanical Engineers Part B: Journal of Engineering Manufacture, Vol. 216, 2002, pp. 713-724

[DHAR02c] Dhar, N.R., Paul, S.; Chattopadhyay, A.B.: *Machining of AISI 4140 steel under cryogenic cooling – tool wear, surface roughness and dimensional deviation.* In: Journal of Materials Processing Technology, Vol. 123, 2002, pp. 483-489

[DHAR02b] Dhar, N.R., Paul, S.; Chattopadhyay, A.B.: *The influence of cryogenic cooling on tool wear, dimensional accuracy and surface finish in turning AISI 1040 and E4340C steels.* In: Wear, Vol. 249, 2002, pp. 932-942

[DHAR02a] Dhar, N.R., Paul, S.; Chattopadhyay, A.B.: *Role of Crygenic Cooling on Cutting Temperatures in Turning Steel.* In: Transaction of the ASME, Vol. 124, 2002, pp. 146-154

[DILL90] Dillon, O.W.; De Angelis, R.J.; Lu, W.Y.; Gunasekera, J.S.; Deno, J.A.: *The Effects of Temperature on the Machining of Metals.* In: J. Mater. Shaping Technol., Vol. 8, 1990, No. 1, pp. 23-29

[DIN23] Entwurf Norm DIN 844 (Mai 2023): *Schaftfräser mit Zylinderschaft; Maße und Technische Lieferbedingungen.* Deutsches Institut für Normung e.V., Beuth, Berlin

[DIN20] Entwurf Norm DIN 8580 (Januar 2020): *Fertigungsverfahren – Begriffe, Einteilung.* Deutsches Institut für Normung e.V., Beuth, Berlin

[DIN18] Deutsches Institut für Normung e.V. Norm DIN 6529 (Oktober 2018): *Vollhartmetall-Schaftfräser mit Zylinderschaft – Technische Lieferbedingungen.* Beuth, Berlin

[DIN13] Deutsches Institut für Normung e.V. Norm DIN 51385 (Dezember 2013): *Schmierstoffe – Bearbeitungsmedien für die Umformung und Zerspanung von Werkstoffen.* Beuth, Berlin

[DIN11] Deutsches Institut für Normung e.V. Norm DIN 69893-1 (April 2011): *Kegel-Hohlschäfte mit Plananlage – Teil 1 Kegel Hohlschäfte Form A und Form C; Maße und Ausführung*, Beuth, Berlin

[DIN10] Deutsches Institut für Normung e.V. Norm DIN EN ISO 4499-2 (Oktober 2010): *Hartmetalle – Metallographische Bestimmung der Mikrostruktur – Teil 2: Messung der WC Korngröße.* Beuth, Berlin

[DIN06] Norm DIN 69895 (November 2006): *Zentrale Kühlschmierstoffzufuhr für den HSK – Kühlschmierstoffrohr mit Gewindebuchse für Kegel-Hohlschäfte, Form A nach DIN 69893-1 und Form E nach DIN 69893-5 Maße.* Deutsches Institut für Normung e.V., Beuth, Berlin

[DIN03c] Norm DIN 8589-3 (September 2003): *Fertigungsverfahren Spanen Teil 3: Fräsen – Einordnung, Unterteilung, Begriffe.* Deutsches Institut für Normung e. V., Beuth, Berlin

[DIN03b] Norm DIN 8589-0 (September 2003): *Fertigungsverfahren Spanen Teil 0: Allgemeines – Einordnung, Unterteilung, Begriffe.* Deutsches Institut für Normung e. V., Beuth, Berlin

[DIN03a] Norm DIN 8580 (September 2003): *Fertigungsverfahren Begriffe, Einteilung.* Deutsches Institut für Normung e.V., Beuth, Berlin

[DIN02] Norm DIN 6528 (Januar 2002): *Vollhartmetall-Schaftfräser mit durchgehendem Zylinderschaft – Maße.* Deutsches Institut für Normung e.V., Beuth, Berlin

[DIN89] Norm DIN 844 Teil 1(April 1989): *Schaftfräser mit Zylinderschaft – Maße.* Deutsches Institut für Normung e.V., Beuth, Berlin

[DIN85] Norm DIN 6580 (Oktober 1985): *Begriffe der Zerspantechnik – Bewegungen und Geometrie des Zerspanvorganges.* Deutsches Institut für Normung e.V., Beuth, Berlin

[DIN82] Norm DIN 6584 (Oktober 1982): *Begriffe der Zerspantechnik – Kräfte Energie Arbeit Leistungen.* Deutsches Institut für Normung e. V., Beuth, Berlin

[DINI10] Diniz, A. E.; Micaroni, R.; Hassui, A.: *Evaluating the effect of coolant pressure and flow rate on tool wear and tool life in the steel turning operation.* In: International Journal of Advanced Manufacturing Technology, Vol. 50, 2010, pp. 1125-1133

[DING98] Ding, Y.; Hong, S.Y.: *Improvement of Chip Breaking in Machining Low Carbon Steel by Cryogenically Precooling the Workpiece.* In: Transactions of the ASME, Vol. 120, 1998, pp. 76-83

[DING95] Ding, Y.; Hong, S.Y.: *A Study of the Cutting Temperatures in Machining Processes Cooled by Liquid Nitrogen.* In: Konferenzband der 23. NAMRC, 1995, pp. 115-119

[DIX14] Dix, M.; Wertheim, R.; Schmidt, G.; Hochmuth, C.: *Modeling of drilling assisted by cryogenic cooling for higher efficiency.* In: CIRP Annals – Manufacturing Technology, Vol. 63, 2014, pp. 73-76

[DIX13] Dix, M.: *Ressourceneffizientes Hochleistungsbohren mit Spiralbohrern – Analyse und Prozessgestaltung.* Dissertation Technische Universität Chemnitz, Wissenschaftliche Scripten, 2013

[DUBO21] Dubourg, S.: *Zukunft hat mehr Wert – Plenarvortrag.* In: Bergs, T; Brecher, C.; Schmitt, R.; Schuh, G. (Hrsg.): 30. Aachener Werkzeugmaschinen-Kolloquium 2021 Internet of Production – Turning Data into Sustainability, 1. Aufl., 2021, S. 20

[DUDE20] www.duden.de/rechtschreibung /Kryogenik, abgerufen am 05.12.2020

[EHSU21] University of Florida: https://www.ehs.ufl.edu/programs/lab/cryogens/nitrogen/, Stand 07.05.2021

[EUKO19b] Europäische Kommission: *Der europäische Grüne Deal – Anhang der Mitteilung der Kommission an das europäische Parlament, den europäischen Rat, den Rat, den europäischen Wirtschafts- und den Sozialausschuss und den Ausschuss der Regionen.* Brüssel, 2019

[EUKO19a] Europäische Kommission: *Der europäische Grüne Deal – Mitteilung der Kommission an das europäische Parlament, den europäischen Rat, den Rat, den europäischen Wirtschafts- und den Sozialausschuss und den Ausschuss der Regionen.* Brüssel, 2019

[ESSI10] Essig, C. A.: *Vorhersage von Spanbruch bei der Zerspanung mit geometrisch bestimmter Schneide mit Hilfe schädigungsmechanischer Ansätze.* Dissertation RWTH Aachen University, Apprimus, Aachen, 2010

[EXCE99] Ex-Cell-O, Werkzeug- und Sondermaschinen: *Technische Dokumentation Hochgeschwindigkeits-Bearbeitungszentrum XHC 241.* 1999

[FAHL02] Fahl, J.: *Entwicklung und Erprobung von Schmierölen für Kälte- und Klimasysteme mit CO_2 als Arbeitsstoff.* Dissertation, Ruhr-Universität Bochum, 2002

[FISC01] Fischer AG: *Betriebsanleitung zu Schnellfrequenz Spindel.* erstellt am 12.03.2001, letzte Änderung 10.11.06

[FISC00] Fischer AG: *Load diagramm for Spindle MFWS 2307/14/18 HSK-A63.* 6. November 2000

[FRIC11] Frick, W.; Itasse, S.: *Zukünftig werden anspruchsvolle Werkstoffe kryogen zerspant.* https://www.maschinenmarkt.vogel.de/zukuenftig-werden-anspruchsvolle-werkstoffe-kryogen-zerspant-a-339558/, 21.11.2011

[GEST24] GESTIS-Stoffdatenbank: *Kohlendioxid, tiefkalt verflüssig.* https://gestis.dguv.de/data?name=001121, zuletzt geprüft am 21.01.2024

[GFT03] Gesellschaft für Tribologie e.V.: *Arbeitsblatt 8 Teil 1 - Minimalmengenschmierung*, 2003

[GRGU20] Grguraš, D.: *Odrezovalne razmere pri procesu kriogenega frezanja z uporabo tekočega CO_2.* PHD Thesis, University of Ljubjana, 2020

[GRGU19] Grguraš, D.; Sterle, L.; Krajnik, P.; Pusavec, P.: *A novel cryogenic machining concept based on lubricated liquid carbon dioxide.* In: International Journal of Machine Tools and Manufacture, Vol. 145, 2019

[GROV15] Grove, T.: *Hochleistungszerspanung von Titan.* Dissertation Universität Hannover, 2015

[GUTZ24] Gutzeit, K.; Grossmann, F.; Kirsch, B.; Aurich, J.C.: *Tribological characterization of the cooling performance when applying cryogenic coolants and minimum quantity lubrication.* In: Manufacturing Letters, Vol. 41, 2024, pp. 22-26

[GUTZ23b] Gutzeit, K.; Bulun, G.; Stelzer, G.; Kirsch, B.; Seewig, J.; Aurich, J.C.: *Sub-zero milling of Ti-6Al-4V – impact of the cutting parameters on the resulting forces, tool wear, and surface quality.* In: The International Journal of Advanced Manufacturing Technology, Vol. 126, 2023, pp. 3367-3381

[GUTZ23a] Gutzeit, K.; Berndt, M.; Schulz, J.; Müller, D.; Kirsch, B.; Von Harbou, E.; Aurich, J.C.: *Optimization of the cooling strategy during cryogenoc milling of Ti-6Al-4V when applying a sub-zero metalworking fluid.* In: Production Engineering Research and Development, Vol. 17, 2023, pp. 501-510

[GUTZ21] Gutzeit, K.; Greco, S.; Kirsch, B.; Aurich, J. C.: *Kryogenes Fräsen additiv gefertigter Bauteile – Verbesserung der Oberflächenmorphologie durch Kaltverfestigungsmechanismen.* In: wt Werkstattstechnik online, Jahrgang 111, 2021, Heft 11-12

[HAIM19] https://www.haimer.biz/fileadmin/assets/downloads/Archiv/coolflash.pdf, zuletzt geprüft am 05.10.2019

[HAWE19] HAWE Hydraulik: *Kompaktaggregat TYP HC and HCW.* http://downloads.hawe.com/A/K_HC-de.pdf, letzte Überprüfung: 07.02.2019

[HECK10] Heckmann, L.: *Systematische Analyse der Schneidkantenarchitektur mithilfe der Finite-Elemente-Methode.* Dissertation Universität Kassel, kassel university press, 2010

[HEIS14] Heisel, U., Schaal, M., Wunderlich, A., Fink, M., Sattel, S., Gauggel, C., Durst, R.: *Bohrbearbeitung kohlenstofffaserverstärkter Kunststoffe mit kryogener Kühlung.* wt Werkstattstechnik online, Jahrgang 104, 2014, Heft 1/2, S. 2-9

[HERR17] Herrmann, C.; Madanchi, N.; Winter, M.; Öhlschläger, G.; Greßmann, A.; Zettl, E.; Schwengers, K.; Lange, U.: *Studie: Ökologische und ökonomische Bewertung des Ressourcenaufwands – Wassermischbarer Kühlschmierstoffe.* VDI Zentrum Ressourceneffizienz, Juni 2017

[HEST05] Hesterberg, S., Wittkop, S.: *Prozesskonditionierung mittels Kohlendioxid bei der Drehbearbeitung nicht rostender Stähle.* In: Spanende Fertigung, 4. Ausgabe, S. 465-473, Hrsg.: K. Weinert, Vulkan, 2005

[HONG06] Hong, S.Y.: *Lubrication Mechanisms of LN_2 in Ecological Cryogenic Machining.* In: Machining Science and Technology, Vol. 10, 2006, pp. 133-155

[HONG02] Hong, S.Y., Ding, Y., Jeong, J.: *Experimental Evaluation of Friction Coefficient and Liquid Nitrogen Lubrication Effect in Cryogenic Machining.* In: Machining Science and Technology, Vol. 6 No. 2, 2002, pp. 235-250

[HONG01e] Hong, S.Y., Ding, Y.: *Micro-temperature Manipulation in Cryogenic Machining of Low Carbon Steel.* In: Journal of Material Processing Technology. Vol. 116, 2001, pp. 22-30

[HONG01d] Hong, S.Y.: *Economical and Ecological Cryogenic Machining.* In: Journal of Manufacturing Science and Technology, Vol. 123, 2001, pp. 331-338

[HONG01c] Hong, S.Y.; Ding, Y.; Jeong, W.: *Friction and cutting forces in cryogenic machining of TI-6Al-4V.* In: International Journal of Machine Tools and Manufacture, Vol. 41, 2001, pp. 2271-2285

[HONG01b] Hong, S.Y.; Markus, I.; Jeong, W.: *New cooling approach and tool life improvement in cryogenic machining of titanium alloy Ti-6-Al-4V.* In: International Journal of Machine Tools & Manufacture, Vol. 41, 2001, pp. 2245-2260

[HONG01a] Hong, S.Y.; Ding, Y.: *Cooling approaches and cutting temperatures in cryogenic machining of Ti-6Al-4V.* In: International Journal of Machine Tools & Manufacture, Vol. 41, 2001, pp. 1417-1437

[HONG00] Hong, S.Y.; Broomer, M.: *Economical and ecological machining of AISI 304 austenitic stainless steel.* In: Clean Products and Processes, Vol. 2, 2000, pp. 157-166

[HONG99b] Hong, S.Y., Zhao, Z.: *Thermal aspects, material consideration and cooling strategies in cryogenic machining.* In: Clean Products and Processes, Vol. 1, 1999, pp. 107-116

[HONG99a] Hong, S.Y., Ding, Y., Ekkens, R. G.: *Improving Low Carbon Steel Chip Breakability by Cryogenic Chip Cooling.* In: International Journal of Machine Tools & Manufacture, Vol. 39, 1999, pp. 1065-1085

[HOTZ21] Hotz, H.: *Kryogenes Drehen metastabiler austenitischer Stähle – Analyse der Wirkungszusammenhängezwischen Einstellgrößen, Prozessgrößen und Oberflächenmorphologie.* Dissertation TU Kaiserslautern, 2021

[HOTZ18] Hotz, H.; Kirsch, B.; Becker, S.; von Harbou, E.; Müller, R.; Aurich, J.C.: *Modification of surface morphology during cryogenic turning of metastable austenitic steel AISI 347 at different parameter combinations with constant CO_2 consumption per cut.* In: Procedia CIRP, Vol. 77, 2018, pp. 207-210

[IDOR20] International Dictionary of Refrigeration: *http://dictionary.iifiir.org/index.php?inputLang=en&truncPos=right&srchTerm=cryogenics&outputLang=xx&defnLang=en&submit=View+results*, abgerufen 05.12.2020

[IFA24] Institut für Arbeitsschutz der Deutschen Gesetzlichen Unfallversicherung: *GESTIS International Values – Substance: Carbon Dioxide.* https://limitvalue.ifa.dguv.de/WebForm_ueliste2.aspx; zuletzt geprüft am 21.01.2024

[JAWA16] Jawahir, I.S.; Attia, H.; Biermann, D.; Duflou, J.; Klocke, F.; Meyer, D.; Newman, S.T.; Pusavec, F.; Putz, M.; Rech, J.; Schulze, V.; Umbrello, D.: *Cryogenic manufacturing processes.* In: CIRP Annals – Manufacturing Technology, Vol. 65, 2016, pp. 713-736

[JAEG21] Jaeger, J. P.: *Wendeltiefbohren kleinster Durchmesser in schwer zerspanbare Werkstoffe mit kryogener Minimalmengenschmierung.* Dissertation TU Dortmund, 2021

[KALV05] Kalveram, M.: *Analyse und Vorhersage der Prozessdynamik und Prozessstabilität beim Hochgeschwindigkeitsfräsen.* Dissertation, TU Dortmund, 2005

[KAYN14] Kaynak, Y., Lu, T., Jawahir, I.S.: *Cryogenic machining-induced surface integrity: A review and comparison witch dry, MQL, and flood-cooled machining.* In: Machining Science and Technology, Vol. 18, 2014, pp. 149-198

[KAYN13] Kaynak, Y., Karaca, H.E., Noebe, R.D., Jawahir, I.S.: *Tool-wear analyses in cryogenic machining of NiTi shape memory alloys: A comparison on tool-wear performance with dry and MQL machining.* In: Wear, Vol. 306, 2013, pp. 51-63

[KHEI13] Kheireddine, A.H., Ammouri, T., Lu, T., Jawahir, I.S., Hamade, R.F.: *An FEM Analysis with Experimental Validation to Study the Hardness of In-Process Cryogenically Coold Drilled Holes in Mg AZ31b.* In: Procedia CIRP, Vol. 8, 2013. pp. 588-593

[KAMI00] Kaminski, J.; Ljungkrona, O.; Crafoord, R.; Lagerberg, S.: *Control of chip flow direction in high-pressure water jet-assisted orthogonal tube turning.* In: Proceedings of the Institution of Mechanical Engineers, Vol. 214, 2000, Part B, pp. 529-534

[KIEN52] Kienzle, O.: *Die Bestimmung von Kräften und Leistungen an spanenden Werkzeugen und Werkzeugmaschinen.* In: VDI-Z, 94. Bd., Nr. 11/12, 1952, S. 299-305

[KIRS18] Kirsch, B.; Basten, S.; Hasse, H.; Aurich, J.C.: *Sub-zero cooling: A novel strategy for high performance cutting.* In: CIRP-Annals – Manufacturing Technology, Vol. 67, Issue 1, 2018, pp. 95-98

[KLIE13] Klieber, H.: *Kryo-Proz.* In: NCF, Juni 2013, S. 74-77

[KLOC18] Klocke, F.: *Fertigungsverfahren 1, Zerspanung mit geometrisch bestimmter Schneide.* Springer Vieweg, Berlin, 9. Auflage, 2018

[KLOC17] Klocke, F.; Döbbeler, B.; Koch, M.: *Technologische und wirtschaftliche Potenziale der kryogenen Prozesskühlung bei der Bearbeitung schwer zerspanbarer Werkstoffe.* In: Klocke, F.; Döbbeler, B. (Hrsg.) Tagungsband zur 5. Aachener Kühlschmierstoff-Tagung, 1. Auflage, Apprimus, 22.-23. November 2017, S. 315-330

[KLOC14b] Klocke, F., Lung, D., Cayli, T.: *Einsatz von Hochleistungsschneidstoffen zur Bearbeitung intermetallischer γ-Titanaluminide.* In: Diamond Business, Vol. 4, Heft 51, 2014, S. 16-22

[KLOC14a] Klocke, F., Gerschwiler, K., Krämer, A.: *Potentiale der kryogenen Prozesskühlung.* Tagungsband 5. Aachener High-Performance-Cutting Konferenz, Aachen, WZL Forum, 2014

[KLOC13b] Klocke, F.; Lung, D.; Krämer, A.; Cayli, T.; Sangermann, H.: *Potential of Modern Lubricoolant Strategies on Cutting Performance.* In: Key Engineering Materials, Trans Tech Publications Switzerland, Vols. 554-557, 2013 pp. 2062-2071

[KLOC13a] Klocke, F., Settineri, L., Lung, D., Priarone, P.C., Arft, M.: *High performance cutting of gamma titanium aluminides: Influence of lubricoolant strategy on tool wear and surface integrity.* In: Wear, Vol. 302, 2013, pp. 1136-1144

[KLOC12b] Klocke, F., Krämer, A., Sangermann, H., Lung, D.: *Thermo-Mechanical Tool Load during High Performance Cutting of Hard-to-Cut Materials.* In: Procedia CIRP, Vol. 1, 2012, pp. 312-317

[KLOC12a] Klocke, F., Krämer, D., Lung, D.: *Advanced Materials Machining with Cryogenic Cooling.* In: Proceedings of the Asia-Pacific Winter Conference on plasma spectrochemistry (APWC), Südkorea, August, 2012

[KLOC11] Klocke, F.; Sangermann, H.; Krämer, A.; Lung, D.: *Influence of a high-pressure lubricoolant supply on thermo-mechanical tool load and tool wear behaviour in the turning of aerospace materials.* In: Proceedings of the Institution of Mechanical Engineers Part B: J. Engineering Manufacture, Vol. 225, 2011, pp. 52-61

[KLOC08] Klocke, F.; König, W.: *Fertigungsverfahren 1, Drehen, Fräsen, Bohren. Bd. 1.* Springer, Berlin Heidelberg New York, 8. Auflage, 2008

[KNOL23] Knoll Maschinenbau GmbH: *Minimalmengenschmiersystem AerosolMaster^{TM} 4000 Cryolub.* URL: https://www.knoll-mb.de/einzelanlagen/mms-systeme/aerosolmaster-4000-cryolub Stand: 07.09.2023

[KNOL22] Knoll Maschinenbau GmbH: *Minimalmengenschmiersystem Aerosolmaster 4000 Cryolub, Ausgabe 03-2022.* https://www.knoll-mb.de/fileadmin/Home/Einzelanlagen/MMS_AerosolMaster/KNOLL-Datenblatt-MMS-System-_AerosolMaster4000_Cryolub-DE.pdf, zuletzt geprüft am 21.01.2024

[KOCH19] Koch, M.: *Steigerung der Produktivität beim Bohren und Fräsen schwer zerspanbarer Werkstoffe durch den Einsatz einer inneren Kryo/MMS-Zufuhr – InKryo.*, Schlussbericht zu IGF-Vorhaben Nr. 19122 N, veröffentlicht über die Technische Informationsbibliothek Hannover, 2019

[KOEN82] König, W.; Essel, K.; Witte, L.: *Spezifische Schnittkraftwerte für die Zerspanung metallischer Werkstoffe.* Herausgegeben vom Verein Deutscher Eisenhüttenleute, Düsseldorf, Verlag Stahleisen MBH, 1982

[KRAE15] Krämer, A.: *Gestaltungsmodell der kryogenen Prozesskühlung in der Zerspanung.* Dissertation RWTH Aachen University, Apprimus, Aachen, 1. Auflage 2015

[KRAE12] Krämer, A., Klocke, F., Lung, D.: *High performance cutting of aircraft and turbine components.* In: AIP Conf. Proc., Vol 1431, 2012, pp. 425-432

[KRET16] Kretzschmar, M.: *CO_2-Schneeentstehung und deren Wirkung auf die Effekte beim CO_2-Schneestrahlen.* Dissertation TU Berlin, 2016

[KROH13] Kroh, R.: *Walter und Starrag wollen Kryo-Kühlung voranbringen.* http://www.maschinenmarkt.vogel.de/themenkanaele/produktion/zerspanung/articles/401093/, 10.04.2013

[KRON69] Kronenberg, M.: *Grundzüge der Zerspanungslehre – Theorie und Praxis der Zerspanung für Bau und Betrieb von Werkzeugmaschinen – Dritter Band: Mehrschneidige Zerspanung (Umfangsfräsen, Räumen).* Springer, Berlin, Heidelberg, New York, 2. Auflage, 1969

[KRON54] Kronenberg, M.: *Grundzüge der Zerspanungslehre. Theorie und Praxis der Zerspanung für Bau und Betrieb von Werkzeugmaschinen.* Springer, Berlin/Göttingen/Heidelberg, 1954

[LAKN21b] Lakner, T.: *High-Pressure Cutting Fluid Supply in Milling. Dissertation RWTH Aachen University.* Apprimus, Aachen, 1. Auflage, 2021

[LAKN21a] Lakner, T.; Splettstößer, A.; Schraknepper, D.; Bergs, T.: *Economic and ecological evaluation of high-pressure cutting fluid supply in milling of Ti-6Al-4V.* In: Procedia CIRP, Vol. 101, 2021, pp. 362-365

[LAKN18] Lakner, T.; Peng, B.; Klocke, F.: *Schlussbericht zu IGF-Vorhaben Nr. 18401 N – Steigerung der Produktivität beim Fräsen durch die zielgerichtete Zufuhr des Kühlschmierstoffs mit Hochdruck.* Berichtszeitraum 01.05.2015 – 31.01.2018, 2018

[LANG19] Lange, M.: *Einfluss von KSS-Produkten auf den Werkzeugverschleiß beim HPC-Fräsen von Titan-Strukturbauteilen.* In. Tagungsband 6. Aachener Kühlschmierstoff-Tagung, Hrsg. Bergs, T.; Schraknepper, D., Apprimus Verlag Aachen, 23.-24. Oktober 2019

[LANG12] Lang, H.: *Cryogenic – Zerspanen mit tiefkaltem Stickstoff.* https://www.zukunftsorientierte-zerspanung.de/leistungsspektrum/fachinformationen-detailansicht/cryogenic-zerspanen-mit-tiefkaltem-stickstoff.html, 23.10.2012

[LANG11] Lang, H.: *Den Werkzeugverschleiß einfrieren – mit Cryogenics.* Werkstatt und Betrieb, Ausgabe 10, 2011

[LIND18] Linde AG: *CRYO-Behälter und Zubehör – Equipment für tiefkalt verflüssigte Gase.* 2018

[LIND79] Lindner, E.: *Chemie für Ingenieure.* 3. Auflage, M. Lindner Verlag, Karlsruhe, 1979

[LEBR07] Lebrun, P.: *An Introduction to Cryogenics.* Abteilungsreport, CERN, 2007

[LEQU18] Lequin, P.; Poulachon, G.; Outeiro, J.C.: *Thermomechanical analysis induced by interrupted cutting of Ti6Al4V under several cooling strategies.* CIRP Annals - Manufacturing Technology, Vol. 67, Issue 1, pp. 91-94, 2018

[LU18b] Lu, T.; Kudaravalli, R.; Georgiou, G.: *Cryogenic Machining through the Spindle and Tool for Improved Machining Process Performance and Sustainability: Pt. II, Sustainability Performance Study.* In: Procedia Manufacturing, Vol. 21, pp. 273-280, 2018

[LU18a] Lu, T.; Kudravalli, R.; Georgiou, G.: *Cryogenic Machining through the Spindle and Tool for Improved Machining Process Performance and Sustainability: Pt. I, System Design.* In: Procedia Manufacturing, Vol. 21, pp. 266-272, 2018

[MACH12b] Machai, C.: *Grundlagenuntersuchung zur Zerspanung von β-Titanlegierungen unterschiedlicher Mikrostruktur.* Dissertation TU Dortmund, 2012

[MACH12a] Machai, C.: *Kryogene Drehbearbeitung von β-Titan.* In: Spanende Fertigung, 6. Auflage, S. 86-95, Vulkan, 2012

[MACH11b] Machai, C., Abrahams, H., Biermann, D.: *Machining of β -Titanium under Cryogenic Conditions: Process Cooling by CO_2-Snow.* Vortrag auf dem 1. WGP-Jahreskongress, Berlin, 8.-9. Juni 2011

[MACH11a] Machai, C., Biermann, D.: *Machining of β-titanium-alloy Ti-10V-2Fe-3Al under cryogenic conditions: Cooling with carbon dioxide snow.* In: Journal of Materials Processing Technology, Vol. 211, 2011, pp. 1175-1183

[MANG01] Mang, T.; Dressel, W.: *Lubricants and Lubrication.* Wiley-VCH, 2001

[MART45] Martellotti, M. E.: *An Analysis of the Milling Process, Part II – Down Milling.* In: Transactions of the ASME, Vol. 67, Issue 4, 1945, pp. 233-251

[MART41] Martellotti, M. E.: *An Analysis of the Milling Process.* In: Transactions of the ASME, Vol. 63, Issue 8, 1941, pp. 677-700

[MATT06] Mattox, B.S.: *Investigative Report on Chemistry 301A Cylinder Explosion.* Occupational Health & Safety Unit, Environmental Health and Safety Department, Texas A&M University, 2006

[MEIN09] Meinecke, M.: *Prozessauslegung zum fünfachsigen zirkularen Schruppfräsen von Titanlegierungen.* Dissertation RWTH Aachen University, Apprimus, Aachen, 2009

[MERC45b] Merchant, M. E.: *Mechanics of the Metal Cutting Process. II. Plasticity Conditions in Orthogonal Cutting.* In: Journal of Applied Physics, Vol. 16, No. 6, 1945, pp. 318-324

[MERC45a] Merchant, M. E.: *Mechanics of the Metal Cutting Process. I. Orthogonal Cutting and a Type 2 Chip.* In: Journal of Applied Physics, Vol. 16, No. 5, 1945, pp. 267-275

[MOAZ12] Moaz, H.A., Balasubramanian, R., Mohamed, B., Khidir, B.A.: *Effects of Coolants on Improving Machining Parameters while Machinability Titanium Alloy (Ti-6Al-4V): A Review.* In: Applied Mechanics and Materials, Vols. 110-116, 2012, pp. 1657-1666

[MOU13] Mou, H., Huang, X., Zhang, X., Ding, H.: *Experimental Study of Surface Integrity of Aluminium Lithium Alloy by Face Milling.* J. Lee et al. (Eds.): ICIRA 2013, Part II, LNAI 8103, 2013, pp. 491-502

[MSAO15] M'Saoubi, R.; Axinte, D.; Soo, S. L.; Nobel, C.; Attia, H.; Kappmeyer, G.; Engin, S.; Sim, W.-M.: *High performance cutting of advanced aerospace alloys and composite materials.* In: CIRP Annals – Manufacturing Technology, Vol. 64, 2015, pp. 557-580

[MUEL16] Müller, F.: *Methoden zur Charakterisierung von Werkzeugschnittstellen unter statischer Last.* Dissertation RWTH Aachen University, 2016

[MURR10] Murrenhoff, H.: *Umweltverträgliche Tribosysteme – Die Vision einer umweltfreundlichen Werkzeugmaschine.* Springer, Berlin Heidelberg, 2010

[NTV22] https://www.n-tv.de/panorama/18-Menschen-bei-Stickstoff-Experiment-verletzt-article23624337.html; zuletzt geprüft am 21.01.2023

[NEUG12] Neugebauer, R., Drossel, W., Wertheim, R., Hochmuth, C., Dix, M.: *Resource and Energy Efficiency in Machining Using High Performance and Hybrid Processes.* In: Procedia CIRP, Vol. 1, 2012, pp. 3-16

[OERL23] Oerlikon Balzers: *Balinit Alnova – Zuverlässiges Zerspanen der anspruchsvollsten Materialen.* URL: https://www.oerlikon.com/balzers/de/de/portfolio/balzers-oberflaechenloesungen/pvd-und-pacvd-basierte-beschichtungsloesungen/balinit/alcrn-basiert/balinit-verschleissschutz-durch-duennfilmbeschichtung-alnova/?tab=balinit_alnova_downloads. Stand: 12.09.2023

[OUTE13] Outeiro, J.C., Rossi, F., Fromentin, G., Poulachon, G., Germain, G., Batista A.C.: *Process Mechanics and Surface Integrity Induced by Dry and Cryogenic Machining of AZ31B-O Magnesium Alloy.* In: Procedia CIRP, Vol. 8, 2013, pp. 487-492

[PANG15] PanGas AG: *Kohlendioxid, CO_2 (verdichtet, unter Druck verflüssigt).*, 2015

[PARK15] Parker Hannifin GmbH (Hrsg.): *Serie 99 Miniature High Speed and Pressure Liquid Dispense Valve.* Januar 2015, https://www.parker.com/content/dam/Parker-com/Literature/Precision-Fluidics/Miniature-Liquid-Control-Valves/Series-99-Data-Sheet.pdf, letzte Überprüfung: 07.09.2023

[PETE02] Peter, M.; Leyens, C. (Hrsg.): Titan und Titanlegierungen. WILEY-VCH, 2002

[PFEI14] Pfeiffer, P. S.: *Technologische Prozessauslegung für die Zerspanung von Gusseisen mit Vermiculargrafit unter kontinuierlichen Schnittbedingungen.* Dissertation PTW Technische Universität Darmstadt, 2014, Shaker Verlag, Aachen, 2014

[PIEK57] Piekenbrink, R.: *Wechselkräfte und Schwingungen beim Fräsvorgang.* In: Industrie-Anzeiger Ausgabe „Werkzeugmaschine und Fertigungstechnik“ Teil 1: Spangebende Formung, Hrsg.: Opitz, H.; Verlag W. Girardet, Essen, Nr. IV, 5. April 1957, S. 383-390

[PIGO52] Pigott, R. J. S.; Colwell, A. T.: *Hi-Jet System for Increasing Tool Life.* In: SAE Annual Meeting, Vol. 6, No. 3, pp- 547-566, 1952

[PLAN29] Plank, R.; Kuprianoff, J.: *Die thermischen Eigenschaften der Kohlensäure im gasförmigen, flüssigen und festen Zustand (Mitteilung aus dem Kältetechnischen Institut der Technischen Hochschule Karlsruhe).* In: Beihefte zur Zeitschrift für die gesamte Kälte-Industrie, Reihe 1, Heft 1, Verlag Gesellschaft für Kältewesen m.b.H., Berlin, 1929

[PLAN20] Ceratizit: *Round Tool Materials p-line program 2020.* URL: https://cdn.plansee-group.com/is/content/planseemedia/ceratizit/downloads/pdf/p-line-program-round-tool-materials/DE.pdf Stand: 12.09.2023

[PUSA20] Pušavec, F., Sterle, L.; Kalin, M.; Dinesh, M.; Krajnik, P.: *Tribology of solid-lubricated liquid carbon dioxide assisted machining.* In: CIRP Annals – Manufacturing Technology, Vol. 69, 2020, pp. 69-72

[PUSA19] Pušavec, F.; Grguras, D.; Koch, M.; Krajnik, P.: *Cooling capability of liquid nitrogen and carbon dioxide in cryogenic milling.* In: CIRP Annals – Manufacturing Technology, Vol. 68, 2019, pp. 73-76

[PUSA16] Pusavec, F., Lu, T., Courbon, C., Rech, J., Aljancic, U., Kopac, J., Jawahir, I. S.: *Analysis of the influence of nitrogen phase and surface heat transfer coefficient on cryogenic machining performance.* In: Journal of Materials Processing Technology, Vol. 233, 2016, pp. 19-28

[PUSA15] Pusavec, F., Deshpande, A., Yang, S., M'Saoubi, R., Kopac, J., Dillon, O. W., Jawahir, I. S.: *Sustainable machining of high temperature Nickel alloy - Inconel 718: part 2 – chip breakability and optimization.* In: Journal of Cleaner Production, Vol. 87, 2015, pp. 941-952

[PUSA14] Pusavec, F., Deshpande, A., Yang, S., M'Saoubi, R., Kopac, J., Dillon, O. W., Jawahir, I. S.: *Sustainable machining of high temperature Nickel alloy - Inconel 718: part 1 – predictive performance models.* In: Journal of Cleaner Production, Vol. 81, 2014, pp. 255-269

[PUSA10c] Pusavec, F.; Kramar, D.; Krajnik, P.; Kopac, J.: *Transition to sustainable production – part II: evaluation of sustainable machining technologies.* In: Journal of cleaner Production, Vol. 18, pp. 1211-1221, 2010

[PUSA10b] Pusavec, F.; Krajnik, P.; Kopac, J.: *Transitioning to sustainable production – Part I: application on machining technologies.* In: Journal of cleaner Production, Vol. 18, pp. 174-184, 2010

[PUSA10a] Pusavec, F.: *Modeling and Characterisation of Sustainable Cryogenic Machining.* PhD. Thesis, University of Ljubljana, 2010

[PUSA09] Pušavec, F.; Kopac, J.: *Achieving and Implementation of Sustainability Principles in Machining Processes.* In: Advances in Produvtion Engineering & Management, Vol. 4, No. 3, 2009, pp. 151-161

[PRAE18] Praetzas, C.; Teppernegg, T.; Mayr, J.; Czettl, C.; Schäfer, J.; Abele, E.: *Comparison of Tool Core Temperature and Aktive Force in Milling of TiAl64V under different Cooling Conditions.* In: Procedia Manufacturing, Vol. 18, 2018, pp. 81-88

[PROM24] pro-micron GmbH: https://www.pro-micron.de/wp-content/uploads/2023/08/spike-flyer_DE.pdf, Stand 27.04.2024

[RAO11] Rao, B.; Dandekar, C. R.; Shin, Y. C.: *An experimental and numerical study on the face milling of Ti-6Al-4V alloy: Tool performance and surface integrity.* In: Journal of Materials Processing Technology, Vol. 211, 2011, pp. 294-304

[RECH13] Rech, J., Arrazola, P.J., Claudin, C., Courbon, C., Pusavec, F., Kopac, J.: *Characterization of friction and heat partition coefficients at the tool-work material interface in cutting.* In: CIRP Annals - Manufacturing Technology, Vol. 62, Issue 1, 2013, pp. 79-82

[RICH15] Richter, A.: *Cryogenic machining systems can extend tool life and reduce cycle times.* In: Cutting tool engineering, Vol. 67, Issue 2, 2015, pp. 50-58

[RICH13] Richter, A.: *Cold cuts.* Cutting tool engineering, Vol. 65, Issue 12, 2013, p. 83

[ROTE14] Rotella, G.; Umbrello, D.: *Finite element modeling of microstructural changes in dry and cryogenic cutting of Ti6Al4V.* In: CIRP Annals – Manufacturing Technology, Vol. 63, 2014, pp. 69-72

[ROTH17b] Rother Technologie GmbH & Co. KG: *Originalbetriebsanleitung AEROSOL MASTER 4000cryolub*, 2017

[ROTH17a] Rother Technologie GmbH & Co. KG: Parameterliste Aerosolmaster 4000 / 4000cryolub, 2017

[ROTH16] Rother, R.: *Aerosol Trockenschmierung (ATS) – High-Performance Cutting durch ATS-Technologie.* In: Klocke,F.; Döbbeler, B. (Hrsg.): Tagungsband zur 6. Aachener High-Performance-Cutting (HPC) Konferenz, 1. Auflage, Apprimus, Aachen, 2016, S. 213-227

[ROTH12] Rother, R.; Königsreuther, P.: *Eiskalt und fast trocken: Neue Kühltechnik erhöht Standzeit.* www.maschinenmarkt.vogel.de, 29.08.2012

[SAND20] AB Sandvik *Coromant: Handling instruction Coromant Capto DTH Plus.* English, Part No: 92063, Version 1.1, January 2020

[SANG13] Sangermann, H.: *Hochdruck-Kühlschmierstoffzufuhr in der Zerspanung.* Dissertation RWTH Aachen, 2013

[SANG12] Sangermann, H.: *Hochdruck-Kühlschmierstoffzufuhr: Anforderungen, Entwicklungen, Fortschritte.* Vortrag 4. Aachener HPC-Tagung, Aachen, 25. Oktober 2012

[SCHA14] Schaarschmidt, T., Cordes, S., Hübner, F.: *Turbine Blade Machining by Use of Carbon Dioxide as Cryogenics.* Proceedings Part 1 of the 3rd International Chemnitz Manufacturing Colloquium ICMC, Eds.: R. Neugebauer, Drossel, W.-G., Verlag Wissenschaftliche Scripten, 2014, pp. 317-332

[SCHL17] Schlosser, R.: *Anforderungen an den Einsatz von Kühlschmierstoffen in der Luftfahrtindustrie.* In: Tagungsband 5. Aachener Kühlschmierstoff-Tagung, Hrsg. Klocke, F.; Döbbeler, B., Apprimus Verlag Aachen, 22.-23. November 2017

[SCHR09] Schramm, B.: *Randbedingungen und Einsatzverhalten von diamantbasierten Schneidstoffen zur Bearbeitung von Gusseisen.* Dissertation PTW Technische Universität Darmstadt, Shaker Verlag, Aachen, 2009

[SCHU12] Schulze, V., Michna, J., Meier, H., Pabst, R., Watts, D., Lang, H., Steinert, P.: *Fräsen mit flüssigem Stickstoff als Kühlmedium.* wt Werkstattstechnik online, Vol. 102, H. 1/2, 2012, S. 52-55

[SCHU24] https://schunk.com/de/de/produkte/werkzeugspanntechnik/itendo2, Stand 27.04.2024

[SHAR08] Sharman, A. R. C.; Hughes, J. I.; Ridgway, K.: *Surface integrity and tool life when turning Inconel 718 using ultra-high pressure and flood coolant systems.* In. Proceedings of the Institution of Mechanical Engineers, Vol. 222 Part B: J. Engineering Manufacture, 2008, pp. 653-664

[SHAR71] Sharma, C. S.; Rice, W. B.; Salmon, R.: *Some Effects of Injecting Cutting Fluids Directly into the Chip-Tool Interface.* In: Journal of Engineering for Industry, May 1971, pp. 441-444

[SICK23] Sicking, M.; Jaeger, J.; Jaeger, E.; Iovkov, I.; Biermann, D.: *Analysis of Cryogenic Minimum Quantity Lubrication (CMQL) in Micro Deep Hole Drilling of Difficult-to-Cut Materials.* In: Liewald, M., Verl, A., Bauernhansl, T., Möhring, HC. (eds) Production at the Leading Edge of Technology. WGP Lecture Notes in Production Engineering. Springer, Cham., 2022

[SIEB13] Sieber, M., Abele, E.: *Kohlendioxid trifft Titan.* WB Werkstatt + Betrieb, Ausgabe 10, 146. Jahrgang, Hanser, 2013

[SIGL22] Sigloch, H.: *Technische Fluidmechanik.* 11. Auflage, Springer Vieweg, Berlin, 2022

[SORB06] Sørby, K.; Tønnessen, K.: *High-pressure cooling of face-grooving operations in Ti6Al4V.* Proceedings of the Institution of Mechanical Engineers, Vol. 220 Part B: J. Engineering Manufacture, 2006, pp. 1621-1627

[SPLE21] Splettstößer, A.; Schraknepper, D.; Bergs, T.: *Influence of the frequency of pulsating high-pressure cutting fluid jets on the resulting chip length and surface finish.* In: The International Journal of Advanced Manufacturing Technology, Vol. 117, No. 7-8, 2021, pp. 2185-2196

[STEP14] Stephenson, D.A., Skleros, S.J., King, A.S., Supekar, S.D.: *Rough turning Inconel 750 with supercritical CO_2-based minimum quantity lubrication.* Journal of Materials Processing Technology, Vol. 214, 2014, pp. 673-680

[STOL14] Stoll, A.; Busch, K.; Hochmuth, C.; Pause, B.: *Modern Cooling Strategies for Machining of High-Temperature Materials.* In Proceedings Part 1 of the 3rd international Chemnitz Manufacturing Colloquium ICMC 2014, Eds.: R. Neugebauer, Drossel, E.-G.; Verlag Wissenschaftliche Scripten, 2014, pp. 229-315

[STER22] Sterle, L.: *Fundamental characterization of cryogenic machining by applying solid lubricants.* PHD Thesis University of Ljubljana, 2022

[STER21] Sterle, L.; Krajnik, P.; Pusavec, F.: *The effects of liquid-CO_2 cooling, MQL and cutting parameters on drilling performance.* In: CIRP Annals – Manufacturing Technology, Vol. 70, 2021, pp. 79-82

[STRA13] Strano, M., Chiappini, E., Tirelli, S., Albertelli, P., Monno, M.: *Comparison of Ti6Al4V machining forces and tool life for cryogenic versus conventional cooling.* In: Journal of Engineering Manufacture, Vol. 227, No. 9, 2013, pp. 1403-1408

[SU10] Su, Y., He, N., Li, L.: *Effect of cryogenic minimum quantity lubrication on cutting temperature and tool wear in high-speed end milling of titanium alloys.* In: Applied Mechanics and Materials, Vols. 34-35, 2010, pp. 1816-1821

[SU06] Su., Y., He, N., Li, L., Li, X.L.: *An experimental investigation of effects of cooling/lubrication conditions on tool wear in high-speed and milling of Ti-6Al-4V.* In: Wear, Vol. 261, 2006, pp. 760-766

[TAPO17] Tapoglou, N.; Lopez, M. I. A.; Cook, I.; Taylor, C. M.: *Investigation of the influence of CO_2 cryogenic coolant application on tool wear.* In: Procedia CIRP, Vol. 63, 2017, pp. 745-749

[TREN88] Trent, E: *Metal cutting and the tribology of seizure: I seizure in metal cutting.* In: Wear, Vol. 128, 1988, pp. 29-45

[ULRI01] Ulrich, H.: *Systemorientiertes Management: Das Werk von Hans Ulrich* / hrsg. von der Stiftung zur Förderung der Systemorientierten Managementlehre St. Gallen, Schweiz. – Studienausgabe, Bern Stuttgart, Wien: Haupt, 2001

[ULRI95] Ulrich, H.; Probst, J. B.: *Anleitung zum ganzheitlichen Denken und Handeln – Ein Brevier für Führungskräfte.* Verlag Paul Haupt, 4. Auflage, 1995

[ULRI76] Ulrich, P.; Hill, W.: *Wissenschaftstheoretische Grundlagen der Betriebswirtschftslehre (Teil II).* In: WiSt Wissenschaftliches Studium, Jg. 5, Nr. 8, 1976, S. 345-350

[UMBR18] Umbrello, D.; Rotella, G.: *Fatigue life of machined Ti6Al4V alloy under different cooling conditions.* In: CIRP Annals Manufacturing Technology, Vol. 67, Issue 1, 2018, pp. 99-102

[UMBR11] Umbrello, D., Pu, Z., Caruso, S., Outeiro, J.C., Jayal, A.D., Dillon Jr., Jawahir, I.S.: *The effects of Cryogenic Cooling on Surface Integrity in Hard Machining.* In: Procedia Engineering, Vol. 19, 2011 pp. 371-376

[UNGA15] United Nations General Assembly: *Transforming our world: the 2030 Agenda for Sustainable Development.* A/RES/70/1, Resolution adopted by the General Assembly on 25 September 2015

[UEHA70] Uehara, K.; Kumagai, S.: *Characteristics of Tool Wear in Cryogenic Machining.* In: Annals of the CIRP, Vol. XVIII, 1970, pp. 273-277

[UEHA69] Uehara, K.; Kumagai, S.: *Chip Formation, Surface Roughness and Cutting Force in Cryogenic Machining.* In: Annals of the CIRP, Vol. XVII, 1969, pp. 409-416, 1969

[VDI20] Verein Deutscher Ingenieure: *Bearbeitungsmedien (BM) für die Umformung und Zerspanung – Kühlschmierstoffe, Umformschmierstoffe, Minimalmengenschmierstoffe, Multifunktionsöle.* VDI 3397 Blatt 1, März 2020

[VDMA16] VDMA, Luftreinhaltung, Arbeitskreis Aerosole: *Kühlschmierstoffe – Frische Luft am Arbeitsplatz. Ein Leitfaden für die Praxis.* Frankfurt am Main, 2016

[VENU07] Venugopla, K.A., Paul, S., Chattopdhyay, A.B.: *Growth of tool wear in turning of Ti-6Al-4V alloy under cryogenic cooling.* In: Wear, Vol. 262, 2007, pp. 1071-1078

[VICI19] VICI AG and Valco Instruments Co. Inc.: *Valco Fittings Tees.* https://www.vici.com/vfit/tees.php, letzte Überprüfung: 07.02.2019

[VIER59] Vieregge, G.: *Zerspanung der Eisenwerkstoffe.* Stahleisen-Bücher, Band 16, Verlag Stahleisen m.b.H., Düsseldorf, 1959

[VOLZ20] Volz, M.: *Spannfutterentwicklung zur kryogenen Prozesskühlung beim Bohren.* Dissertation TU Darmstadt, 2020

[WALT24] https://www.walter-tools.com/de-de/gps, Stand 27.04.2024

[WALT10] Walter Deutschland GmbH: *Silbern, Schwarz, Stark - Die neue Kraft in der Zerspanung.* Tiger-tec® Silver, Produkt-Handbuch Fräsen, 2010

[WARN74] Warnecke, G.: *Spanbildung bei metallischen Werkstoffen.* Technischer Verlag Resch KG, Gräfeling bei München, 1974

[WEIN05] Weinert, K., Hesterberg, S., Wittkop, S.: *Trockenbearbeitung durch Kohlendioxid-Kühlung.* In: VDI-Z Spezial Werkzeuge, August, 2005, S. 40-43

[WEIN03] Weinert, K., Hesterberg, S., Wittkop, S.: *Den Span eiskalt erwischt.* WB Werkstatt und Betrieb, Jahrgang 136, Heft 7-8, 2003, S. 74-76

[WEIN99] Weinert, K.: *Trockenbearbeitung und Minimalmengenkühlschmierung.* Springer, Berlin Heidelberg, 1999

[WERT92] Wertheim, R.; Rotberg, A.; Ber, A.: *Influence of High-Pressure Flushing through the Rake Face of the Cutting Tool.* In: CIRP Annals – Manufacturing Technology, Vol. 53, 2004, Issue 1, S. 101-106

[WOLF23] https://www.wolframalpha.com/input/?i=nitrogen+phase+diagram, zuletzt geprüft 30.08.2023

[ZERS19] Zerspanungstechnik.de: *KNOLL übernimmt Rother Technologie. Knoll übernimmt Rother Technologie und ersetzt das MMS-System ControLube durch das System AerosolMaster mit ATS-Technologie.* URL: https://www.zerspanungstechnik.de/blog/2019/09/13/knoll-uebernimmt-rother-technologie/ Stand: 07.09.2023

[ZETC14] ZET-Chemie GmbH: Umwelterklärung, 2014

[ZHAO15] Zhao, W.: Cooling & Lubrication Methods for the Machining of Difficult-to-cut Materials in CMEE of NUAA; Präsentation, Aachen, 2015

[ZORE67] Zorew, N.N.; Del, G.D.; Kufarew, G. L.; Goldschmidt, M. G.: *Spannungszustand in der Schnittzone.* In: Annals of the CIRP, Vol. XIV, 1967, pp. 337-346

[ZUMG87] Zum Gahr, K.-H.: *Microstructure and Wear of Materials – Tribology Series.* Elsevier, New York, 1987

10 Anhang

Appendix

A1 Berechnung maximale CO_2-Konzentration Flaschenbündel

Ansatz:

- CO_2-Volumenkonzentration: (Vereinfachung: keine Belüftung des Raumes) $\sigma = \frac{V_{CO_2}}{V_{Raum}}$
- Allgemeine Gasgleichung: $p \cdot V = n \cdot R_m \cdot T$
- CO_2-Volumen: $V_{CO_2} = \frac{n_{CO_2} \cdot R_m \cdot T}{p}$
- Raumvolumen: $V_{Raum} = h \cdot b \cdot l$

Größen

- Füllmenge: $m_{CO_2} = 450\ kg$
- Molare Masse: $M_{CO_2} = M_C + M_{O_2} = 44{,}01\ g/mol$
- Stoffmenge: $n_{CO_2} = \frac{m_{CO_2}}{M_{CO_2}} = 10224{,}95\ mol$
- Druck: $p = 1013{,}25\ hPa$
- Absolute Temperatur T: $T = 298{,}15\ K$
- Universelle Gaskonstante: $R_m = 8{,}314 \frac{J}{mol \cdot K}$
- Raumhöhe: $h = 2\ m$
  Da Kohlendioxid schwerer als Luft ist, und sich in Bodennähe sammelt wird für die Berechnung von einer Raumhöhe von 2 m ausgegangen.
- Raumbreite: (Beispielhafte Annahme) $b = 15\ m$
- Raumlänge: (Beispielhafte Annahme) $l = 50\ m$

Ergebnis

Maximale CO_2-Volumenkonzentration $\sigma = 16{,}7\ \%$

A2 Berechnung maximale CO_2-Konzentration Einzelflasche

Ansatz:

- CO_2-Volumenkonzentration: (Vereinfachung: keine Belüftung des Raumes) $\sigma = \frac{V_{CO_2}}{V_{Raum}}$
- Allgemeine Gasgleichung: $p \cdot V = n \cdot R_m \cdot T$
- CO_2-Volumen: $V_{CO_2} = \frac{n_{CO_2} \cdot R_m \cdot T}{p}$
- Raumvolumen: $V_{Raum} = h \cdot b \cdot l$

Größen

- Füllmenge: $m_{CO_2} = 37{,}5\ kg$
- Molare Masse: $M_{CO_2} = M_C + M_{O_2} = 44{,}01\ g/mol$
- Stoffmenge: $n_{CO_2} = \frac{m_{CO_2}}{M_{CO_2}} = 10224{,}95\ mol$
- Druck: $p = 1013{,}25\ hPa$
- Absolute Temperatur T: $T = 298{,}15\ K$
- Universelle Gaskonstante: $R_m = 8{,}314 \frac{J}{mol \cdot K}$
- Raumhöhe: $h = 2\ m$
  Da Kohlendioxid schwerer als Luft ist, und sich in Bodennähe sammelt wird für die Berechnung von einer Raumhöhe von 2 m ausgegangen.
- Raumbreite: $b = 15\ m$
  (Beispielhafte Annahme)
- Raumlänge: $l = 50\ m$
  (Beispielhafte Annahme)

Ergebnis

Maximale CO_2-Volumenkonzentration $\sigma = 1{,}38\ \%$

A3 Verhalten von Öl D und E beim Vermischen mit CO_2

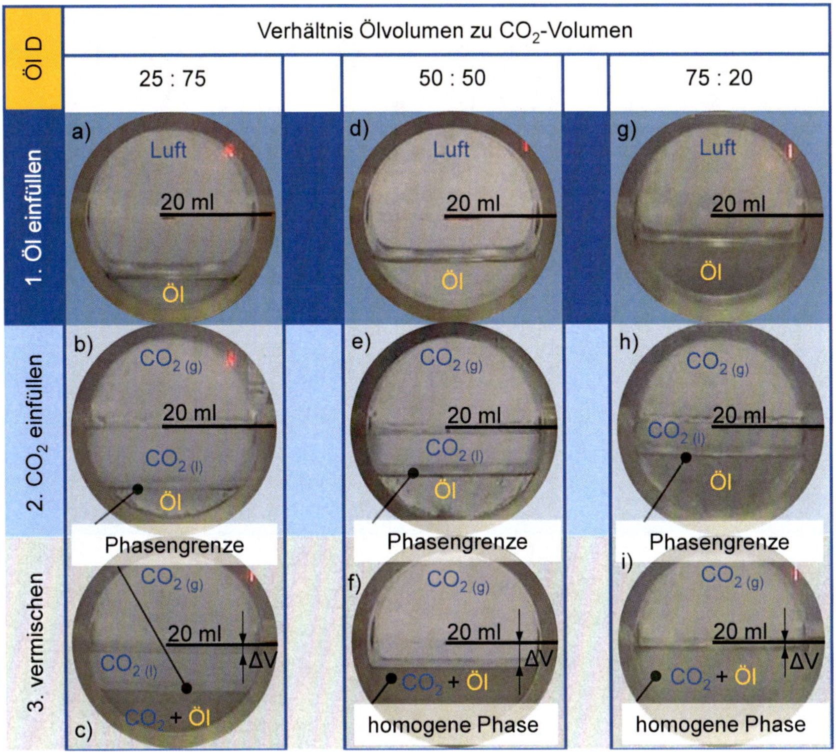

Bild 10.1: Verhalten von Öl D beim Vermischen mit CO_2
Characteristics of oil D when mixing with CO_2

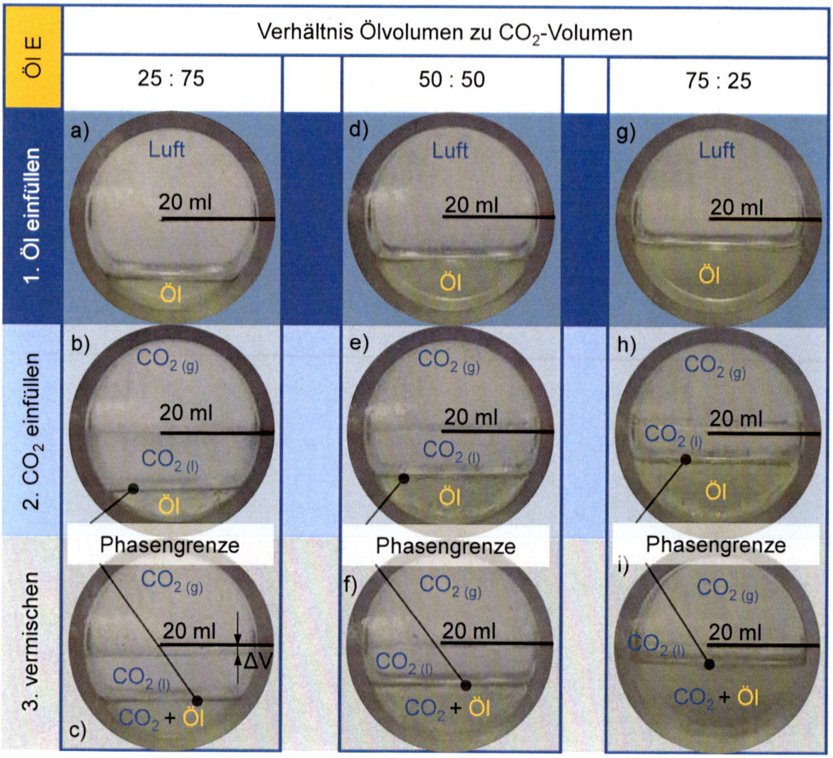

Bild 10.2: Verhalten von Öl E beim Vermischen mit CO_2
Characteristics of oil E when mixing with CO_2

In der Reihe **Innovations in Manufacturing Technology** zuletzt erschienen:

Koch, Matthias:
Technologie der kryogenen Kühlschmierung beim Fräsen von TiAl6V4
ISBN 978-3-98555-317-4
Erscheinungsdatum: 26.01.2026

Splettstößer, Antonia:
Pulsierende Kühlschmierstoffzufuhr beim Schlichtdrehen von Inconel 718
ISBN 978-3-98555-318-1
Erscheinungsdatum: 13.01.2026

Kelliger, Tobias:
Adapted Cutting Fluid Supply in Additively Manufactured Milling Tools with Inserts
ISBN 978-3-98555-306-8
Erscheinungsdatum: 03.11.2025

Stauder, Lars Niklas:
Planung flexibler und wirtschaftlicher Fertigungsprozessfolgen für die variantenreiche Serienfertigung
ISBN 978-3-98555-307-5
Erscheinungsdatum: 27.10.2025

Edition Wissenschaft
Apprimus

Smyczek, Gregor Josef:

Schwingungsunterstützte Zerspanung von faserverstärkten Kunststoffen

ISBN 978-3-98555-301-3
Erscheinungsdatum: 06.10.2025

Prinz, Sebastian:

Material Removal Behavior during Grinding of Fiber-Reinforced Non-Oxide Ceramics

ISBN 978-3-98555-297-9
Erscheinungsdatum: 04.08.2025

Ganser, Philipp:

Adaptive Milling of Free-Form Surfaces with Circle Segment End Mills

ISBN 978-3-98555-274-0
Erscheinungsdatum: 02.06.2025

Meurer, Markus:

Modellgestützte Schätzung prozessinduzierter Rekristallisationsmechanismen in der Zerspanung

ISBN 978-3-98555-266-5
Erscheinungsdatum: 15.04.2025

Edition Wissenschaft
Apprimus

FSC
www.fsc.org
MIX
Papier | Fördert gute Waldnutzung
FSC® C083411

Kolibri 360 GmbH
Ferdinand-Jühlke-Straße 7
99095 Erfurt, Deutschland
produktsicherheit@kolibri360.de